全国高职高专环境保护类专业规划教材

环境监测
（第二版）

主　编　赵　育
副主编　石碧清

中国劳动社会保障出版社

图书在版编目(CIP)数据

环境监测/赵育主编. -- 2版. -- 北京：中国劳动社会保障出版社，2019
全国高职高专环境保护类专业规划教材
ISBN 978-7-5167-3699-9

Ⅰ.①环… Ⅱ.①赵… Ⅲ.①环境监测-高等职业教育-教材 Ⅳ.①X83

中国版本图书馆 CIP 数据核字(2018)第 284425 号

中国劳动社会保障出版社出版发行
（北京市惠新东街 1 号　邮政编码：100029）

*

三河市华骏印务包装有限公司印刷装订　　新华书店经销
787 毫米×1092 毫米　16 开本　15.25 印张　352 千字
2019 年 1 月第 2 版　　2021 年 7 月第 3 次印刷
定价：36.00 元

读者服务部电话：(010)64929211/84209101/64921644
营销中心电话：(010)64962347
出版社网址：http://www.class.com.cn

内 容 提 要

本书根据高职高专环境保护类专业教学的基本要求编写，注重学生实际能力的培养，内容紧密结合环境监测相关专业的最新标准和技术规范，以及环境监测岗位高技能人才培养的实际需求，具有较强的实用性，能够满足环境监测实际工作的需要。全书共分7章，内容包括绪论、水和废水监测、空气及废气监测、土壤及固体废物监测、噪声及振动污染监测、环境自动监测系统、环境监测的质量管理，每章附有练习题以巩固所学知识。

本教材为“全国高职高专环境保护类专业规划教材”之一，供高职高专环境保护及其相关专业师生教学使用，也可作为化工类、医药类、轻工类、冶金类、材料类及其他相关专业的专业基础课教材，还可供环境保护管理与技术人员阅读使用。本教材附有教学电子课件PPT，请读者登录中国人力资源和社会保障出版集团网站免费下载使用，网址为 http://www.class.com.cn。

（第一版）序

环境保护是伴随人类社会经济发展的永恒主题，我国党和政府一贯高度重视环境保护工作。近年来，随着我国经济建设的快速发展，社会和企业对环境保护应用型人才的需求日益扩大，这给高职高专环境保护专业建设带来了新的机遇和挑战。为了更有力地推动环境保护专业教育的发展和专业人才的培养，加强教材建设这一专业建设的重要基础工作，教育部高等学校高职高专环保与气象类专业教学指导委员会（以下简称“教指委”）与人力资源和社会保障部教材办公室结合各自的领域优势，共同组织编写了“全国高职高专环境保护类专业规划教材”。本套教材包括《环境监测》《水污染控制技术》《大气污染控制技术》《噪声污染控制技术》《固体废物处理与处置》《污水处理厂（站）运行管理》《环境保护概论》《环境管理》《环境生态学基础》《环境影响评价》《环境法实务》《环境工程制图与CAD》《室内环境检测》《环境保护设备及其应用》《环境专业英语》《环境工程微生物技术》《环境工程给水排水技术》共17种。

本套全国规划教材的编写力求满足高职高专环境保护类专业课程体系和课程教学的新发展，立足教学现状，力求创新，在吸收已有教材成果的基础上，将本学科的最新理论、技术和规范纳入教学内容，并与国家最新的相关政策标准、法律法规保持一致。为满足培养应用型人才目标的需要，整套教材加强了职业教育特色，避免大量理论问题的分析和讨论，强调以实际技能和职业需求带动教学任务，技能实训部分采用项目模块化编写模式，提倡工学结合，增加可操作性和工作实践性，为学生今后的职业生涯打下坚实的基础。同时，教材中每章列有学习目标、章后小结和形式多样的复习题，便于学生理清知识脉络、掌握学习重点；丰富的课外阅读材料将使学生增加学习兴趣，拓宽视野。

在本套教材开发过程中，在教指委的组织指导下，全国20余所高等院校、科研院所近百名专家和老师积极参与了教材的编写和审定工作，在此向他们表示衷心的感谢！

我们相信，本套教材的出版必将为我国高职高专环境保护类专业的发展和教材建设作出重要的贡献。因时间和各因素制约，教材中仍有不足之处，恳请相关领域的专家学者和广大师生提出宝贵的意见。

全国高职高专环境保护类专业规划教材编委会

2009年6月

（第一版）前言

随着我国社会经济的快速发展，环境问题日益突出，环境监测工作显得尤为重要。环境监测是环境保护工作的重要基础和有效手段，通过对环境中各项要素进行经常性监测，掌握和评价环境质量状况及发展趋势；对各有关单位排放污染物的情况进行监视性监测，为政府部门执行各项环境法规、标准，全面开展环境管理工作提供准确、可靠的监测数据和资料。为了满足环境监测工作的要求，需要培养大批环境监测第一线高素质、高技能人才。本书为高职高专环境保护类专业环境监测课程提供了实用性强的配套教材。

本书紧密结合环境监测岗位高技能人才的实际需求，并结合环境监测工作的特点，比较系统地介绍了水和废水、空气和废气、固体废物、土壤和噪声等环境监测方案的制定，样品的采集、保存和样品的前处理技术，监测分析方法以及环境监测过程的质量保证和质量控制等。在本教材的编写过程中，结合环境监测的最新标准和技术规范，注重环境监测的新技术和新设备，以实用为出发点，通过环境监测的实训，强化学生的职业技能，以使其具有适应本行业、企业就业需要的基础知识和专业技能。

全书分7章，由赵育（中国环境管理干部学院）担任主编，负责教材整体构思及教材第1章、第2章部分内容的编写工作；石碧清（中国环境管理干部学院）担任副主编，负责教材的统稿及教材第1章、第3章和第4章部分内容的编写工作；全玉莲（中国环境管理干部学院）负责教材第1章、第5章和第6章部分内容的编写工作；曹东杰（中国环境管理干部学院）负责教材第3章、第4章部分内容的编写工作；刘军（中国环境管理干部学院）负责教材第5章部分内容的编写工作；杨立静（中国环境管理干部学院）负责教材第2章部分内容的编写工作；郑艳芬（中国环境管理干部学院）负责教材第3章部分内容的编写工作；高盐生（江苏省盐城技师学院）负责教材第7章第1、2、3节的编写工作；刘际洲（黑龙江生态工程职业学院）负责教材第7章第4节的编写工作。

教授级高工刘明华担任本书主审，提出了许多指导性意见和建议，教授级高工何振辉参加了本书的审定工作，提出了宝贵意见。在此，向二位专家表示诚挚的谢意。

本书在编写过程中，参考并引用了大量文献资料，并邀请行业、企业专家对书稿进行了审阅。在此，谨对参考文献的原作者和对本书提出宝贵意见和建议的行业、企业专家表示衷心的感谢。由于编者水平有限，书中难免出现疏漏，敬请读者予以批评、指正。

编者
2010年4月

再版说明

高职高专教材《环境监测》自第一版（2010 年）出版以来，得到了广大师生和使用者的肯定，同时使用本教材的各院校提出了很多修改建议。《环境监测》（第二版）保持了第一版的基本结构和编写特色，对有关内容作了适当精选、调整、更新和补充。

本着突出高职高专教学特色，秉承与时俱进的精神，本教材简明扼要、重点突出，体现知识的准确性、实用性和先进性。《环境监测》（第二版）收集并参照这些年教材使用者提出的建议，结合编者多年从事环境保护专业教学的实践修订，修订后的教材内容注重了以下几个方面的特点：

1. 教材内容编排符合“由浅入深，由易到难”的教学规律，贴近学生的认知水平和接受能力。

2. 更新教材部分内容，文字叙述更流畅、严谨，让学生易学、易懂、易掌握。修改了过时的管理规定和科技知识，教材中的相关数据为近几年最新。

3. 修订后的练习题更加优化、实际、实用，体现知识的实用性，适当增加探究性习题，既起到巩固知识点的作用，又锻炼了学生发现问题和解决问题的能力，为学生自主学习提供帮助。

4. 教材内容贯彻最新国家法律法规、标准和专业术语。

本次修订由赵育（河北环境工程学院）担任主编，石碧清（河北环境工程学院）担任副主编。在此，对原教材参加编写人员和主审老师表示感谢。本次修订过程中参考了大量文献资料，谨向有关专家及原作者，以及对促成本教材不断改进、不断提高内容质量的读者们表示敬意与感谢。限于种种原因，教材修订后难免仍有疏漏，敬请读者批评指正。

编者

2018 年 6 月

目　录

第一章　绪　论

本章学习目标

1. 了解环境监测的含义、环境监测的分类和原则。
2. 熟悉我国各级、各类环境监测机构的组织结构及其工作内容。
3. 理解环境标准在环境监测工作中的重要意义，掌握环境标准体系的框架结构。

第一节　环境监测的基本概念

一、环境与环境污染

（一）环境

《中华人民共和国环境保护法》（以下简称《环境保护法》）对“环境”概念定义如下：“环境是指影响人类生存和发展的各种天然的和经过人工改造的自然因素的总体，包括大气、水、海洋、土地、矿藏、森林、草原、湿地、野生生物、自然遗迹、人文遗迹、自然保护区、风景名胜区、城市和乡村等。”

保护环境是以人类为最终目的的。一是人类与环境息息相关，环境是人类赖以生存和发展的物质基础，保护环境，防治污染和其他公害，即为了保障人体健康。二是保护和改善人类的生活环境和生态环境，防止污染和破坏环境资源，合理开发和利用环境资源，才能促进人类社会的可持续发展。

（二）自然环境及环境污染

环境污染（environment pollution）是指人类直接或间接地向环境排放超过其自净能力的物质或能量，从而使环境的质量降低，对人类的生存与发展、生态系统和财产造成不利影响的现象。环境污染具体包括水污染、大气污染、噪声污染、放射性污染等。

从化学的角度看，自然环境，包括一部分社会环境，是由各种元素构成的。相同元素的原子按照一定的规则组成单质，不同元素的原子间按照一定的规则组成化合物。在自然环境中，不存在纯粹单一组成的单质，也不存在纯粹单一组成的化合物。各种各样的单质和化合物按照一定的比例混合在一起，构成了自然环境。

例如，大气由干洁空气、水蒸气、固体杂质组成。其中，干洁空气的组分见表1—1。空气是多种气体的混合物。它的恒定组成部分为 O_2（氧气）、N_2（氮气）和 Ar（氩）、Ne（氖）、He（氦）、Kr（氪）、Xe（氙）等稀有气体。可变组成部分为 CO_2（二氧化碳）和 H_2O（水蒸气），它们在空气中的含量随位置和温度不同在很小范围内会微有变动。空气中的不定组成部分则随不同地区变化而有不同。例如，靠近冶金工厂的区域，空气会含有 SO_2（二氧化硫）；靠近氯碱工厂的区域，空气会含有氯等。此外空气中还有微量的 H_2（氢气）、O_3（臭氧）、N_2O（一氧化二氮）、CH_4（甲烷）以及尘埃。

表1—1　　干洁空气的主要成分（25 km 以下）

气体成分	体积分数/%	质量分数/%
N_2	78.08	75.52
O_2	20.94	23.15
Ar	0.93	1.28
CO_2	0.03（变动）	0.05

海水的成分是很复杂的，海水中化学元素的含量差别很大。除氢和氧外，每升海水中含量在1 mg以上的元素有 Cl（氯）、Na（钠）、Mg（镁）、S（硫）、Ca（钙）、K（钾）、Br（溴）、C（碳）、Sr（锶）、B（硼）、F（氟）共11种，一般称为“主要元素”，占化学元素总含量的99.8%~99.9%。每升海水中含量在1 mg以下的元素叫“微量元素”或“痕量元素”。溶解于海水中的化学元素绝大多数是以盐类离子的形式存在的，其中氯化钠最多，占88.6%，硫酸盐占10.8%。海水主要元素之间的浓度比例几乎不变，具有恒定性。

空气和海水都是自然环境的组成部分。自然环境中的其他组成要素，如河流、湖泊、土壤、岩石等，其元素组成也都与空气、海水一样具有几乎恒定的比例。地球上的生命就是在这样的环境中起源和发展的。在生物漫长的演变进化过程中，生物在生长、发育、繁殖、代谢、应激、运动、行为等方面与它的生存环境之间形成了高度适应、高度协调的关系。这种高度适应性与高度协调性表现在：①生物的化学组成与它周围环境中物质的化学组成是相适应、相协调的。例如，有研究表明，各元素在人体中的含量与这种元素在地壳中的丰度是一致的。②生物的生长、发育、繁殖等活动需要适当的光、热条件。例如，刺槐、向日葵、稻、麦等植物只有在阳光比较充分的环境中才能正常生长或良好生长，而在荫蔽环境中则生长不正常，甚至死亡。③不同生物对水和大气的需求不同。例如，鱼适合生活在水中并呼吸溶解在水中的氧气，而骆驼可生活在陆地沙漠并可耐受长期缺水的恶劣环境等。

如果生物生存的环境条件发生了改变，例如环境中某种微量元素的含量超出了它在环境中的正常比例，或者环境温度突然升高并超出了生物能正常耐受的范围，或者水中溶解的氧气消耗殆尽，那么生物正常的生理机能就会受到影响，甚至引起生物体死亡。这种环境条件的改变即环境污染，其改变的来源可以是自然因素，也可以是人为因素。引起环境污染的自然因素包括地震、海啸、火山活动、泥石流、台风、滑坡等，人为因素主要是人类社会的工业生产活动、农业生产活动以及生活消费过程。其中人为因素是造成环境污染的主要因素。

造成环境污染的各种物质即环境污染物。一般来说，环境污染物按性质可划分为化学污染物、物理污染物和生物污染物。其中，化学污染物是主要的污染物，这类物质主要是人类生产和生活活动产生的，也有自然界释放的物质，如火山爆发喷射出的气体、尘埃等。

当环境污染物被排放到自然环境中时，并非都会产生恶劣的后果，这是由于自然环境具有自净能力。大气、水、土壤等环境要素对污染物有扩散、稀释、氧化、还原、生物降解等作用，可降低污染物的浓度，减小甚至消除污染物的毒性，这种能力就叫环境自净能力。

不过，环境自净能力是有限度的。当污染物进入环境的数量超过环境的自净能力时，将会造成环境污染，生态系统也将随之被破坏。这个限度就叫环境容量。

二、环境监测及其对象

（一）环境监测的含义

环境监测（environmental monitoring）是指运用各种分析、测试手段对影响环境质量因素的代表值进行测定，以确定环境质量（或污染程度）及其变化趋势。环境监测的直接目的：一是确定环境质量水平；二是掌握环境污染的程度。

总体来讲，环境监测具有以下两方面的含义：

其一，环境监测是一种技术手段。随着人类科学技术水平的提高，目前环境监测技术已经涉及化学、物理、仪器仪表、自动化、传感、计算机、遥感卫星等多种学科和技术，已经具备了快速、准确、全面、深入地了解环境质量与环境污染程度的能力。

其二，环境监测是一种管理手段。“监测”一词有监视、测定、监控等方面的含义，这些含义里有“管理”的意思。依据环境监测取得的环境质量、污染程度等数据，可制定环境管理相关方面的法律法规，确定环境管理的目标。环境监测还可用于对建设项目的环境保护措施、污染治理设施的运行效果等进行监督、考核、验收等。

作为环境保护工作的基础，环境监测既是环境管理的重要手段，也是环境决策的重要依据。环境监测在人类防治环境污染，解决现存的或潜在的环境问题，改善生活环境和生态环境，协调人与环境的关系，最终实现人类的可持续发展中起着举足轻重的作用。

（二）环境监测的对象

从宏观角度来讲，环境监测的对象即《环境保护法》中所指的“环境”，包括大气、水、海洋、土地、矿藏、森林、草原、野生生物、自然遗迹、人文遗迹、风景名胜区、自然保护区、城市和乡村等。

环境监测一方面要监视、测定上述“环境”的各个组成部分在自然条件下的质量状况，另一方面要监视、测定当自然因素或人为因素对“环境”产生作用时，“环境”质量状况的改变程度。前者属于环境质量监测，后者属于环境污染监测。

具体来讲，环境监测的对象是各种环境污染或环境污染物。人们通过各种各样的技术手段监视、测定环境中重金属、氰化物、多环芳烃、各种农药等化学污染，噪声、振动、电磁辐射等物理污染，致病微生物等生物污染，乃至水土流失、草原退化、生物物种加速灭绝等生态恶化现象。

三、环境监测的分类

环境监测中经常使用两种分类体系：一是按环境监测对象的不同特性对环境监测对象进行的分类；二是按环境监测技术手段的不同特性对环境监测进行的分类。

（一）有关环境监测对象的分类

1. 按污染类型划分

环境污染有不同的类型，按环境要素可分为大气污染、水污染和土壤污染等，按污染物性质可分为生物污染、化学污染和物理污染等，按污染物的形态可分为废气污染、废水污染和固体废弃物污染以及噪声污染、辐射污染等，按污染产生的原因可分为工业污染、农业污染、交通污染和生活污染等，按污染物的分布范围又可分为全球性污染、区域性污染、局部性污染等。

环境监测的对象在按污染类型划分时，主要根据污染物的形态分为大气污染物、水污染物、土壤污染物、固体废物、噪声污染、辐射污染等。

2. 按有害特性划分

（1）水污染物分类。对于水污染物，根据其对人体的有害程度可分为第一类污染物和第二类污染物。

第一类污染物指能在环境或动植物体内积蓄，毒性较大，对人类产生长远不良影响的污染物质，其监测对象包括总汞、烷基汞、总镉、总铬、六价铬、总砷、总铅、总镍、放射性物质等。

第二类污染物指长远影响小于第一类污染物，对人体的毒害作用较小或没有明显毒害作用的污染物质，其监测对象包括 pH、色度、悬浮物、化学需氧量、石油类、挥发酚、总氰化物、硫化物、氨氮等。

（2）有害废物分类。《危险废物鉴别标准 腐蚀性鉴别》（GB 5085. 1—2007）、《危险废物鉴别标准 急性毒性初筛》（GB 5085. 2—2007）、《危险废物鉴别标准 浸出毒性鉴别》（GB 5085. 3—2007）、《危险废物鉴别标准 易燃性鉴别》（GB 5085. 4—2007）、《危险废物鉴别标准 反应性鉴别》（GB 5085. 5—2007）、《危险废物鉴别标准 毒性物质含量鉴别》（GB 5085. 6—2007）、《危险废物鉴别标准 通则》（GB 5085. 7—2007）可用于鉴别有害废物。有害废物又称危险废物（简称“危废”），泛指除放射性废物以外，具有毒性、易燃性、反应性、腐蚀性、爆炸性、传染性，可能对人类的生活环境产生危害的废物。

3. 按影响的时间划分

国际社会于 2001 年 5 月在瑞典共同缔结的专门环境公约《关于持久性有机污染物的斯德哥尔摩公约》，首次将艾氏剂、狄氏剂、异狄氏剂、滴滴涕、六氯苯、七氯、氯丹、灭蚁灵、毒杀芬等 12 种有机氯农药列为“持久性有机污染物”（POPs，persistent organic pollutants）。POPs 是一类具有长期残留性、生物累积性、半挥发性和高毒性，通过各种环境介质（大气、水、生物等）能够长距离迁移，并对人类健康和环境造成严重危害的天然的或人工合成的有机污染物。

另外，铅、汞、镉、铬、砷等重金属污染物在环境中很稳定，其影响也比较久远，是一种“持久”影响的无机污染物。

4. 按污染源排放方式划分

污染源排放方式主要分为无组织排放和有组织排放，这种划分方法主要针对空气污染现象。无组织排放即大气污染物不经过排气筒的无规则排放。低矮排气筒的排放属有组织排放，但在一定条件下也可造成与无组织排放相同的后果。因此，在执行“无组织排放监控浓度限值”指标时，由低矮排气筒造成的监控点污染物浓度增加不予扣除。

对噪声污染来说，可将污染源按噪声源面积的大小分为点源、线源和面源。

（二）有关环境监测的分类

1. 按监测对象划分

按监测对象划分，环境监测可分为水质监测、空气监测、土壤监测、固体废物监测、生物监测、生态监测、噪声和振动监测、电磁辐射监测、放射性监测、热监测、光监测、卫生（病原体、病毒、寄生虫等）监测等。

2. 按监测目的划分

（1）监视性监测。监视性监测又称例行监测或常规监测，是对指定的有关项目进行定期的、长时间的监测，以确定环境质量及污染源状况，评价控制措施的效果，衡量环境标准实施情况和环境保护工作的进展。这是环境监测工作中量最大、面最广的工作。监视性监测包括污染源监督监测（污染物浓度、排放总量、污染趋势等监督监测）和环境质量监督监测（所在地区的空气、水质、噪声、固体废物等监督监测）。

（2）特定监测。特定监测又称特例监测或应急监测，根据特定的目的可分为以下4种：

1）污染事故监测：在发生污染事故时进行应急监测，以确定污染物扩散方向、速度和危及范围，为控制污染提供依据。这类监测常采用流动监测（车、船等）、简易监测、低空航测、遥感等手段。

2）仲裁监测：主要针对污染事故纠纷、环境法执行过程中所产生的矛盾进行监测。仲裁监测应由国家指定的具有权威的部门进行，以提供具有法律效力的数据（公证数据），供执行部门、司法部门仲裁。

3）考核验证监测：主要是对环境管理制度和措施实施考核验证进行的各种监测。此类监测包括人员考核、方法验证，以及排污许可、目标责任制、企业等级的环保指标的考核，还包括建设项目“三同时”竣工验收监测、治理项目竣工验收监测等。

4）咨询服务监测：为政府部门、科研机构、生产单位提供的服务性监测。例如，建设新企业应进行环境影响评价，需要按评价要求进行监测。

（3）研究性监测。研究性监测又称科研监测，是针对特定目的科学研究而进行的高层次的监测。例如环境本底的监测及研究；有毒有害物质对从业人员的影响研究；为监测工作本身服务的科研工作的监测，如统一方法、标准分析方法的研究及标准物质的研制等。这类研究往往要求多学科合作进行。

四、环境监测的原则

有毒化学物污染的监测和控制，无疑是环境监测的重点。目前，世界上已知的化学品有数千万种之多，而且还会不断地涌现出大量新的化学品。进入环境的化学物质已达10万种以上，不论从人力、物力、财力方面，还是从化学毒物的危害程度和出现频率方面考虑，人们不可能对每一种化学品都进行监测和控制，而只能有重点、有针对性地对部分污染物进行监测和控制，因此确定污染物的筛选原则十分必要。通过对众多有毒污染物进行分级排队，从中筛选出潜在危害大且在环境中出现频率高的污染物作为监测和控制对象，这一筛选过程就是数学上的优选过程，经过优先选择的污染物称为环境优先污染物，简称为优先污染物。优先污染物的特点：①难以降解；②在环境中有一定残留；③出现频率高；④具有生物积累性；⑤属于三致物质（致癌、致畸、致突变）；⑥毒性较大且现代已有检出方法。

对优先污染物进行的监测称为优先监测。环境监测遵循优先监测的原则。

我国在业已完成的“中国环境优先监测研究”中提出了“中国环境优先污染物黑名单”，包括 14 种化学类别共 68 种有毒化学物质，其中有机物占 58 种，见表 1—2。

表 1—2　中国环境优先污染物黑名单

类别	名称
卤代（烷烯）烃类	二氯甲烷、三氯甲烷△、四氯化碳△、1，2-二氯乙烷△、1，1，1-三氯乙烷、1，1，2-三氯乙烷、1，1，2，2-四氯乙烷、三氯乙烯△、四氯乙烯△、三溴甲烷△
苯系物	苯△、甲苯△、乙苯△、邻二甲苯、间二甲苯、对二甲苯
氯代苯类	氯苯△、邻二氯苯△、对二氯苯△、六氯苯
多氯联苯	多氯联苯△
酚类	苯酚△、间甲酚△、2，4-二氯酚△、2，4，6-三氯酚△、五氯酚△、对硝基酚△
硝基苯类	硝基苯△、对硝基甲苯△、2，4-二硝基甲苯△、三硝基甲苯△、对硝基氯苯△、2，4-二硝基氯苯△
苯胺类	苯胺△、二硝基苯胺△、对硝基苯胺△、2，6-二氯硝基苯胺
多环芳烃类	萘、荧蒽、苯并［b］荧蒽、苯并［k］荧蒽、苯并［a］芘△、茚并（1，2，3-c，d）芘、苯并［ghi］芘
酞酸酯类	酞酸二甲酯、酞酸二丁酯△、2，6-酞酸二辛酯
农药	六六六△、滴滴涕△、敌敌畏△、乐果△、对硫磷△、甲基对硫磷△、除草醚△、敌百虫△
丙烯腈	丙烯腈
亚硝胺类	N-亚硝基二乙胺、N-亚硝基二正丙胺
氰化物	氰化物△
重金属及其化合物	砷及其化合物△、铍及其化合物△、镉及其化合物△、铬及其化合物△、汞及其化合物△、镍及其化合物△、铊及其化合物△、铜及其化合物△、铅及其化合物△

注：△——推荐近期实施的优先污染物名单。

第二节　承担环境监测任务的机构

环境监测工作实质上是由有资质的环境监测机构按照有关技术规范规定的程序和方法，运用物理、化学、生物、遥感等技术，监视、检测和分析环境污染因子及其可能对生态系统产生影响的环境变化，评价环境质量，编制环境监测报告的活动。

环境监测是一项社会性很强的工作，需要动员各部门、各系统的力量，统一协调，联合作战，共同完成各项环境监测任务。

我国的环境监测机构是由设在全国各地的环境监测站，包括中国环境监测总站，各省级环境监测中心站，国务院各部门设置的环境监测中心站，全军环境监测中心站以及省级以下环境监测站等组成。

当前，我国环境监测工作的组织体系结构如图 1—1 所示。

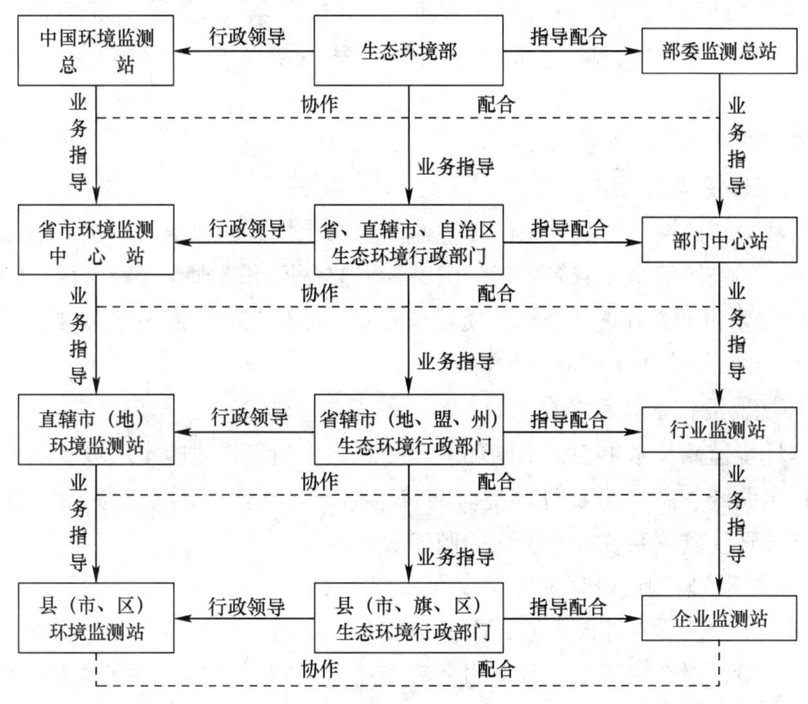

图 1—1 环境监测工作组织体系

一、生态环境行政主管部门下属的环境监测机构

生态环境行政主管部门所属环境监测机构按照其所属部门级别，分为国家级、省级、市级、县级 4 级。上级环境监测机构应当加强对下级环境监测机构的业务指导和技术培训。

（一）生态环境部环境监测司

环境监测司内设综合处、环境质量监测处、污染源监测处、环境统计与监测质量管理处（简称统计处）4 个机构。主要负责的工作：①环境监测管理和环境质量、生态状况等环境信息发布；②拟订环境监测和环境统计的政策、规划、行政法规、部门规章、制度、标准并组织实施；③建立环境监测质量管理制度并组织实施；④组织拟订环境监测分析方法和技术规范；⑤参与建设并组织管理国家环境监测网；⑥组织实施环境质量监测、污染源监督性监测、环境应急和预警监测；⑦组织对环境质量状况进行调查评估、预测预警；⑧协调指导其他部门开展环境监测工作；⑨负责环境统计和污染源普查工作；⑩负责建立和实行环境质量公告制度；⑪组织编报国家环境质量报告书，组织编制和发布中国环境状况公报、环境统计年报和统计报告；⑫指导全国环境监测队伍建设和业务工作。

（二）中国环境监测总站

中国环境监测总站成立于1980年，是生态环境部直属事业单位，属于国家级环境监测站。中国环境监测总站主要职能是承担国家环境监测任务，引领环境监测技术发展，为国家环境管理与决策提供监测信息、报告及技术支持，对全国环境监测工作进行技术指导。中国环境监测总站内设机构主要有监测管理室、质管室、综合室、科技处、大气室、水室、土壤室、污染源室、物理室、生态室、预报中心、分析室、应急室、质检室等。

中国环境监测总站主要职责如下：

1. 运行国家环境监测网络

作为全国环境监测网络中心，中国环境监测总站承担着涵盖空气、水、生态、土壤、近岸海域、噪声、污染源等多领域多要素的国家环境监测网络管理与运行工作。国家环境监测网（国家网）主要包括2 100余个空气质量监测站点、2 767个地表水监测断面、300个水质自动监测站、4万余个土壤监测点位。

2. 构建环境监测技术体系

作为全国环境监测技术中心，中国环境监测总站承担着构建国家环境监测技术体系、确立环境监测技术路线、制（修）订环境监测技术标准与规范、领衔开展环境监测关键前沿技术研究和指导环境监测系统技术工作的职能。

3. 实施全国环境监测质量管理

作为全国环境监测质量控制中心，中国环境监测总站负责全国环境监测质量控制与质量保证技术体系建设，对全国环境监测机构全程序质量管理工作实施技术支持、指导和监督，建设运行国家质控平台和区域质控实验室，承担国家网质量控制技术工作。

4. 评价全国环境质量状况

作为全国环境监测数据中心，中国环境监测总站承担着收集汇总全国环境监测数据，分析评价全国环境质量状况的职责。每年编制全国环境质量状况公报、中国环境质量年报、环境统计年报等各类环境监测报告，为环境管理政策规划制定、环境质量考核排名、国家重点生态功能区转移支付等提供决策支持。通过报纸、广播、电视、互联网、移动互联网等各类载体发布环境质量和预报预警信息，保障公众的环境知情权、参与权、监督权。

5. 开展全国环境监测技术培训

作为全国环境监测培训中心，中国环境监测总站承担着编制全国环境监测技术培训规划计划、建设培训教材与师资库、指导地方培训等职能。

（三）县级以上生态环境行政部门所属环境监测机构

县级以上生态环境行政部门所属环境监测机构包括省级环境监测中心站、市级环境监测站和县级环境监测站，其主要职责如下：

（1）开展环境质量监测、污染源监督性监测和突发环境污染事件应急监测。

（2）承担环境监测网建设和运行，收集、管理环境监测数据，开展环境状况调查和评价，编制环境监测报告。

（3）负责环境监测人员的技术培训。

（4）开展环境监测领域科学研究，承担环境监测技术规范、方法研究以及国际合作和交流。

（5）承担生态环境行政部门委托的其他环境监测技术支持工作。

二、国务院各部门设置的环境监测机构

国务院各部门设置的环境监测机构是按照专业和隶属关系分设的各类各级（一般为3~4级）专业监测机构（室、组），由其主管部门直接领导，与同级地方生态环境行政部门及其监测机构密切配合进行工作。各类环境监测机构均在生态环境主管部门的统一规划下，按照分工负责的原则进行工作。

设置环境监测机构的国务院各部门主要有农业农村部、国家海洋局、交通运输部、水利部、国家卫生健康委员会，自然资源部中国地质调查局、农业农村部渔业渔政管理局，中国石油化工集团公司、中国石油天然气集团公司、中国兵器工业集团公司、中国航空工业集团公司、中国航天科技集团总公司、中国海洋石油总公司、中国有色金属工业总公司、中国船舶工业集团公司、中国黄金集团公司、中国核工业集团公司等。

国务院各部门环境监测机构（包括海域或流域的监测机构）主要职责如下：

（1）参与编制本系统、本部门环境监测规划和计划。

（2）参加国家或地区的环境监测网，按统一计划和要求进行环境监测工作，对所辖方面和范围内的环境状况进行监测；负责组织本系统环境监测网的活动。

（3）参加本部门或地区所承担的各项环境标准编制、修订工作，为其提供编制、修订的依据，参加国家或地方环境标准的讨论和审议。

（4）参加本系统重大污染事件调查，组织检查所属单位遵守各项环境法规和标准的情况。

（5）参加本系统、本部门所属企事业单位新建、改建、扩建工程的环境影响评价。

（6）汇总本系统环境监测数据资料，绘制污染动态图表，建立污染源档案。

（7）企事业单位的监测站负责对本单位的排污情况进行定期监测，及时掌握本单位的排污状况和变化趋势，其监测数据和资料向主管部门报送的同时，要报当地环境监测站，各单位的监测机构参加当地环境监测网工作。

（8）组织本部门行业监测技术研究，组织技术人员培训和开展技术交流。

（9）卫生、水利、海洋等部门的环境监测站，除负责本系统专业环境监测的职责外，同时要配合地方环境监测站参与生态环境主管部门组织的有关重大污染事件的调查。

三、其他环境监测机构

为了满足社会对环境监测技术服务的需求，许多大专院校、科研机构和其他专业检测机构接受委托，为社会提供环境监测技术服务。该类机构应该是独立法人单位，获得政府批准，依法登记注册，能够独立地承担相应的法律责任。根据《中华人民共和国计量法》的

规定，为确保检验测试立场的公正性、检验测试方法的科学性、检验测试结果的准确性，该类机构应该通过中华人民共和国计量机构认证，取得计量认证合格证书。其他环境监测机构包括环境检测技术有限公司、环境监测评价有限公司、环境质量检测中心、室内环境空气检测中心等。

此外，起步较晚的民营第三方环境检测机构，在近几年检测市场逐渐放开的大环境下，也取得了长足的进展。

第三节 环境监测的标准

一、环境标准基础知识

（一）环境标准的定义

环境标准是有关控制污染、保护环境的各种标准的总称，是国家为了防治环境污染，保护人民健康，合理利用资源，促进经济发展，依据环境保护法和有关政策，对环境保护中的各项工作所制定的技术规范和要求。

常见的国家环境标准代码如下：GB——国家标准，GB/T——国家推荐标准，GB/Z——国家指导性技术文件，GHZB——国家环境质量标准，GWPB——国家污染物排放标准，GWKB——国家污染物控制标准，HJ——国家生态环境部标准，HJ/T——国家生态环境部推荐标准。

（二）环境标准的作用

（1）环境标准是编制环境规划、环境保护计划的依据。

（2）环境标准是环境法规的重要组成部分，具有法律效力。

（3）环境标准是判断环境质量和衡量环保工作优劣的准绳，是提高环境质量的重要手段。

（4）环境标准是生态环境部门行使监督管理职能的依据。

（5）环境标准是推动环保科技进步的动力。

（6）环境标准具有投资导向作用。

（三）制定环境标准的基本原则

（1）以人为本的原则。

（2）科学性、政策性原则。

（3）以环境基准为基础，与国家的技术水平、社会经济承受能力相适应的原则。

（4）综合效益分析，实用性、可行性原则。

（5）因地制宜、区别对待原则。

（6）与有关标准、规范、制度协调配套原则。

（7）采用国际标准，与国际标准接轨的原则。

（8）便于实施与监督的原则。

二、环境标准的分类

（一）两级标准

根据环境标准的性质、内容和功能及其之间的内在联系，可将环境标准体系进行分级、分类，构成有机联系的统一整体。环境标准根据制定、批准、发布机关和适用范围的不同分为两级，即国家环境标准和地方环境标准。

1. 国家环境标准

国家环境标准是对共性或重大的事物所作的统一规定，由生态环境部和国家市场监督管理总局共同发布，是制定行业环境标准和地方环境标准的依据和指南。

国家环境标准是适用于全国范围的标准。我国幅员辽阔，人口众多，各地区对环境质量要求不同，各地工业发展水平、技术水平和构成污染的状况、类别、数量等都不相同，环境的稀释、扩散和自净能力也不相同，因此需要对国家质量标准和排放标准进行补充完善。

2. 地方环境标准

地方环境标准是对本区域内局部的、特殊性的事物所作的规定，是对国家环境标准的补充和完善。地方环境标准由省级生态环境部门组织草拟，由同级人民政府批准、发布（或委托、授权生态环境行政主管部门批准），并报国务院生态环境行政主管部门备案。为了更好地控制和治理环境污染，地方环境标准结合当地的地理特点、水文气象条件、经济技术水平、工业布局、人口密度等因素，进行全面规划，综合平衡，划分区域和质量等级，提出实现环境质量的要求，同时增加或补充国家标准中未规定的当地主要污染物的项目及容许浓度，有助于治理污染，保护和改善环境。地方标准应该符合以下要求：地方环境标准应有国家环境标准中所没有规定的项目；地方环境标准应严于国家环境标准，以起到补充、完善的作用。

（二）五类标准

根据《国家环境保护标准制修订工作管理办法》，国家环境保护标准是指国务院生态环境主管部门制定的环境质量标准、污染物排放（控制）标准、环境监测类标准（包括环境监测技术规范、环境监测分析方法标准、环境监测仪器技术要求及环境标准样品）、环境基础类标准和环境管理规范类标准。其中，环境质量标准和污染物排放（控制）标准分国家标准和地方标准两级，其他标准只有国家标准。

五类标准相互支撑，构成一个有机联系的整体。环境质量标准主要规定环境质量目标，是制定污染物排放标准的主要依据。污染物排放（控制）标准是实现环境质量标准的主要手段。环境监测类标准是了解环境质量现状，实现环境质量标准、污染物排放标准的重要手段。环境基础类标准是制定环境质量标准、污染物排放标准、环境方法标准的基础。环境管理规范类标准是在环境质量标准与污染物排放（控制）标准的指导下制定的规定环境管理内容、程序、方法和制度的标准，对提高环境保护的科学管理水平起着重要的作用。

（三）强制性环境标准和推荐性环境标准

环境标准分为强制性环境标准和推荐性环境标准。

环境质量标准、污染物排放标准和在法律、行政法规中规定的必须执行的其他环境标准属于强制性环境标准，强制性环境标准必须执行。

强制性环境标准以外的环境标准属于推荐性环境标准，国家鼓励采用推荐性环境标准。推荐性环境标准被强制性环境标准引用时，也必须强制执行。

三、环境标准内容简介

根据技术、经济及社会发展情况，标准一般间隔几年修订一次，标准号通常不变，只是改变发布的年份，新标准自然替代旧标准，如《地表水环境质量标准》（GB 3838—2002）替代《地表水环境质量标准》（GB 3838—1988）。

（一）环境质量标准

环境质量标准是为了保护人民健康、维持生态平衡和保障社会物质财富，并考虑技术经济条件，对环境中有害物质和因素所作的规定，是环境政策目标，是制定污染物排放标准的依据。环境质量标准分为国家级和地方级。国家环境质量标准是指国家对各类环境中的有害物质或因素，在一定条件下的容许浓度所作的规定。地方环境质量标准是对国家环境质量标准中未做规定的项目，按照规定的程序，结合地方环境特点制定的环境质量标准。

1. 水环境质量标准

目前，我国现行水环境质量标准有 5 部，加上《生活饮用水卫生标准》共 6 部标准，见表 1—3。

表 1—3　　水环境质量标准

标准编号	标准名称	实施时间
GB 3838—2002	地表水环境质量标准	2002 年 6 月 1 日
GB 3097—1997	海水水质标准	1998 年 7 月 1 日
GB/T 14848—2017	地下水质量标准	2018 年 5 月 1 日
GB 5084—2005	农田灌溉水质标准	2006 年 11 月 1 日
GB 11607—1989	渔业水质标准	1990 年 3 月 1 日
GB 5749—2006	生活饮用水卫生标准	2007 年 7 月 1 日

2. 空气环境质量标准

目前，我国现行的空气环境质量标准有 2 部，见表 1—4。

表 1—4　　空气环境质量标准

标准编号	标准名称	实施时间
GB 3095—2012	环境空气质量标准	2016 年 1 月 1 日
GB/T 18883—2002	室内空气质量标准	2003 年 3 月 1 日

3. 声环境质量标准

我国已颁布的声环境质量标准主要有 3 部，见表 1—5。

表 1—5　　声环境质量标准

标准编号	标准名称	实施时间
GB 3096—2008	声环境质量标准	2008 年 10 月 1 日
GB 9660—1988	机场周围飞机噪声环境标准	1988 年 11 月 1 日
GB 10070—1988	城市区域环境振动标准	1989 年 7 月 1 日

4. 土壤环境质量标准

土壤环境质量标准规定了土壤中污染物的最高允许浓度或范围，是判断土壤质量的依据。我国颁布的此类标准有 5 部，见表 1—6。

表 1—6　　土壤环境质量标准

标准编号	标准名称	实施时间
GB 15618—1995	土壤环境质量标准	1996 年 3 月 1 日
HJ 53—2000	拟开放场址土壤中剩余放射性可接受水平规定（暂行）	2000 年 12 月 1 日
HJ 332—2006	食用农产品产地环境质量评价标准	2007 年 2 月 1 日
HJ 333—2006	温室蔬菜产地环境质量标准	2007 年 2 月 1 日
HJ 350—2007	展览会用地土壤环境质量评价标准（暂行）	2007 年 8 月 1 日

（二）污染物排放（控制）标准

污染物排放（控制）标准是为了实现环境质量标准目标，结合技术经济条件和环境特点，对排入环境的污染物或有害因素所作的控制规定。污染物排放（控制）标准分为国家级和地方级。国家污染物排放（控制）标准是以全国常见的污染物为主要控制对象所制定的排放标准，直接规定污染源排放污染物的浓度和数量，适用于全国范围。地方污染物排放（控制）标准是指当地方执行国家污染物排放标准不适于当地环境特点和要求时所制定的地方污染物排放标准。制定地方污染物排放标准时需注意：①对国家污染物排放标准中未做规定的项目可制定地方污染物排放标准；②对国家污染物排放标准中已作规定的项目应制定严于国家污染物排放标准的地方污染物排放标准；③制定机动车、船大气污染物地方排放标准严于国家排放标准的，须经国务院批准。

1. 污水排放标准

目前，我国已发布的水污染物排放标准主要有《污水综合排放标准》（GB 8978—1996）、《城镇污水处理厂污染物排放标准》（GB 18918—2002）、《污水海洋处置工程污染控制标准》（GB 18486—2001）、《畜禽养殖业污染物排放标准》（GB 18596—2001）及其他各种行业的水污染物排放标准，见表 1—7。

表 1—7　　我国已发布的水污染物排放标准

标准编号	标准名称	实施时间
GB 8978—1996	污水综合排放标准	1998 年 1 月 1 日
GB 18918—2002	城镇污水处理厂污染物排放标准	2003 年 7 月 1 日
GB 18486—2001	污水海洋处置工程污染控制标准	2002 年 1 月 1 日
GB 18596—2001	畜禽养殖业污染物排放标准	2003 年 1 月 1 日

续表

标准编号	标准名称	实施时间
GB 31570—2015	石油炼制工业污染物排放标准	2015 年 7 月 1 日
GB 31574—2015	再生铜、铝、铅、锌工业污染物排放标准	2015 年 7 月 1 日
GB 31572—2015	合成树脂工业污染物排放标准	2015 年 7 月 1 日
GB 31573—2015	无机化学工业污染物排放标准	2015 年 7 月 1 日
GB 30484—2013	电池工业污染物排放标准	2014 年 3 月 1 日
GB 30486—2013	制革及毛皮加工工业水污染物排放标准	2014 年 3 月 1 日
GB 13458—2013	合成氨工业水污染物排放标准	2013 年 7 月 1 日
GB 19430—2013	柠檬酸工业水污染物排放标准	2013 年 7 月 1 日
GB 28938—2012	麻纺工业水污染物排放标准	2013 年 1 月 1 日
GB 28937—2012	毛纺工业水污染物排放标准	2013 年 1 月 1 日
GB 28936—2012	缫丝工业水污染物排放标准	2013 年 1 月 1 日
GB 4287—2012	纺织染整工业水污染物排放标准	2013 年 1 月 1 日
GB 16171—2012	炼焦化学工业污染物排放标准	2012 年 10 月 1 日
GB 28666—2012	铁合金工业污染物排放标准	2012 年 10 月 1 日
GB 13456—2012	钢铁工业水污染物排放标准	2012 年 10 月 1 日
GB 28661—2012	铁矿采选工业污染物排放标准	2012 年 10 月 1 日
GB 27632—2011	橡胶制品工业污染物排放标准	2012 年 1 月 1 日
GB 27631—2011	发酵酒精和白酒工业水污染物排放标准	2012 年 1 月 1 日
GB 26877—2011	汽车维修业水污染物排放标准	2011 年 1 月 1 日
GB 14470. 3—2011	弹药装药行业水污染物排放标准	2012 年 1 月 1 日
GB 26452—2011	钒工业污染物排放标准	2011 年 10 月 1 日
GB 15580—2011	磷肥工业水污染物排放标准	2011 年 10 月 1 日
GB 26132—2010	硫酸工业污染物排放标准	2011 年 3 月 1 日
GB 26451—2011	稀土工业污染物排放标准	2011 年 10 月 1 日
GB 26131—2010	硝酸工业污染物排放标准	2011 年 3 月 1 日
GB 25468—2010	镁、钛工业污染物排放标准	2010 年 10 月 1 日
GB 25467—2010	铜、镍、钴工业污染物排放标准	2010 年 10 月 1 日
GB 25466—2010	铅、锌工业污染物排放标准	2010 年 10 月 1 日
GB 25465—2010	铝工业污染物排放标准	2010 年 10 月 1 日
GB 25464—2010	陶瓷工业污染物排放标准	2010 年 10 月 1 日
GB 25463—2010	油墨工业水污染物排放标准	2010 年 10 月 1 日
GB 25462—2010	酵母工业水污染物排放标准	2010 年 10 月 1 日
GB 25461—2010	淀粉工业水污染物排放标准	2010 年 10 月 1 日
GB 21909—2008	制糖工业水污染物排放标准	2008 年 8 月 1 日
GB 21908—2008	混装制剂类制药工业水污染物排放标准	2008 年 8 月 1 日

续表

标准编号	标准名称	实施时间
GB 21907—2008	生物工程类制药工业水污染物排放标准	2008 年 8 月 1 日
GB 21906—2008	中药类制药工业水污染物排放标准	2008 年 8 月 1 日
GB 21905—2008	提取类制药工业水污染物排放标准	2008 年 8 月 1 日
GB 21904—2008	化学合成类制药工业水污染物排放标准	2008 年 8 月 1 日
GB 21903—2008	发酵类制药工业水污染物排放标准	2008 年 8 月 1 日
GB 21902—2008	合成革与人造革工业污染物排放标准	2008 年 8 月 1 日
GB 21900—2008	电镀污染物排放标准	2008 年 8 月 1 日
GB 21901—2008	羽绒工业水污染物排放标准	2008 年 8 月 1 日
GB 3544—2008	制浆造纸工业水污染物排放标准	2008 年 8 月 1 日
GB 21523—2008	杂环类农药工业水污染物排放标准	2008 年 7 月 1 日
GB 20426—2006	煤炭工业污染物排放标准	2006 年 10 月 1 日
GB 20425—2006	皂素工业水污染物排放标准	2007 年 1 月 1 日
GB 18466—2005	医疗机构水污染物排放标准	2006 年 1 月 1 日
GB 19821—2005	啤酒工业污染物排放标准	2006 年 1 月 1 日
GB 19431—2004	味精工业污染物排放标准	2004 年 4 月 1 日
GB 14470. 1—2002	兵器工业水污染物排放标准 火炸药	2003 年 7 月 1 日
GB 14470. 2—2002	兵器工业水污染物排放标准 火工药剂	2003 年 7 月 1 日
GB 15581—2016	烧碱、聚氯乙烯工业污染物排放标准	2016 年 9 月 1 日
GB 14374—1993	航天推进剂水污染物排放标准	1993 年 12 月 1 日
GB 13457—1992	肉类加工工业水污染物排放标准	1992 年 7 月 1 日
GB 3552—2018	船舶水污染物排放控制标准	2018 年 7 月 1 日

按照国家综合排放标准与国家行业排放标准不交叉执行的原则，已发布国家行业水污染物排放标准的行业，按其适用范围执行相应的国家水污染物行业标准，其他水污染物排放均执行《污水综合排放标准》（GB 8978—1996）。

《污水综合排放标准》（GB 8978—1996）适用于现有单位水污染物的排放管理，以及建设项目的环境影响评价、建设项目环境保护设施设计、竣工验收及其投产后的排放管理。标准中按照污水排放去向，分年限规定了 69 种水污染物最高允许排放浓度及部分行业最高允许排水量。

2. 大气排放标准

我国已发布的大气污染物排放标准主要包括《大气污染物综合排放标准》（GB 16297—1996）、《恶臭污染物排放标准》（GB 14554—1993）在内的大气固定源污染物排放标准，以及包括汽车、摩托车排放标准在内的大气移动源污染物排放标准，见表 1—8。

表 1—8　　我国已发布的大气污染物排放标准

标准编号	标准名称	实施时间
GB 16297—1996	大气污染物综合排放标准	1997 年 1 月 1 日
GB 14554—1993	恶臭污染物排放标准	1994 年 1 月 15 日
GB 15581—2016	烧碱、聚氯乙烯工业污染物排放标准	2016 年 9 月 1 日
GB 31573—2015	无机化学工业污染物排放标准	2015 年 7 月 1 日
GB 31571—2015	石油化学工业污染物排放标准	2015 年 7 月 1 日
GB 31570—2015	石油炼制工业污染物排放标准	2015 年 7 月 1 日
GB 13801—2015	火葬场大气污染物排放标准	2015 年 7 月 1 日
GB 31574—2015	再生铜、铝、铅、锌工业污染物排放标准	2015 年 7 月 1 日
GB 31572—2015	合成树脂工业污染物排放标准	2015 年 7 月 1 日
GB 13271—2014	锅炉大气污染物排放标准	2014 年 7 月 1 日
GB 30770—2014	锡、锑、汞工业污染物排放标准	2014 年 7 月 1 日
GB 30484—2013	电池工业污染物排放标准	2014 年 3 月 1 日
GB 4915—2013	水泥工业大气污染物排放标准	2014 年 3 月 1 日
GB 29620—2013	砖瓦工业大气污染物排放标准	2014 年 1 月 1 日
GB 29495—2013	电子玻璃工业大气污染物排放标准	2013 年 7 月 1 日
GB 16171—2012	炼焦化学工业污染物排放标准	2012 年 10 月 1 日
GB 28666—2012	铁合金工业污染物排放标准	2012 年 10 月 1 日
GB 28661—2012	铁矿采选工业污染物排放标准	2012 年 10 月 1 日
GB 28665—2012	轧钢工业大气污染物排放标准	2012 年 10 月 1 日
GB 28664—2012	炼钢工业大气污染物排放标准	2012 年 10 月 1 日
GB 28663—2012	炼铁工业大气污染物排放标准	2012 年 10 月 1 日
GB 28662—2012	钢铁烧结、球团工业大气污染物排放标准	2012 年 10 月 1 日
GB 27632—2011	橡胶制品工业污染物排放标准	2012 年 11 月 1 日
GB 13223—2011	火电厂大气污染物排放标准	2012 年 1 月 1 日
GB 26453—2011	平板玻璃工业大气污染物排放标准	2011 年 10 月 1 日
GB 26452—2011	钒工业污染物排放标准	2011 年 10 月 1 日
GB 26132—2010	硫酸工业污染物排放标准	2011 年 3 月 1 日
GB 26451—2011	稀土工业污染物排放标准	2011 年 10 月 1 日
GB 26131—2010	硝酸工业污染物排放标准	2011 年 3 月 1 日
GB 25468—2010	镁、钛工业污染物排放标准	2010 年 10 月 1 日
GB 25467—2010	铜、镍、钴工业污染物排放标准	2010 年 10 月 1 日
GB 25466—2010	铅、锌工业污染物排放标准	2010 年 10 月 1 日
GB 25465—2010	铝工业污染物排放标准	2010 年 10 月 1 日
GB 25464—2010	陶瓷工业污染物排放标准	2010 年 10 月 1 日
GB 21902—2008	合成革与人造革工业污染物排放标准	2008 年 8 月 1 日

续表

标准编号	标准名称	实施时间
GB 21900—2008	电镀污染物排放标准	2008年8月1日
GB 21522—2008	煤层气（煤矿瓦斯）排放标准（暂行）	2008年7月1日
GB 20952—2007	加油站大气污染物排放标准	2007年8月1日
GB 20950—2007	储油库大气污染物排放标准	2007年8月1日
GB 20426—2006	煤炭工业污染物排放标准	2006年10月1日
GB 13271—2014	锅炉大气污染物排放标准	2014年7月1日
GB 18483—2001	饮食业油烟排放标准	2002年1月1日
GB 9078—1996	工业炉窑大气污染物排放标准	1997年1月1日
HJ 857—2017	重型柴油车、气体燃料车排气污染物车载测量方法及技术要求	2017年10月1日
HJ 845—2017	在用柴油车排气污染物测量方法及技术要求（遥感检测法）	2017年7月27日
GB 18352.6—2016	轻型汽车污染物排放限值及测量方法（中国第六阶段）	据原环保部2016年12月23日公告，该标准自发布之日（2016年12月23日）生效，2020年7月1日起，该标准代替GB 18352.5—2013的相关要求
GB 18176—2016	轻便摩托车污染物排放限值及测量方法（中国第四阶段）	2018年7月1日
GB 15097—2016	船舶发动机排气污染物排放限值及测量方法（中国第一、二阶段）	2018年7月1日
GB 14622—2016	摩托车污染物排放限值及测量方法（中国第四阶段）	2018年7月1日
GB 19755—2016	轻型混合动力电动汽车污染物排放控制要求及测量方法	2016年9月1日
GB 20891—2014	非道路移动机械用柴油机排气污染物排放限值及测量方法（中国第三、四阶段）	2014年10月1日
HJ 689—2014	城市车辆用柴油发动机排气污染物排放限值及测量方法（WHTC工况法）	2015年1月1日
GB 18352.5—2013	轻型汽车污染物排放限值及测量方法（中国第五阶段）	2018年1月1日
GB 26133—2010	非道路移动机械用小型点燃式发动机排气污染物排放限值与测量方法（中国第一、二阶段）	2011年3月1日
GB 14762—2008	重型车用汽油发动机与汽车排气污染物排放限值及测量方法（中国Ⅲ、Ⅳ阶段）	2008年7月1日
GB 20951—2007	汽油运输大气污染物排放标准	2007年8月1日

续表

标准编号	标准名称	实施时间
GB 17691—2005	车用压燃式、气体燃料点燃式发动机与汽车排气污染物排放限值及测量方法（中国Ⅲ、Ⅳ、Ⅴ阶段）	2007年1月1日
GB 19756—2005	三轮汽车和低速货车用柴油机排气污染物排放限值及测量方法（中国Ⅰ、Ⅱ阶段）	2006年1月1日
GB 11340—2005	装用点燃式发动机重型汽车曲轴箱污染物排放限值及测量方法	2005年7月1日
GB 18285—2005	点燃式发动机汽车排气污染物排放限值及测量方法（双怠速法及简易工况法）	2005年7月1日
GB 19758—2005	摩托车和轻便摩托车排气烟度排放限值及测量方法	2005年7月1日
GB 3847—2005	车用压燃式发动机和压燃式发动机汽车排气烟度排放限值及测量方法	2005年7月1日
GB 14763—2005	装用点燃式发动机重型汽车燃油蒸发污染物排放限值及测量方法（收集法）	2005年7月1日
GB 18322—2002	农用运输车自由加速烟度排放限值及测量方法	2002年7月1日

在我国现有的大气污染物排放标准体系中，按照综合排放标准与行业排放标准不交叉执行的原则，已发布行业排放标准的行业，按其适用范围规定的污染源，执行相应的行业排放标准，其他大气污染物排放均执行国家标准《大气污染物综合排放标准》(GB 16297—1996)。

《大气污染物综合排放标准》（GB 16297—1996）适用于现有污染源大气污染物的排放管理，以及建设项目的环境影响评价、设计、环保设施竣工验收及其投产后的大气污染物排放管理。

3. 噪声排放标准

我国已发布的环境噪声排放标准包括《社会生活环境噪声排放标准》（GB 22337—2008)、《工业企业厂界环境噪声排放标准》（GB 12348—2008)、《建筑施工场界环境噪声排放标准》（GB 12523—2011)、《铁路边界噪声限值及其测量方法》（GB 12525—1990）和各种车辆的噪声排放标准，具体标准见表1—9。

表1—9　　我国已发布的环境噪声排放标准

标准编号	标准名称	实施时间
GB 12523—2011	建筑施工场界环境噪声排放标准	2012年7月1日
GB 22337—2008	社会生活环境噪声排放标准	2008年10月1日
GB 12348—2008	工业企业厂界环境噪声排放标准	2008年10月1日
GB 4569—2005	摩托车和轻便摩托车定置噪声限值及测量方法	2005年7月1日
GB 19757—2005	三轮汽车和低速货车加速行驶车外噪声限值及测量方法（中国Ⅰ、Ⅱ阶段）	2005年7月1日

续表

标准编号	标准名称	实施时间
GB 16169—2005	摩托车和轻便摩托车加速行驶噪声限值及测量方法	2005 年 7 月 1 日
GB 1495—2002	汽车加速行驶车外噪声限值及测量方法	2002 年 10 月 1 日
GB 16170—1996	汽车定置噪声限值	1997 年 1 月 1 日
GB 12525—1990	铁路边界噪声限值及其测量方法	1991 年 3 月 1 日

4. 固体废物标准

为防止农用污泥、建材农用粉煤灰、农药、农用城镇垃圾及有色金属、建材工业固体废物等对土壤、农作物、地面水、地下水的污染，保障农牧渔业生产和人体健康，我国制定了有关固体废物污染控制标准和危险废物鉴别标准，见表 1—10 和表 1—11。

表 1—10　　固体废物污染控制标准

标准编号	标准名称	实施时间
GB 13015—2017	含多氯联苯废物污染控制标准	2017 年 10 月 10 日
GB 18485—2014	生活垃圾焚烧污染控制标准	2014 年 7 月 1 日
GB 30485—2013	水泥窑协同处置固体废物污染控制标准	2014 年 3 月 1 日
GB 16889—2008	生活垃圾填埋场污染控制标准	2008 年 7 月 1 日
GB 16487. 12—2017	进口可用作原料的固体废物环境保护控制标准—废塑料	2018 年 3 月 1 日
GB 16487. 11—2017	进口可用作原料的固体废物环境保护控制标准—供拆卸的船舶及其他浮动结构体	2018 年 3 月 1 日
GB 16487. 10—2017	进口可用作原料的固体废物环境保护控制标准—废五金电器	2018 年 3 月 1 日
GB 16487. 9—2017	进口可用作原料的固体废物环境保护控制标准—废电线电缆	2018 年 3 月 1 日
GB 16487. 8—2017	进口可用作原料的固体废物环境保护控制标准—废电机	2018 年 3 月 1 日
GB 16487. 7—2017	进口可用作原料的固体废物环境保护控制标准—废有色金属	2018 年 3 月 1 日
GB 16487. 6—2017	进口可用作原料的固体废物环境保护控制标准—废钢铁	2018 年 3 月 1 日
GB 16487. 4—2017	进口可用作原料的固体废物环境保护控制标准—废纸或纸板	2018 年 3 月 1 日
GB 16487. 3—2017	进口可用作原料的固体废物环境保护控制标准—木、木制品废料	2018 年 3 月 1 日
GB 16487. 2—2017	进口可用作原料的固体废物环境保护控制标准—冶炼渣	2018 年 3 月 1 日

续表

标准编号	标准名称	实施时间
GB 16487.13—2017	进口可用作原料的固体废物环境保护控制标准—废汽车压件	2018 年 3 月 1 日
环发〔2003〕206 号	医疗废物集中处置技术规范（试行）	2003 年 12 月 26 日
GB 19218—2003	医疗废物焚烧炉技术要求（试行）	2003 年 6 月 30 日
GB 19217—2003	医疗废物转运车技术要求（试行）	2003 年 6 月 30 日
GB 18597—2001	危险废物贮存污染控制标准	2002 年 7 月 1 日
GB 18599—2001	一般工业固体废物贮存、处置场污染控制标准	2002 年 7 月 1 日
GB 18598—2001	危险废物填埋污染控制标准	2002 年 7 月 1 日
GB 18484—2001	危险废物焚烧污染控制标准	2002 年 1 月 1 日
GB 4284—1984	农用污泥中污染物控制标准	1985 年 3 月 1 日

表 1—11　　危险废物鉴别标准

标准编号	标准名称	实施时间
GB 34330—2017	固体废物鉴别标准 通则	2017 年 10 月 1 日
HJ/T 298—2007	危险废物鉴别技术规范	2007 年 7 月 1 日
GB 5085.7—2007	危险废物鉴别标准 通则	2007 年 10 月 1 日
GB 5085.6—2007	危险废物鉴别标准 毒性物质含量鉴别	2007 年 10 月 1 日
GB 5085.5—2007	危险废物鉴别标准 反应性鉴别	2007 年 10 月 1 日
GB 5085.4—2007	危险废物鉴别标准 易燃性鉴别	2007 年 10 月 1 日
GB 5085.3—2007	危险废物鉴别标准 浸出毒性鉴别	2007 年 10 月 1 日
GB 5085.2—2007	危险废物鉴别标准 急性毒性初筛	2007 年 10 月 1 日
GB 5085.1—2007	危险废物鉴别标准 腐蚀性鉴别	2007 年 10 月 1 日

（三）其他环境标准

1. 环境监测类标准

环境监测类标准包括环境监测技术规范、环境监测分析方法标准、环境监测仪器技术要求及环境标准样品等。

环境监测技术规范标准是规定环境监测的原则、程序、工作内容和技术要求的标准，如《地表水和污水监测技术规范》（HJ/T 91—2002）、《土壤环境监测技术规范》（HJ/T 166—2004）。

环境监测分析方法标准是指为监测环境质量状况和污染源排放行为，规范采样、分析、测定、数据处理等工作而制定的统一要求，如《水质 总氮的测定 气相分子吸收光谱法》（HJ/T 199—2005）、《环境空气 PM10 和 PM2.5 的测定 重量法》（HJ 618—2011）。

环境监测仪器技术要求是为规范环境监测仪器市场秩序，针对部分环境监测仪器颁布的技术规范，如《总铬水质自动在线监测仪技术要求及检测方法》（HJ 798—2016）、《泄漏和敞开液面排放的挥发性有机物检测技术导则》（HJ 733—2014）。

环境标准样品是为了在环境保护中校准仪器、检验监测方法，进行量值传递或质量控制的材料或物质，一般由国家法定机关制备，如《水质 总氮标准样品》（GSB 07—3168—2014）、《水质　铝分析校准用标准样品》（GSB 07—3481—2018）。

2. 环境基础标准

环境基础标准是对有指导意义的符号、代号、图饰、量纲、指南、导则、规范等所作的国家统一规定，是制定其他环境标准的基础，如《环境监测 分析方法标准制修订技术导则》（HJ 168—2010）、《水污染物名称代码》（HJ 525—2009）等。

3. 环境管理规范类标准

环境管理规范类标准是规定环境管理的内容、程序、方法和制度的标准，如《环境影响评价技术导则 地下水环境》（HJ 610—2016）、《建设项目环境风险评价技术导则》（HJ/T 169—2004）。

练　习　题

1. 以你所生活的宿舍为例，试分析并归纳组成这个宿舍环境的各要素（可以简单地罗列各要素，或按照各要素的形态进行分类，也可以按照其用途进行分类）。在宿舍环境中，哪些要素属于自然环境的部分？哪些要素属于社会环境的部分？

2. 距离你 2 000 km 某地的空气环境和水环境是否也包括在你的宿舍环境之中？在罗列宿舍环境各要素时，是否需要考虑 2 000 km 以外的某地的空气环境和水环境？为什么？

3. 环境污染影响的主体是谁？火星上恶劣的气候条件是否属于环境污染？

4. 如何判断环境是否已被污染？

5. 环境监测的主要任务是什么？

6. 环境监测的原则是什么？

7. 环境质量标准的作用有哪些？环境质量标准和污染物排放标准有什么关系？

第二章　水和废水监测

本章学习目标

1. 了解水和废水监测全过程所包含的各个环节。
2. 掌握监测断面和监测点位的设置原则和方法。
3. 熟悉水样的采集、保存和运输方法以及水样的预处理方法。
4. 掌握重点监测项目的测定方法。

水是人类赖以生存的宝贵资源，分布于由海洋、江、河、湖和地下水、大气水分及冰川共同构成的地球水圈中。

水体是河流、湖泊、沼泽、冰川、海洋及地下水的总称。它不仅包括水，也包括水中的悬浮物、底泥及水生生物。水质监测的对象是环境水体和水污染源。环境水体包括地表水（江、河、湖、库、海水）和地下水。水污染源包括工业废水、生活污水和医院污水等。

第一节　水样的采集、保存和运输

一、水样类型

水样类型主要有瞬时水样、周期水样、连续水样、混合水样、综合水样、大体积水样和平均污水样等。采样时要随具体情况而定，有些情况只需在某点瞬时采集样品，而有些情况要用复杂的采样设备进行采样。瞬时采样和混合采样均适用于静态水体和流动水体，但混合采样更适用于静态水体，周期采样和连续采样适用于流动水体。

（一）瞬时水样

从水体中不连续、随机采集的样品称之为瞬时水样。对于组分较稳定的水体，或水体的组分在相当长的时间和相当大的空间范围内变化不大，采集瞬时样品具有很好的代表性。

当水体的组成随时间发生变化，则要在适当的时间间隔内进行瞬时采样，分别进行分析。当水体的组成发生空间变化时，就要在各个相应的部位采样。

在下列情况下需采集瞬时水样：

(1) 在流量不固定、所测参数不恒定时。

(2) 测定不连续流动的水流时。

(3) 水或废水特性相对稳定时。

(4) 在需要考察可能存在的污染物，或要确定污染物出现的时间时。

(5) 在需要污染物最高值、最低值或变化的数据时。

(6) 在需要根据较短一段时间内的数据确定水质的变化规律时。

(7) 在需要测定参数的空间变化时。

(8) 在制定较大范围的采样方案前。

(9) 在测定某些不稳定的参数，如溶解气体、余氯、可溶性硫化物、微生物、油脂、有机物和 pH 时。

(二) 周期水样（不连续）

1. 在固定时间间隔下采集周期样品（取决于时间）

通过定时装置在规定的时间间隔下自动开始和停止采集样品。通常在固定的期间内抽取样品，将一定体积的样品注入一个或多个容器中。人工采集样品时，也按此要求采集周期样品。

2. 在固定排放量间隔下采集周期样品（取决于体积）

当水质参数发生变化时，采样方式不受排放流速的影响，所取样品量是固定的，与时间无关。

3. 在固定排放量间隔下采集周期样品（取决于流量）

当水质参数发生变化时，采样方式不受排放流速的影响，在固定时间间隔下，抽取不同体积的水样，所采集的体积取决于流量。

(三) 连续水样

1. 在固定流速下采集连续样品（取决于时间或时间平均值）

在固定流速下采集的连续样品，可测得采样期间存在的全部组分，但不能提供采样期间各参数浓度的变化。

2. 在可变流速下采集连续样品（取决于流量或与流量成比例）

采集的流量比例样品可代表水的整体质量。即便流量和组分都在变化，流量比例样品同样可以揭示利用瞬时样品所观察不到的这些变化。因此，对于流速和待测污染物浓度都有明显变化的流动水，采集流量比例样品是一种精确的采样方法。

(四) 混合水样

在同一采样点上以流量、时间、体积或是以流量为基础，按照已知比例（间歇的或连续的）混合在一起的样品，称为混合水样。混合水样可自动或人工采集。

混合样品可提供组分的平均值，因此在样品混合之前，应验证这些样品参数的数据，以确保混合后样品数据的准确性。如果测试成分在水样储存过程中易发生明显变化，则不适用混合水样。例如，测定挥发酚、油类、硫化物等，需采取单样储存方式。

下列情况适用混合水样：

（1）需测定平均浓度时。

（2）计算单位时间的质量负荷时。

（3）评价特殊的、变化的或不规则的排放和生产运转所产生的影响时。

（五）综合水样

把从不同采样点同时采集的瞬时水样混合为一个样品，即综合水样。综合水样的采集包括以下两种情况：

（1）纵断面样品，即在特定位置采集一系列不同深度的水样。

（2）横截面样品，即在特定深度采集一系列不同位置的水样。

综合水样是获得平均浓度的重要方式，有时需要把代表断面上的各点或几个污水排放口的污水按相对比例流量混合，取其平均浓度。

采集综合水样，应视水体的具体情况和采样目的而定。例如，针对几条排污河渠建设综合污水处理厂，综合水样分析比从各个河道取单样分析更为科学合理，因为各股污水相互反应可能对设施的处理性能及污水成分产生显著的影响，而且对这些相互作用进行数学预测一般十分困难，只有采集综合水样才可能提供更加可靠的资料。

（六）大体积水样

有些分析方法要求采集大体积水样，范围从 50 L 到几立方米。例如，分析水体中未知的农药和微生物时，就需要采集大体积的水样。水样可用通常的方法采集到容器或样品罐中，采样时应确保采样器皿清洁，也可以使样品先后通过一个体积计量计和吸收筒（或过滤器）。

（七）平均污水样

对于排放污水的企业而言，生产的周期性影响着排污的规律性。为了得到代表性的污水样（往往需要得到平均浓度），应根据排污情况进行周期性采样。一般来说，应在一个或几个生产或排放周期内，按一定的时间间隔分别采样。对于性质稳定的污染物，可对分别采集的样品进行混合后一次测定。对于不稳定的污染物，可在分别采样、分别测定后取其平均值作为代表值。

生产的周期性也影响污水的排放量，在排放流量不稳定的情况下，可将一个排污口不同时间的污水样，按照流量的大小成比例混合，得到平均比例混合的污水样。这是获得平均浓度的最常采用的方法，有时需将几个排污口的水样按比例混合，用以求得瞬时综合排污浓度。

二、采样设备

采样设备应满足下述要求：尽量缩短样品和容器的接触时间；使用不会污染样品的材料；容易清洗，表面光滑，没有弯曲物干扰流速，尽可能减少旋塞和阀的数量；有适合采样要求的系统设计。

（一）瞬时非自动采样设备

1. 瞬时采样采集表层样品设备

一般用吊桶或广口瓶沉入水中，待注满水后，再提出水面。

2. 综合深度采样设备

如果只需要了解水体某一垂直断面的平均水质，可采集综合深度水样。综合深度法采样需要一套用以夹住瓶子并使之沉入水中的机械装置。采样时，配有重物的采样瓶以均匀的速度沉入水中，同时通过注入孔使整个垂直断面的各层水样进入采样瓶。

无上述采样设备时，可采用排空式采样器（如图 2—1 所示）或其他能达到同等效果的采样器，分别采集每层深度的样品，然后混合。

3. 选定深度定点采样设备

如果只需要了解水体某一深度水质情况，可采集选定深度水样。采样时，将配有重物的采样瓶瓶口塞住，沉入水中，当采样瓶沉到选定深度时，打开瓶塞，待瓶内充满水样后再塞上瓶塞。对于有特殊要求的样品（如用于测定溶解氧的样品），此法不适用。

选定深度定点采样，可使用颠倒式采水器、排空式采水器、单层采水器（如图 2—2 所示）等。

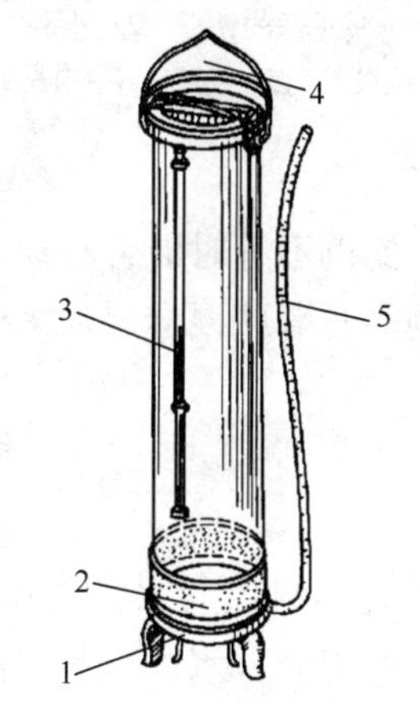

图 2—1　排空式采样器

1—进水阀门　2—压重铅阀　3—温度计

4—溢水门　5—橡皮管

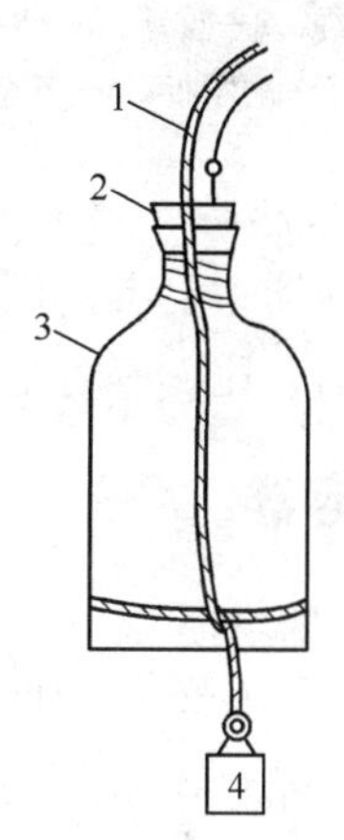

图 2—2　单层采水器

1—绳子　2—带有软绳的橡胶塞

3—采样瓶　4—铅锤

4. 溶解性气体（或挥发性物质）采样设备

泵系统可用于采集溶解气体样品。泵水的压力不能明显低于大气压，样品应直接泵入容器中，如图 2—3 所示。如果不要求精确测定，也可以用溶解氧瓶或双层采水器采集溶解氧样品，如图 2—4 所示。

（二）自动采样设备

自动采样设备可以自动采集连续样品或一系列样品而不用人工参与，尤其适用于采集混合样品和研究水质随时间的变化情况。

设备类型的选择取决于特定的采样情况。例如，为了评估江、河中微量溶解金属的平均组分（或负荷），最好采用蠕动泵系统，使用连续流量比例设备。

自动采样器可以连续或不连续采样，也可以定时或定比例采样。

1. 非比例自动采样器

非比例自动采样器主要有非比例等时不连续自动采样器、非比例等时连续自动采样器、非比例连续自动采样器、非比例等时混合自动采样器和非比例等时顺序混合自动采样器等。

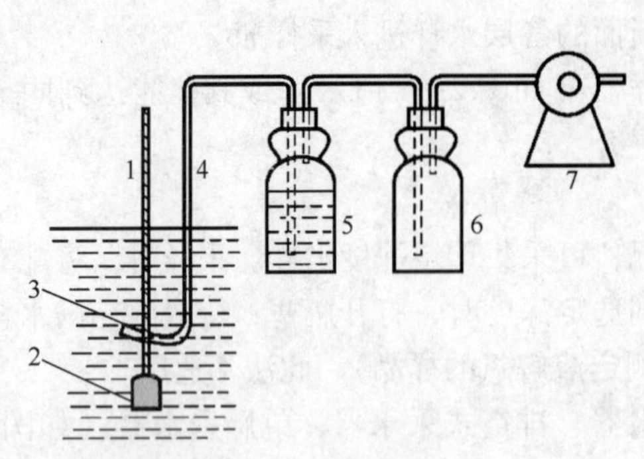

图 2—3　泵式采水器

1—细绳　2—重锤　3—采样头　4—采样管
5—采样瓶　6—安全瓶　7—泵

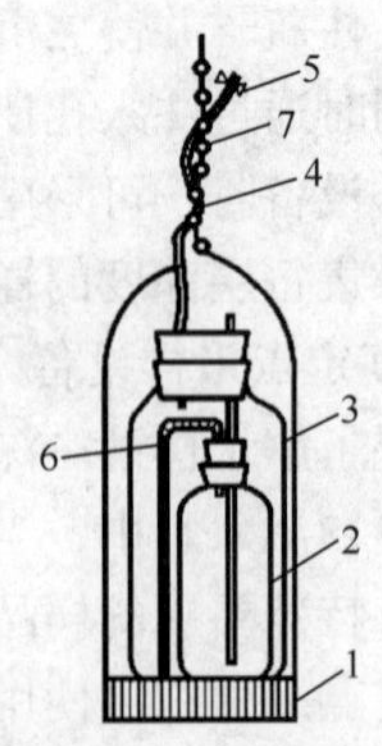

图 2—4　双层采水器

1—带重锤的铁框　2—小瓶　3—大瓶
4—橡胶管　5—夹子　6—塑料管　7—绳子

2. 比例自动采样器

比例自动采样器主要有比例等时混合自动采样器、比例不等时混合自动采样器、比例等时连续自动采样器、比例等时不连续自动采样器和比例等时顺序混合自动采样器等。

三、样品容器

（一）样品容器材质

容器材质对于水样在储存期间的稳定性影响很大。容器材质与水样的相互作用有三种，即容器材质可溶入水样中，容器材质可吸附水样中的某些组分，水样可与容器材质发生化学反应。因此，采样器具的材质应符合以下要求：容器材质的化学性能稳定；抗极端温度性能好；抗震性能好；大小、形状和质量适宜；能严密封口，且易于开启；材料易得；成本较低；容易清洗并可反复使用等。

通常塑料容器 P（一般指高压低密度聚乙烯塑料容器）用作测定金属、放射性元素和其他无机物的水样容器，玻璃容器 G（一般指硬质玻璃容器）用作测定有机物和生物等的水样容器，硼硅酸盐玻璃瓶 BG 用作测定金属的水样容器。

（二）样品容器的选择方法

（1）大多数含无机物的样品，多采用由聚乙烯、氟塑料和碳酸酯制成的容器。

（2）常用的高密度聚乙烯，适用于水中中二氧化硅、钠、氯化物、氟化物及总碱度、电导率、pH 和硬度的分析。

（3）光敏物质的测定，包括藻类，多采用不透明材料或棕色玻璃容器。

（4）在采集和分析的样品中含溶解的气体，通过曝气会改变样品的组分，如溶解氧（DO）和生化需氧量（BOD_5），必须用专用的细口生化需氧量瓶。

（5）不锈钢可用于高温或高压的样品，或用于含微量有机物的样品。

（6）有机物和生物品种的测定一般采用玻璃容器。

（7）放射性元素和属于玻璃主要成分的元素的测定一般采用塑料容器。

（8）采样设备经常用氯丁橡胶垫圈和用油润滑的阀门，这些材料均不适合于采集有机物和微生物样品。

（三）样品容器的洗涤方法

容器洗涤的目的是处理容器内壁，以减少其对样品的污染或其他相互作用。

容器的洗涤方法按样品成分和监测项目确定，按照《水质采样 样品的保存和管理技术规定》（HJ 493—2009）的要求可分为以下 4 种：

（1）洗涤剂洗 1 次，自来水洗 3 次，蒸馏水洗 1 次。对于采集微生物和生物的采样容器，须经 160℃干热灭菌 2 h。经灭菌的微生物和生物采样容器必须在两周内使用，否则应重新灭菌。经 121℃高压蒸汽灭菌 15 min 的采样容器，如不立即使用，应于 60℃将瓶内冷凝水烘干，并在两周内使用。细菌检测项目采样时不能用水样冲洗采样容器，不能采混合水样，应单独采样 2 h 后送实验室分析。

（2）洗涤剂洗 1 次，自来水洗 2 次，（1+3）HNO_3（硝酸）荡洗 1 次，自来水洗 3 次，蒸馏水洗 1 次。

（3）洗涤剂洗 1 次，自来水洗 2 次，（1+3）HNO_3 荡洗 1 次，自来水洗 3 次，去离子水洗 1 次。

（4）铬酸洗液洗 1 次，自来水洗 3 次，蒸馏水洗 1 次。

如果采集污水样品可省去用蒸馏水、去离子水清洗的步骤。

四、地表水水样的采集

流过或汇集在地球表面的水，如海洋、河流、湖泊、水库、沟渠中的水，统称为地表水。

将水样从水体中分离出来的过程就是采样，采集的水样必须具有代表性。监测点位应能满足总体设计对反映环境质量状况的空间与时间方面的要求。测定的样品应力求在采样的位置和时间上符合水体的真实情况。

采样地点的选择和监测网点的建立称为布点。采样断面和采样点根据监测目的、监测项目和样品类型，通过综合调查研究和对有关资料进行分析来确定。

（一）地表水监测点位的设置

1. 河流监测点位的设置

河流监测点位的设置分为 3 个步骤：①根据沿岸排污口的分布情况和受纳水体的特点布设监测断面；②在监测断面上根据受纳水体的水面宽度布设监测垂线；③在监测垂线上根据受纳水体的水体深度布设监测点位。

（1）监测断面的种类。监测断面指在河流采样时，实施水样采集的整个剖面，具体可分为以下几类：

1）背景断面。背景断面指为评价某一完整水系的污染程度，未受人类生活和生产活动影响，能够提供水环境背景值的断面。

2）对照断面。对照断面指具体判断某一区域水环境污染程度时，位于该区域所有污染源上游处，能够提供该区域水环境本底值的断面。

3）控制断面。控制断面指为了解水环境受污染程度及其变化情况而设置的断面。

4）削减断面。削减断面指工业废水或生活污水在水体内流经一定距离而达到最大程度混合，污染物经过稀释、降解，其浓度有明显降低的断面。

5）管理断面。管理断面为特定的环境管理需要而设置的断面，较常见于定量化考核，了解各污染源排污，监视饮水水源、流域污染源限期达标排放和河道整治等。

（2）河流监测断面的布设原则。要使各监测断面能反映一个水系或一个行政区域的水环境质量，应在详细收集有关资料和监测数据的基础上进行优化处理，将优化结果与布点原则和实际情况结合起来确定监测断面。

监测断面在总体和宏观上应能反映水系或区域的水环境质量状况。各断面的具体位置须能反映所在区域环境的污染特征，应尽可能以最少的断面获取有足够代表性的环境信息，同时应考虑实际采样时的可行性和方便性。河流监测断面的具体布设原则如下：

1）对流域或水系要设置背景断面、控制断面（若干）和入海口断面。对行政区域可设置背景断面（对水系源头）或入境断面（对过境河流）或对照断面、控制断面（若干）和入海河口断面或出境断面。在各控制断面下游，如果河段有足够的长度（至少 10 km），还应设置削减断面。

2）监测断面的布设应考虑社会经济发展状况、监测工作的实际状况和需要，要具有相对的长远性。

3）监测断面力求与水文测流断面一致，以便利用其水文参数，实现水质监测与水量监测的结合。

4）断面位置应避开死水区、回水区、排污口处，尽量选择顺直河段、河床稳定、水流平稳、水面宽阔、无急流、无浅滩处。

5）入海河口断面要设置在能反映入海河水水质并临近入海的位置。

6）局部河道整治中，监视整治效果的监测断面由所在地区生态环境行政主管部门确定。

7）流域同步监测中，根据流域规划和污染源限期达标目标确定监测断面。

8）对于突发性水环境污染事故，洪水期和退水期的水质监测，应根据现场情况布设能反映污染物进入水环境和扩散、削减情况的采样断面及点位。

（3）河流监测断面的设置方法。对于监测断面的设置数量，应根据水环境质量状况的实际，考虑对污染物时空分布和变化规律的了解、优化基础上，以最少的断面、垂线和测点取得代表性最好的监测数据。

对于江、河水系或某一河段，一般设置三种断面，即对照断面、控制断面和削减断面（或过境断面），如图 2—5 所示。对行政区域可设背景断面（对水系源头）或入境断面（对过境河流）、控制断面（若干）和入海河口断面或出境断面。在省、自治区和直辖市内主要河流的干流和一、二级支流的交界处设置省（自治区、直辖市）交界断面以及其他环境监测断面。

1）背景断面。背景断面须能反映水系未受污染时的背景值。要求：基本上不受人类活动的影响，远离城市居民区、工业区、农药化肥施放区及主要交通路线。原则上应设在水系源头处或未受污染的上游河段，如选定断面处于地球化学异常区，则要在异常区的上、下游分别设置。如有较严重的水土流失情况，则设在水土流失区的上游。

2）入境断面。入境断面用来反映水系进入某行政区域时的水质状况，应设置在水系进

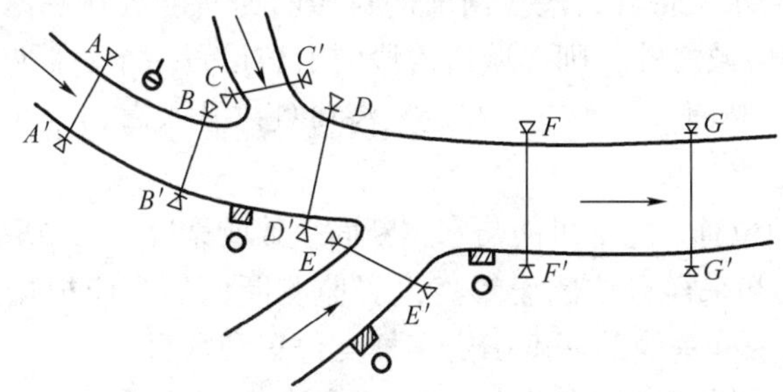

图 2—5　河流监测断面设置示意图

→水流方向　自来水厂取水点　污染源　排污口

A-A′—对照断面　G-G′—削减断面　B-B′、C-C′、D-D′、E-E′、F-F′—控制断面

入本区域且尚未受到本区域污染源影响处。

3）控制断面。控制断面用来反映某排污区（口）排放的污水对水质的影响，应设置在排污区（口）的下游，污水与河水基本混匀处。

控制断面的数量、控制断面与排污区（口）的距离可根据以下因素决定：主要污染区的数量及其距离、各污染源的实际情况、主要污染物的迁移转化规律和其他水文特征等。此外，还应考虑对纳污量的控制程度，即由各控制断面所控制的纳污量应不小于该河段总纳污量的 80%。如某河段的各控制断面均有 5 年以上的监测资料，可用这些资料进行优化，用优化结论来确定控制断面的位置和数量。

4）出境断面。出境断面用来反映水系进入下一行政区域前的水质，因此应设置在本区域最后的污水排放口下游，污水与河水已基本混匀并尽可能靠近水系出境处。如在此行政区域内，河流有足够长度，则应设削减断面。削减断面主要反映河流对污染物的稀释净化情况，应设置在控制断面下游，主要污染物浓度有显著下降处。

5）省（自治区、直辖市）交界断面。省、自治区和直辖市内主要河流的干流及一、二级支流的交界断面是环境保护管理的重点断面。国务院生态环境行政主管部门统一设置省（自治区、直辖市）交界断面。

6）其他环境监测断面。①水系较大支流汇入前的河口处，以及湖泊、水库、主要河流的出、入口应设置监测断面。②国际河流出、入国境的交界处应设置出境断面和入境断面。③对流程较长的重要河流，为了解水质、水量变化情况，经适当距离后应设置监测断面。④水网地区流向不定的河流，应根据常年主导流向设置监测断面。对水网地区应视实际情况设置若干控制断面，其控制的径流量之和应不少于总径流量的 80%。⑤有水工建筑物并受人工控制的河段，视情况分别在闸（坝、堰）上、下设置断面。如水质无明显差别，可只在闸（坝、堰）上设置监测断面。⑥对于季节性河流和人工控制河流，由于实际情况差异很大，河流监测断面、采样频次、监测项目的确定及监测数据的使用等，由各省（自治区、直辖市）生态环境行政主管部门自定。

（4）潮汐河流监测断面的布设应注意以下几点：

1）潮汐河流监测断面的布设原则与其他河流相同，设有防潮桥闸的潮汐河流，根据需要在桥闸的上、下游分别设置断面。

2）根据潮汐河流的水文特征，潮汐河流的对照断面一般设在潮区界以上。若感潮河段潮区界在该城市管辖的区域之外，则在城市河段的上游设置一个对照断面。

3）潮汐河流的削减断面，一般应设在近入海口处。若入海口处于城市管辖区域外，则设在城市河段的下游。

4）潮汐河流的断面位置，应尽可能与水文断面一致或靠近，以便取得有关的水文数据。

（5）河流采样垂线和采样点位的设置。设置监测断面后，应根据水面的宽度确定断面上的采样垂线，再根据采样垂线的深度确定采样点位置和数目。在一个监测断面上设置的采样垂线数和各垂线上的采样点位数应符合表 2—1 和表 2—2 的要求。

表 2—1　　采样垂线数的设置

水面宽度/m	垂线数	说明
≤50	1 条（中泓垂线）	1. 垂线布设应避开污染带，要监测污染带应另加垂线 2. 确能证明该断面水质均匀时，可仅设中泓垂线 3. 凡在该断面要计算污染物通量时，必须按本表设置垂线
50~100	2 条（近左、右岸有明显水流处）	
>100	3 条（左、中、右）	

表 2—2　　采样垂线上采样点数的设置

水深/m	采样点数	说明
≤5	上层 1 点	1. 上层指水面下 0.5 m 处，水深不到 0.5 m 时，在水深 1/2 处 2. 下层指河底上 0.5 m 处 3. 中层指 1/2 水深处 4. 封冻时在冰下 0.5 m 处采样，水深不到 0.5 m 处时，在水深 1/2 处采样 5. 凡在该断面要计算污染物通量时，必须按本表设置采样点
5~10	上、下层 2 点	
>10	上、中、下 3 层 3 点	

2. 湖泊、水库监测点位的设置

（1）湖泊、水库监测垂线的设置。湖泊、水库通常只设监测垂线，如有特殊情况可参照河流的有关规定设置监测断面。湖泊、水库监测垂线的具体设置方法如下：

1）湖（库）区的不同水域，如进水区、出水区、深水区、浅水区、湖心区、岸边区，按水体类别设置监测垂线，如图 2—6 所示。

2）湖（库）区若无明显功能区别，可用网格法均匀设置监测垂线。

3）监测垂线上采样点的布设一般与河流采样点的布设规定相同，但有可能出现温度分层现象时，应进行水温、溶解氧的探索性试验后再确定。

4）受污染物影响较大的重要湖泊、水库，应在污染物主要输送路线上设置控制断面。

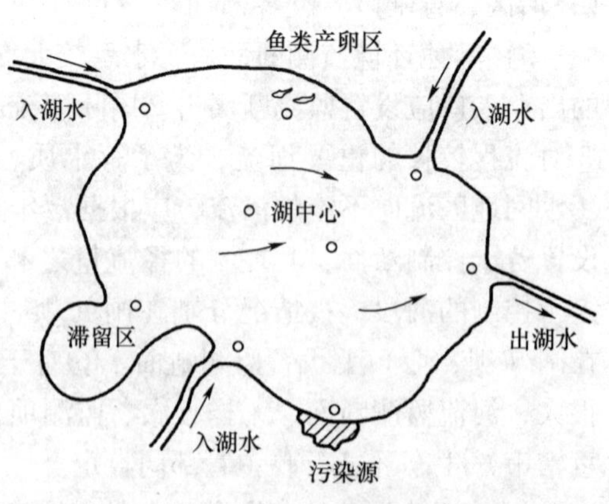

图 2—6　湖、库监测垂线的设置

（2）湖泊、水库监测垂线上采样点的设置。根据采样垂线的深度确定采样点位置和数目，采样点位的数目应符合表 2—3 的要求。

表 2—3　　　　湖（库）监测垂线采样点的设置

水深/m	分层情况	采样点位	说明
≤5	—	1 点（水面下 0.5 m 处）	1. 分层是指湖水温度分层状况 2. 水深不足 1 m 时，在 1/2 水深处设置监测点 3. 有充分数据证实沿垂线水质均匀时，可酌情减少监测点
5~10	不分层	2 点（水面下 0.5 m，水底上 0.5 m 处）	
	分层	3 点（水面下 0.5 m，1/2 斜温层，水底上 0.5 m 处）	
>10	—	水面下 0.5 m，水底上 0.5 m 处，每一斜温分层 1/2 处设置	

（二）河流监测断面设置实例

苏州工业园区华能发电有限公司二期工程建设项目进行环境影响评价工作时，需要对该项目的纳污水体长江水质现状进行调查。

苏州工业园区华能发电厂位于江苏省太仓市金浪镇，厂区北靠长江，占有长江岸线 1.6 km，东临太仓市第二自来水厂，取水口位于电厂温排水排放口下游 700~800 m 处。

在电厂长江排水口上下游 10 km 范围内共设 4 个监测断面，分别位于排水口上游 2 km、煤码头所在断面、排水口下游 500 m 及 8 km 处，如图 2—7 所示。

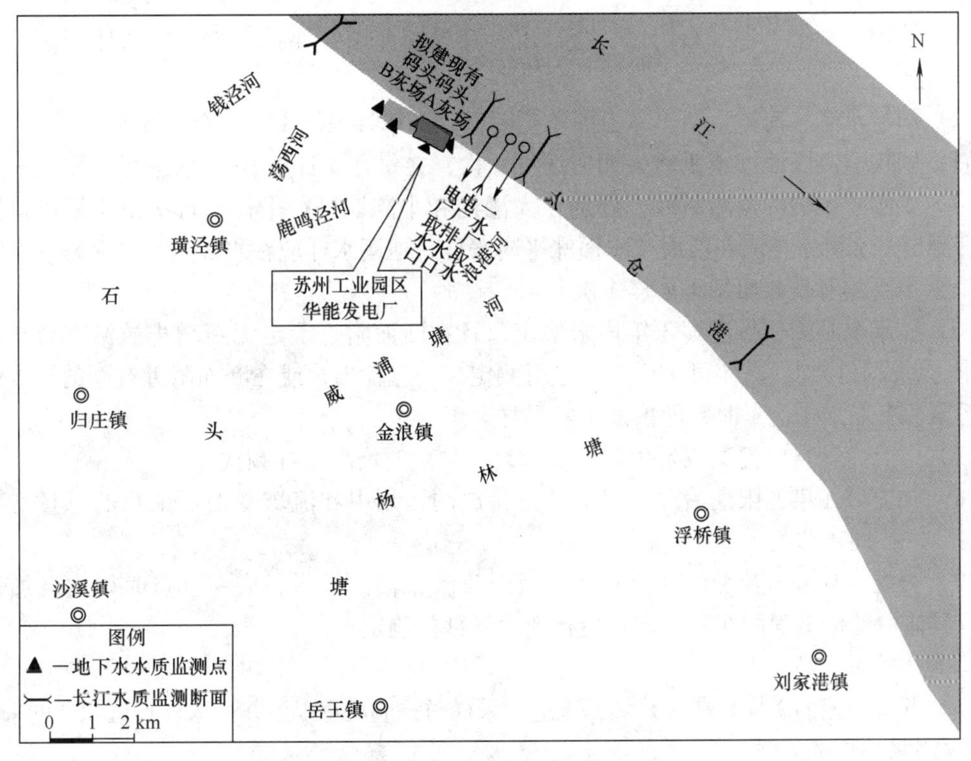

图 2—7　厂址附近水系及水质监测断面设置

通过在2002年12月10日至12日（枯水期）对长江水质进行现状监测，对照《地表水环境质量标准》（GB 3838—2002）Ⅱ类水质标准，得出长江的水质监测结果：有关重金属元素各分析项目全部达标，溶解氧（DO）、化学需氧量（COD）、五日生化需氧量（BOD_5）、高锰酸盐指数全部达标，氨氮、石油类、总磷及挥发酚4个项目不达标。

氨氮：4个监测断面超标率皆为100%，最大值为标准值的1.7倍。总磷：4个监测断面超标率皆为100%，最大值超过标准1.7倍。石油类：3个监测断面超标，最大超标倍数1.6倍，Ⅱ断面的超标率最大，为25%，位置在苏州工业园区华能电厂煤码头附近。挥发酚：超标率为8.3%~33.3%，最大值超过标准2倍。

氨氮、石油类、总磷及挥发酚4个项目的超标原因为沿岸生活污水污染，农用化肥污染，长江航运及纺织、印染企业的工业污染。

（三）水样的采集

1. 采样时间和频次的确定

采样时间指每次采样从开始到结束所经历的时间，也称采样时段。采样频次指在一定时间范围内的采样次数。

依据不同的水体功能、水文要素和污染源、污染物排放等实际情况，力求以最低的采样频次，取得最有时间代表性的样品，既要满足能反映水质状况的要求，又要切实可行。

为使采集的水样具有代表性，能够反映水质在时间和空间上的变化规律，必须确定合理的采样时间和采样频率，一般原则如下：

（1）饮用水源地、省（自治区、直辖市）交界断面中需要重点控制的监测断面每月至少采样1次。

（2）国控水系、河流、湖、库上的监测断面，逢单月采样1次，全年6次。

（3）国控监测断面（或垂线）每月采样1次，在每月5日至10日内进行采样。

（4）受潮汐影响的监测断面，分别在大潮期和小潮期进行采样，每次采集涨、退潮水样分别测定。涨潮水样应在断面处水面涨平时采样，退潮水样应在水面退平时采样。

（5）水系的背景断面每年采样1次。

（6）如某个必测项目连续3年均未检出，且在断面附近确定无新增排放源，而现有污染源排污量没有增加，每年可采样1次进行测定。一旦检出，或在断面附近有新的排放源或现有污染源有新增排污量时，即恢复正常采样。

（7）遇有特殊自然情况或发生污染事故时，要随时增加采样频次。

（8）在流域污染源限期治理、限期达标排放的计划中和流域受纳污染物的总量削减规划中，要进行同步监测。

（9）为配合局部水流域的河道整治，及时反映整治的效果，应在一定时期内增加采样频次，具体由整治工程所在地生态环境行政主管部门制定。

2. 地表水的采样

（1）开阔河流的采样。在对开阔河流进行采样时，应注意以下几个采样点位水样的采集：

1）用水地点的采样。

2）污水流入河流后，应在充分混合的地点以及流入前的地点采样。

3）支流合流后，对充分混合的地点及混合前的主流与支流地点采样。

4）主流分流后的地点采样。

5）根据其他需要设定的采样地点。

各采样点原则上应在河流横向及垂向的不同位置采集样品。一般选择在采样前至少连续两天晴天，水质较稳定的时间（特殊需要除外）进行采样，具体时间是在考虑人类活动、工厂企业的工作时间及污染物到达时间的基础上确定的。另外，在潮汐区，应考虑潮汐的情况，采样时间应把水质最坏的时刻包括在内。

（2）封闭管道的采样。封闭管道采样也会遇到与开阔河流采样类似的问题。采样器探头或采样管应妥善地放在进水的下游，采样管不能靠近管壁。湍流部位如在“T”形管、弯头、阀门的后部可充分混合，一般作为最佳采样点。但是这不适用于等动力采样（即等速采样）。

采集自来水或抽水设备中的水样前，应先放水数分钟，使积留在水管中的杂质及陈旧水排出。采样器容器、盛样瓶及瓶塞应先用水样洗涤2~3次（油类除外）。

（3）湖泊和水库的采样。采样地点不同和温度的分层现象可使水质产生很大的差异。调查水质状况时，应考虑到成层期与循环期的水质有明显不同。了解循环期水质，可采集表层水样。了解成层期水质，应按深度分层采样。

在调查水域污染状况时，需进行综合分析判断，以取得代表性水样。例如，废水流入前和流入后充分混合的地点、用水地点、流出地点等均应采样，以便进行综合分析。在可以直接汲水的场合，可用水桶等适当的容器采样。从桥上等地方采样时，可将系着绳子的聚乙烯桶或带有坠子的采样瓶投于水中汲水。

在采集一定深度的水样时，可用直立式或有机玻璃采水器。这类采水器在下沉过程中，水可从中流过，当到达预定深度时，容器能够闭合而汲取水样。

3. 地表水采样注意事项

（1）采样时应保证采样点的位置准确，必要时可使用全球定位系统（GPS）定位。

（2）采样时不可搅动水底的沉积物。

（3）认真填写水质采样记录表，用签字笔或硬质铅笔在现场记录，字迹应端正、清晰。地表水水质采样记录表见表2—4。

（4）采样结束前，应核对采样方案、记录与水样，如有错误或遗漏，应立即补采或重新采样。

（5）如采样现场水体很不均匀，无法采到有代表性的样品，则应详细记录不均匀的情况和实际采样情况，供数据使用者参考。

（6）测定油类的水样时，应在水面至水面下300 mm单独采集柱状水样，并全部用于测定。采样瓶（容器）不能用采集的水样冲洗。

（7）测溶解氧、生化需氧量和有机污染物等项目的水样，必须注满容器，不留空间，并用水封口。

（8）如果水样中含沉降性固体（如泥沙等），应分离除去。分离方法：将所采水样摇匀后倒入筒型玻璃容器，静置30 min，再将已不含沉降性固体但含有悬浮性固体的水样移入盛样容器并加入保存剂。测定总悬浮物和油类的水样时除外。

（9）测定湖库水COD、高锰酸盐指数、叶绿素α、总氮、总磷时，应使水样静置

30 min，用吸管一次或几次移取水样，吸管进水尖嘴应插至水样表层 50 mm 以下位置，再加保存剂保存。

（10）测定油类、BOD_5、DO、硫化物、余氯、粪大肠菌群、悬浮物、放射性等项目时要单独采样。

表 2—4　　地表水水质采样记录表

监测站名：________　年度：________

编号	河流（湖库）名称	采样时间/（月、日）	断面名称	采样位置				气象参数					流速/(m/s)	流量/(m^3/s)	现场测定记录						备注
				断面号	垂线号	点位号	水深/m	气温/℃	气压/kPa	风向	风速/(m/s)	相对湿度/%			水温/℃	pH	溶解氧/(mg/L)	透明度/cm	电导率/(μS/cm)	感观指标描述	

采样人员：________　记录人员：________

五、污水水样的采集

污水是指受一定污染的来自生活和生产的排出水。污水根据其来源可分为生活污水、工业废水和初期雨水。

生活污水是人们在日常生活中使用过的，并被生活废料所污染的水。生活污水包括住宅、商业机构、机关、学校、医院及文娱体育场所所排出的粪尿及洗浴、洗涤和卫生清洁等污水。生活污水一般不含有毒物质，但含有大量有机物和细菌，也常含有病原菌、病毒和寄生虫卵。

工业废水是在工矿生产活动中产生的废水，包括工艺过程用水、机械设备用水、设备和场地洗涤水、烟气洗涤水等。

初期雨水是降雨初期时的雨水。由于降雨初期，雨水溶解了空气中的大量酸性气体、汽车尾气、工业废气等污染性气体，降落地面后，雨水冲刷屋面、混凝土道路等，使得前期雨水中含有大量的污染物质，其污染程度较高，甚至超出普通城市污水的污染程度。所以对初期雨水应作净化处理。

（一）污水监测点位的设置

污水是流量和浓度都随时间变化的非稳态流体，采集的样品应能反映这种变化情况且具有代表性，以满足总量控制和浓度控制相结合的管理要求，所以合理确定采样点位显得尤为重要。

水污染源一般经管道或渠、沟排放，截面积比较小，所以不需设置监测断面，而直接确定采样点位。

1. 污水监测点位布设原则

（1）含第一类污染物的废水采样点位的设置。含第一类污染物的废水，不分行业和废水排放方式，也不按受纳水体的功能类别，采样点位一律设在车间或车间处理设施的排放口或专门处理此类污染物设施的外排口。

（2）含第二类污染物的废水采样点位的设置。含第二类污染物的废水，采样点位一律设在排污单位的废水外排口。

（3）污水处理设施效率监测采样点的设置分以下两种情况：

1）对整体污水处理设施效率监测时，在各种污水进入污水处理设施的入口和污水设施的总外排口设置采样点。

2）对各污水处理单元效率监测时，在各种污水进入处理设施单元的入口和设施单元的外排口设置采样点。

2. 污水采样位置的确定

污水的采样位置应在采样断面的中心。当水深大于 1 m 时，应在表层下 1/4 深度处采样。水深小于或等于 1 m 时，在水深的 1/2 处采样。

3. 采样点位的登记

必须在全面掌握与污染源污水排放有关的工艺流程、污水类型、排放规律、污水管网走向等情况基础上，确定采样点位。采样点位须经地方环境监测站核实。排污单位应向地方环境监测站提供废水监测基本信息登记表，见表 2—5。

表 2—5　　废水监测基本信息登记表

<table>
<tr><td colspan="2">污染源名称：</td><td colspan="2">行业类型：</td></tr>
<tr><td colspan="2">联系地址：</td><td colspan="2">主要产品：</td></tr>
<tr><td colspan="4">（1）总用水量/（m^3/a）：　新鲜水量/（m^3/a）：　回用水量/（m^3/a）：
生产用水量/（m^3/a）：　生活用水量/（m^3/a）：
水平衡图（另附图）</td></tr>
<tr><td colspan="4">（2）主要原辅材料：
生产工艺：
排污情况：</td></tr>
<tr><td colspan="4">（3）厂区平面布置图及排水管网布置图（另附图）</td></tr>
<tr><td colspan="4">（4）废水处理设施情况
设计处理量/（m^3/a）：　实际处理量/（m^3/a）：　年运行小时数/（h/a）：
废水处理基本工艺方框图（另附图）
废水性质：　排放规律：
排放去向：</td></tr>
<tr><td colspan="4">废水处理设施处理效果</td></tr>
<tr><td>污染因子</td><td>原始废水/（mg/L）</td><td>处理后出水/（mg/L）</td><td>去除率/%</td></tr>
<tr><td></td><td></td><td></td><td></td></tr>
<tr><td></td><td></td><td></td><td></td></tr>
<tr><td></td><td></td><td></td><td></td></tr>
<tr><td>备　注</td><td colspan="3"></td></tr>
</table>

4. 采样点位的管理

（1）采样点位应设置明显标志，标志设置应执行国家标准《环境保护图形标志 排放口（源）》（GB 15562.1—1995）。采样点位一经确定，不得随意改动。

（2）经设置的采样点应建立采样点管理档案，内容包括采样点性质、名称、位置和编号，排污规律和排污去向，采样频次及污染因子等。

（3）经确认的采样点是法定排污监测点，如因生产工艺或其他原因需变更时，应由当地生态环境行政主管部门和环境监测站重新确认。排污单位必须经常进行排污口清障、疏通工作。

（二）设置污水采样点位实例

以中国石油克拉玛依石化分公司稠油集中加工技术改造及配套工程项目竣工环境保护验收监测为例进行说明。克拉玛依石化分公司集中加工稠油，实施“克拉玛依石化分公司稠油集中加工技术改造及配套工程”（以下简称改扩建工程）。新建150万t/a延迟焦化稠油加工装置及配套的1.2万m^3/h制氢装置、90万t/a汽柴油加氢精制联合装置，使克拉玛依石化分公司稠油加工能力达到300万t/a（新增150万t/a），原油总加工能力达到500万t/a。

改扩建项目所产生的废水主要是含油废水、含硫废水、含盐废水和少量的生活污水。其中含油废水排往污水处理厂处理后，部分经深度处理后回用，部分排入污水库。含硫废水经气提装置处理后，部分经深度处理后回用，部分排入污水库。含盐废水经酸碱盐污水处理装置处理后，部分经深度处理后回用，部分排入污水库。

污水处理厂出口、公司污水直排口在2015年7月1日前执行《污水综合排放标准》（GB 8978—1996）中二级标准，污水库参照《污水综合排放标准》（GB 8978—1996）中二级标准。2015年7月1日后，已建企业执行《石油炼制工业污染物排放标准》（GB 31570—2015）。

由于该监测项目发生于2015年7月1日之前，根据上述情况，参照《污水综合排放标准》（GB 8978—1996）设置了验收监测废水监测点位，如图2—8所示。验收监测因子和监测频次见表2—6。

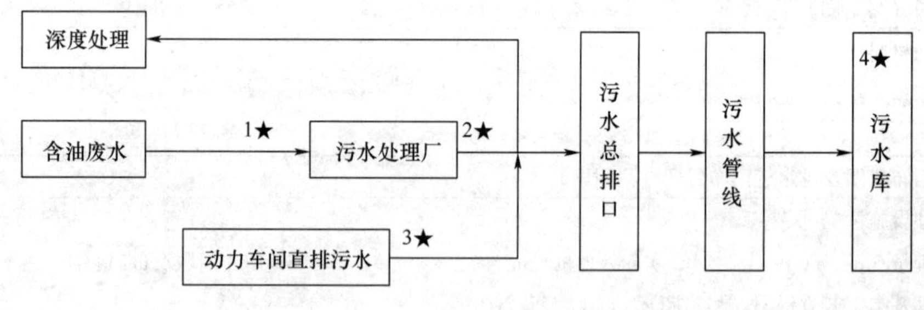

图2—8　废水监测点位

表2—6　**废水监测内容**

监测点位	监测因子	监测频次
污水处理厂进口★1	pH、悬浮物（SS）、COD、硫化物、石油类、氨氮、氰化物、挥发酚、总有机碳（TOC）、流量	每天监测4次，连续监测3天
污水处理厂出口★2		
动力车间污水直排口★3		
污水库★4		

（三）水样的采集

1. 采样时间和频次的确定

工业废水的污染物含量和排放量常随工艺条件及开工率的不同而有很大差异，故采样时间、周期和频率的确定是一个较复杂的问题。

（1）监督性监测。地方环境监测站对污染源的监督性监测每年应不少于 1 次，如被国家或地方生态环境行政主管部门列为年度监测的重点排污单位，应增加到每年 2~4 次。因管理或执法的需要所进行的抽查性监测或对企业的加密监测由各级生态环境行政主管部门确定。

（2）企业自我监测。工业废水按生产周期和生产特点确定监测频率，一般每个生产日至少 3 次。

（3）对于污染治理、环境科研、污染源调查和评价等工作中的污水监测，其采样频次可以根据工作方案的要求另行确定。

（4）排污单位为了确认自行监测的采样频次，应在正常生产条件下的一个生产周期内进行加密监测：周期在 8 h 以内的，每小时采样 1 次；周期大于 8 h 的，每 2 h 采样 1 次，但每个生产周期采样次数不少于 3 次。采样的同时应测定流量。根据加密监测结果，绘制污水污染物排放曲线（浓度—时间、流量—时间、总量—时间），并与所掌握资料对照，如基本一致，即可据此确定企业自行监测的采样频次。根据管理需要进行污染源调查性监测时，也按此频次采样。

（5）排污单位如有污水处理设施并能正常运转，使污水能稳定排放，则污染物排放曲线比较平稳，监督监测可以采瞬时样。对于排放曲线有明显变化的不稳定排放污水，要根据曲线情况分时间单元采样，再组成混合样品。正常情况下，混合样品的单元采样不得少于两次。如排放污水的流量、浓度甚至组分都有明显变化，则在各单元采样时的采样量应与当时的污水流量成比例，以使混合样品更有代表性。

2. 采样方法

（1）污水的监测项目根据行业类型有不同要求。在分时间单元采集样品时，测定 pH、COD、BOD_5、DO、硫化物、油类、有机物、余氯、粪大肠菌群、悬浮物、放射性等项目的样品，不能混合，只能单独采样。

（2）自动采样用自动采样器进行，分为时间等比例采样和流量等比例采样。当污水排放量较稳定时可采用时间等比例采样，否则必须采用流量等比例采样。所用的自动采样器必须符合国家生态环境部颁布的污水采样器技术要求。

3. 污水采样注意事项

（1）用样品容器直接采样时，必须用水样冲洗 3 次后再行采样。但当水面有浮油时，采油的容器不可用水样冲洗。

（2）采样时应注意除去水面的杂物、垃圾等漂浮物。

（3）采样时应认真填写污水采样记录表，表中应有以下内容：污染源名称、监测目的、监测项目、采样点位、采样时间、样品编号、污水性质、污水流量、采样人姓名及其他有关事项等。污水采样记录见表 2—7。

（4）凡需现场监测的项目，应进行现场监测。其他注意事项可参见地表水质监测的采样部分。

表 2—7　　污水采样记录表

监测站名：＿＿＿＿＿＿　年度：＿＿＿＿＿＿

序号	企业名称	行业名称	采样口	采样口位置（车间或出厂口）	采样口流量/(m^3/s)	采样时间/（月、日）	颜色	气味	备注

现场情况描述：

治理设施运行状况：

采样人员：＿＿＿＿＿＿　企业接待人员：＿＿＿＿＿＿　记录人员：＿＿＿＿＿＿

六、水样的保存和运输

从采集到分析各种水质的水样，由于物理的、化学的、生物的作用会发生不同程度的变化，这些变化会使得进行分析时的样品已不再是采样时的样品，为了使这种变化降低到最小的程度，必须在采样时对样品加以保护。

（一）水样变化的原因

1. 物理作用

光照、温度、静置或晃动、敞露或密封等保存条件及容器材质都会影响水样的性质。例如，温度升高或强烈晃动会使一些物质如氧气、氰化物及汞等逸出，长期静置会使 $Al(OH)_3$（氢氧化铝）、$CaCO_3$（碳酸钙）、$Mg_3(PO_4)_2$（磷酸镁）等沉淀，某些容器的内壁能不可逆地吸附或吸收一些有机物或金属化合物等。

2. 化学作用

水样及水样各组分可能发生化学反应，从而改变某些组分的含量与性质。例如，空气中的氧气能使二价铁、硫化物等氧化，聚合物可能解聚，单体化合物可能发生聚合等。

3. 生物作用

细菌、藻类及其他生物体的新陈代谢会消耗水样中的某些组分，产生一些新组分，改变一些组分的性质。生物作用会对样品中待测的一些项目如溶解氧、二氧化碳、含氮化合物、磷及硅等的含量产生影响。

（二）水样的保存方法

为保证水样的代表性，尽量降低水样的变化程度，应根据不同监测项目的要求，采取适宜的保存方法。

1. 冷藏、冷冻

冷藏是指采集水样后，立即放入冰箱或冰水浴中并置于暗处，冷藏温度一般是 1~5℃。

冷藏能抑制微生物的活动，减缓物理作用和化学作用的速度，但水样不能长期冷藏保存，废水的保存时间更短。

-20℃的冷冻温度一般能延长保存期限，抑制微生物活动，减缓物理作用和化学作用的速度。分析挥发性物质时不适用冷冻保存。如果样品包含细胞、细菌或微藻类，其细胞组分在冷冻过程中会破裂、损失，同样不适用冷冻。冷冻需要掌握冷冻和融化技术，以使样品在融化时能迅速、均匀地恢复其原始状态，用干冰快速冷冻效果较好。冷冻时一般选用聚氯乙烯或聚乙烯等塑料容器。

2. 过滤和离心

采样时或采样后，用滤器（滤纸、聚四氟乙烯滤器、玻璃滤器）等过滤样品或将样品离心分离都可以除去其中的悬浮物、沉淀、藻类及其他微生物。滤器的选择要注意与分析方法相匹配，用前要清洗以避免吸附、吸收损失。鉴于各种重金属化合物、有机物容易吸附在滤器表面，滤器中的溶解性化合物如表面活性剂会溶到样品中，一般测有机项目时选用砂芯漏斗和玻璃纤维漏斗，而在测定无机项目时常用 0.45 μm 的滤膜过滤。

过滤样品的目的在于确定被分析物的可溶性部分和不可溶性部分（例如可溶和不可溶金属部分）的比例。

3. 添加保存剂

（1）加入生物抑制剂。加入氯化汞、硫酸铜等物质，抑制生物作用以保持水样的稳定性。例如，在测氨氮、硝酸盐氮和 COD 的水样中，加氯化汞或加入三氯甲烷、甲苯作防护剂，可抑制生物对亚硝酸盐、硝酸盐、铵盐的氧化还原作用。在测酚水样中，用磷酸调溶液的 pH，加入硫酸铜可控制苯酚分解菌的活动。

（2）加入酸或碱。加入酸或碱可调节溶液的 pH，从而使待测组分处于稳定状态。例如，用 HNO_3 将测定金属离子的水样酸化至 pH 为 1~2，既可防止重金属离子水解沉淀，又可避免金属被器壁吸附，同时还能抑制生物的活动。用此法保存，大多数金属可稳定数周或数月。测定氰化物的水样时，需加氢氧化钠将其 pH 调至 12。测定六价铬的水样时，应加氢氧化钠将 pH 调至 8，因在酸性介质中，六价铬的氧化电位高，易被还原。保存总铬的水样时，则应加硝酸或硫酸至 pH 为 1~2。

（3）加入氧化剂或还原剂。在水样中加入氧化剂，可增强氧化性组分的稳定性。例如，测定水样中痕量汞时，为避免汞被还原引起汞的挥发性损失，加入 $HNO_3-K_2Cr_2O_7$（硝酸-重铬酸钾）溶液使汞维持在高氧化态，改善汞的稳定性。向水样中加入还原剂，能够防止氧化性物质氧化待测组分，增强待测组分的稳定性。在测定硫化物的水样中加入抗坏血酸还原剂，可防止硫化物被氧化，大大改善硫化物的稳定性。含余氯水样能氧化氰离子，使酚类、烃类、苯系物氯化生成相应的衍生物，为此在采样时加入适当的硫代硫酸钠予以还原，除去余氯干扰。

保存剂的使用应注意以下几点：①加入的保存剂不能干扰后续的测定。②保存剂的纯度最好是优级纯的。③测定时还应进行相应的空白试验，以便对测定结果进行校正。常用保存剂的作用和应用范围见表 2—8。

表 2—8　　常用保存剂的作用和应用范围

保存剂	作用	适用范围
$HgCl_2$（氯化汞）	抑制微生物生长	各种形式的氮和磷
H_2SO_4（硫酸）	抑制微生物生长	有机物水样（COD、TOC、油和油脂）及胺类
HNO_3（硝酸）	防止金属沉淀	多种金属
NaOH（氢氧化钠）	防止化合物的挥发	氰化物、有机酸
抗坏血酸	防止被测物被氧化	农药、挥发性有机物、酚类

（三）样品的运输

采集的水样，除一部分在现场测定的项目外，大部分要运到实验室进行分析测试。在运输水样的过程中，要保持水样的完整性，使之不受污染和损失。水样采集后必须立即送回实验室，根据采样点的地理位置和每个项目分析前最长可保存时间，选用适当的运输方式。在现场工作开始之前，应安排好水样的运输工作，以防延误。

1. 填写采样记录、水样标签和水样（污水）送检表

采样时填写好采样记录。采样后要在每个样品瓶上贴上标签，标明采样点位编号、采样日期和时间、测定项目和保存方法，并注明保存剂等。此外还应填写采样现场数据记录表（见表 2—9）、水样和污水送检表（见表 2—10 和表 2—11）。

表 2—9　　采样现场数据记录表

项目名称：

样品描述：

采样地点	样品编号	采样日期	时间		pH	温度	其他参量			备注
			采样开始	采样结束						

采样人：__________　交接人：__________　复核人：__________　审核人：__________

注：备注中应根据实际情况填写：水体类型、气象条件（气温、风向、风速、天气状态）、采样点周围环境状况、采样点经纬度、采样点水深、采样层次等内容。

表 2—10　　水样送检表

监测站名：______________　年度：______________

样品编号	采样河流（湖、库）	采样断面及采样点	采样时间/（月、日）	添加剂种类	数量	分析项目	备注

送检人员：______________　接样人员：______________　送检时间：______________

表 2—11　　污水送检表

监测站名：________ 年度：________

样品编号	企业名称	行业名称	采样口名称	采样时间（月、日）	备注

送检人员：________ 接样人员：________ 送检时间：________

2. 水样运输时的注意事项

（1）根据采样记录和样品登记表清点样品，防止出错。

（2）将容器的外（内）盖盖紧。

（3）玻璃瓶要塞紧磨口塞，然后用细绳将瓶塞与瓶颈拴紧，或用封口胶、石蜡封口（测油类水样除外）。

（4）装箱运送时，应用泡沫塑料等分隔，以防破碎。

（5）同一采样点的样品应装在同一包装箱内，如需分装在两个或几个箱子中时，则需在每个箱内放入相同的现场采样记录表。

（6）运输前应检查现场记录上的所有水样是否全部装箱。要用醒目色彩在包装箱顶部和侧面标上“切勿倒置”的标记。

（7）每个水样瓶均需贴上标签，内容有采样点位编号、采样日期和时间、测定项目、保存方法，并写明保存剂种类。

（8）在水样运送过程中，应有押运人员，每个水样都要附有一张管理程序管理卡。

（9）在转交水样时，转交人和接受人都必须清点和检查水样并在登记卡上签字，注明日期和时间。

（10）在运输途中如果水样超过保质期，管理员应对水样进行检查。如果决定仍然进行分析，在出报告时应明确标出采样和分析时间。

3. 水样保存的时间

采集的水样应尽快进行分析测定，以免在存放过程中水质发生变化。水样允许的最长保存时间：清洁水样为 72 h，轻污染水样为 48 h，严重污染水样为 12 h。

水样的保存期限与多种因素有关，如组分的稳定性、浓度、水样的污染程度等。我国《地表水和废水监测技术规范》（HJ/T 91—2002）中列出了常用水样保存技术，见表 2—12。

表 2—12　　常用水样保存技术

项目	采样容器	保存剂及用量	保存期	采样量/mL①
浊度*	G. P.		12 h	250
色度*	G. P.		12 h	250
pH*	G. P.		12 h	250

续表

项目	采样容器	保存剂及用量	保存期	采样量/mL①
电导*	G. P.		12 h	250
悬浮物**	G. P.		14 d	500
碱度**	G. P.		12 h	500
酸度**	G. P.		30 d	500
COD	G.	加 H_2SO_4，pH≤2	2 d	500
高锰酸盐指数**	G.		2 d	500
DO*	溶解氧瓶	加入硫酸锰，碱性 KI 叠氮化钠溶液，现场固定	24 h	250
BOD_5**	溶解氧瓶		12 h	250
TOC	G.	加 H_2SO_4，pH≤2	7 d	250
F^-**	P.		14 d	250
Cl^-**	G. P.		30 d	250
Br^-**	G. P.		14 h	250
I^-（碘离子）	G. P.	加 NaOH，pH=12	14 h	250
SO_4^{2-}**	G. P.		30 d	250
PO_4^{3-}	G. P.	加 NaOH、H_2SO_4，调 pH=7，加质量分数为 0.5%的 $CHCl_3$（三氯甲烷）	7 d	250
总磷	G. P.	加 HCl、H_2SO_4，调 pH≤2	24 h	250
氨氮	G. P.	加 H_2SO_4，调 pH≤2	24 h	250
亚硝态氮**	G. P.		24 h	250
硝态氮**	G. P.		24 h	250
总氮	G. P.	加 H_2SO_4，调 pH≤2	7 d	250
硫化物	G. P.	1 L 水样加 NaOH 至 pH 为 9，加入质量分数为 5%的抗坏血酸 5 mL、饱和 EDTA（乙二胺四乙酸）3 mL，滴加饱和 $Zn(Ac)_2$（醋酸锌）至胶体产生，常温避光	24 h	250
总氰	G. P.	加 NaOH，调 pH≥9	12 h	250
Be（铍）	G. P.	加 HNO_3，1 L 水样中加浓 HNO_3 10 mL	14 d	250
B	P.	加 HNO_3，1 L 水样中加浓 HNO_3 10 mL	14 d	250
Na	P.	加 HNO_3，1 L 水样中加浓 HNO_3 10 mL	14 d	250
Mg	G. P.	加 HNO_3，1 L 水样中加浓 HNO_3 10 mL	14 d	250
K	P.	加 HNO_3，1 L 水样中加浓 HNO_3 10 mL	14 d	250
Ca	G. P.	加 HNO_3，1 L 水样中加浓 HNO_3 10 mL	14 d	250
Cr（铬，Ⅵ）	G. P.	加 NaOH，pH=8~9	14 d	250
Mn（锰）	G. P.	加 HNO_3，1 L 水样中加浓 HNO_3 10 mL	14 d	250
Fe（铁）	G. P.	加 HNO_3，1 L 水样中加浓 HNO_3 10 mL	14 d	250
Ni（镍）	G. P.	加 HNO_3，1 L 水样中加浓 HNO_3 10 mL	14 d	250
Cu（铜）	P.	加 HNO_3，1 L 水样中加浓 HNO_3 10 mL②	14 d	250

续表

项目	采样容器	保存剂及用量	保存期	采样量/mL①
Zn（锌）	P.	加 HNO_3，1 L 水样中加浓 HNO_3 10 mL②	14 d	250
As（砷）	G. P.	加 HNO_3，1 L 水样中加浓 HNO_3 10 mL，DDTC［二乙基二硫代氨基甲酸酯（盐）］法，HCl 2 mL	14 d	250
Se（硒）	G. P.	加 HCl（盐酸），1 L 水样中加浓 HCl 2 mL	14 d	250
Ag（银）	G. P.	加 HNO_3，1 L 水样中加浓 HNO_3 2 mL	14 d	250
Cd（镉）	G. P.	加 HNO_3，1 L 水样中加浓 HNO_3 10 mL②	14 d	250
Sb（锑）	G. P.	加质量分数为 0.2%的 HCl（氢化物法）	14 d	250
Hg（汞）	G. P.	加质量分数为 1%的 HCl 如水样为中性，1 L 水样中加浓 HCl 10 mL	14 d	250
Pb（铅）	G. P.	加质量分数为 1%的 HNO_3 如水样为中性，1 L 水样中加浓 HNO_3 10 mL②	14 d	250
油类	G.	加入 HCl 至 pH≤2	24 h	250
农药类**	G.	加入抗坏血酸 0.01~0.02 g 除去残余氯	24 h	1 000
除草剂类**	G.	加入抗坏血酸 0.01~0.02 g 除去残余氯	24 h	1 000
邻苯二甲酸酯类**	G.	加入抗坏血酸 0.01~0.02 g 除去残余氯	24 h	1 000
挥发性有机物**	G.	用（1+10）HCl 调至 pH=2，加入抗坏血酸 0.01~0.02 g 除去残余氯	12 h	1 000
甲醛**	G.	加入 0.2~0.5 g/L 硫代硫酸钠除去残余氯	24 h	250
酚类**	G.	用 H_3PO_4（磷酸）调至 pH=2，加入抗坏血酸 0.01~0.02 g 除去残余氯	24 h	1 000
阴离子表面活性剂	G. P.	—	24 h	250
微生物**	G.	加入 0.2~0.5 g/L 硫代硫酸钠除去残余氯，4℃保存	12 h	250
生物**	G. P.	不能现场测定时用甲醛固定	12 h	250

注：1. * 表示应尽量在现场测定，** 表示低温（0~4℃）避光保存。

2. G. 为硬质玻璃瓶，P. 为聚乙烯瓶。

3. ①为单项样品的最少采样量；②如用溶出伏安法测定，可改用 1 L 水样加 19 mL 浓 $HClO_4$（高氯酸）。

第二节　水样预处理

环境水样的组成是相当复杂的，并且多数污染组分含量低，存在形态各异，所以在分析测定之前，需要进行适当预处理，以使待测组分适于测定方法要求的形态、浓度，消除共存组分的干扰。

水样预处理的原则是最大限度地去除干扰物，回收率高，操作简便省时，成本低，对人体和环境无影响。水样预处理的方法主要有水样的消解、水样的富集和分离。

一、水样的消解

选用适当的手段处理样品，使其中的干扰组分（如有机物、悬浮物等）分解，待测物以离子形式进入溶液中，这一过程称为消解或灰化。

当测定含有机物水样中的无机元素时，需进行消解处理。消解的目的是破坏有机物，溶解悬浮性固体，将各种价态的欲测元素氧化成单一高价态或转变成易于分离的无机化合物。水样的消解方法有湿式消解法和干式分解法（干灰化法）。

（一）湿式消解法

湿式消解法常用强氧化性酸如硝酸、硫酸和高氯酸等组合成各种消解体系。

1. 硝酸-硫酸消解体系

硝酸和硫酸都有较强的氧化能力，其中硝酸沸点低，而硫酸沸点高，二者结合使用，可提高消解温度和消解效果。常用的硝酸与硫酸的比例为5∶2。该体系在常规体系中应用最多。

2. 硫酸-磷酸消解体系

硫酸和磷酸的沸点都比较高，其中硫酸氧化性较强，磷酸能络合Fe^{3+}等金属离子，故二者结合消解水样，有利于消除Fe^{3+}等离子对测定的干扰。

3. 高氯酸消解体系

高氯酸消解体系有硫酸-高氯酸、硝酸-高氯酸、硫酸-硝酸-高氯酸、硝酸-氢氟酸-高氯酸、盐酸-硝酸-高氯酸体系等。这种消解体系适用于以强氧化剂分解的试样及含有机金属（如有机锡）的试样。需要注意的是，高氯酸在加热干涸时可与残存的有机物反应发生爆炸，所以严禁将其烧干。

4. 硫酸-高锰酸钾消解体系

高锰酸钾是强氧化剂，在中性、碱性、酸性条件下都可以氧化有机物，在酸性介质中的氧化能力更强。这种体系常用于消解测定汞的水样。

5. 碱性消解体系

当用酸性消解体系消解水样造成易挥发组分损失时，可改用碱性消解体系，如$NaOH-H_2O_2$（氢氧化钠-双氧水）体系、$NH_4OH-H_2O_2$（氨水-过氧化氢）体系、$NaOH-KMnO_4$（氢氧化钠-高锰酸钾）体系等。

（二）干式消解法

干式消解法也称干灰化法，又称高温分解法，多用于固体样品，如沉积物、底泥等底质以及土壤样品的分解。其消解方法主要有普通灰化法、低温灰化法、高压闷罐法、微波炉热解法、碱熔融法等。其处理过程是，取适量水样于白瓷或石英蒸发皿中，置于水浴上或用红外灯蒸干，移入马福炉内，于450~550℃灼烧到残渣呈灰白色，使有机物完全分解除去。取出蒸发皿，冷却，用适量2%HNO_3（或HCl）溶解样品灰分，过滤，滤液定容后供测定。

该方法不适用于处理测定易挥发组分（如砷、汞、镉、硒、锡等）的水样。

（三）消解操作注意事项

（1）消解过程所用试剂的纯度必须能满足分析方法的要求，至少应为分析纯试剂。

（2）选用的消解体系和手段应能有效地分解试样，而且不使待测组分受到损失。

（3）消解过程中不得引入待测组分或任何其他干扰物质，以免给后续操作引入干扰和困难。

（4）消解过程应平稳，升温不宜过猛，以免反应过于激烈造成样品损失或人身伤害。

（5）使用高氯酸进行消解时，不得直接向含有有机物的热溶液中加入高氯酸。

（6）消解后的水样应清澈、透明、无沉淀。

（7）消解必须在通风橱内进行。

二、水样的富集与分离

当水样中的待测组分含量低于分析方法的检测限时，就必须进行富集或浓缩。当有共存干扰组分时，就必须采取分离或掩蔽措施。富集是分离的一种，即从大量试样中搜集欲测定的少量物质至一较小体积，从而提高其浓度至其测定下限之上。分离是将待测组分从试样中单独析出，或将几个组分一个一个地分开，或者根据各组分的共同性质分成若干组。富集和分离往往是不可分割、同时进行的。常用的方法有过滤、挥发、蒸馏、溶剂萃取、离子交换、吸附、共沉淀、层析、低温浓缩等，可根据具体情况选择合适的方法。

（一）挥发分离法

挥发分离法是利用某些污染组分挥发度大，或者将待测组分转变成易挥发物质，然后用惰性气体带出而达到分离的目的。例如，用冷原子荧光法测定水样中的汞时，先将汞离子用氯化亚锡还原为原子态汞，再利用汞易挥发的性质，通入惰性气体将其带出并送入仪器测定。用分光光度法测定水中的硫化物时，先使硫化物在磷酸介质中生成硫化氢，再用惰性气体载入乙酸锌-乙酸钠溶液中吸收，从而达到与母液分离的目的。测定硫化物的吹气分离装置如图 2—9 所示。

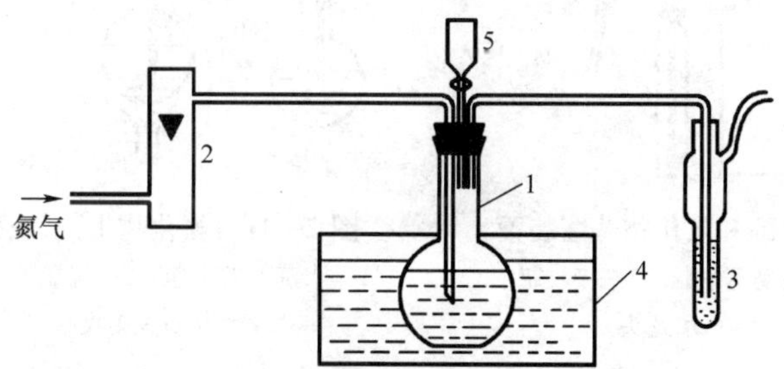

图 2—9 测定硫化物的吹气分离装置

1—500 mL 平底烧瓶 2—流量计 3—吸收管

4—50～60℃恒温水浴 5—分液漏斗

（二）蒸发浓缩法

蒸发浓缩是指在电热板上或水浴中加热水样，使水分缓慢蒸发，达到缩小水样体积，浓缩待测组分的目的。

（三）气提和顶空

1. 气提法

该方法是把惰性气体通入调制好的水样中，将待测组分吹出，直接送入仪器测定，或导入吸收液吸收富集后再测定。

2. 顶空法

该方法常用于测定挥发性有机物（VOCs）或挥发性无机物（VICs）的预处理。测定时，先在密闭的容器中装入水样，容器上部留存一定空间，再将容器置于恒温水浴中。经一定时间，容器内的气液两相达到平衡。待测物气相中的平衡浓度与水样中原始浓度之间有一定的定量关系。将此气体导入检测仪器中进行检测，根据这种定量关系得到水样中待测物的原始浓度。

（四）蒸馏分离法

蒸馏法是利用水样中各污染组分具有不同的沸点或蒸气压而使其彼此分离的方法，分为常压蒸馏、减压蒸馏、水蒸气蒸馏、精馏法等。若组分间沸点相差大，则一次蒸馏就能将组分分离；若各组分沸点相近且组分比较多，则多次蒸馏或分馏，也可将组分分离。常压蒸馏主要用于沸点在40~150℃的化合物的分离。当分离或提纯某些难挥发或在自身沸点温度下不稳定的化合物时，将水蒸气由外部引入蒸馏瓶内，使待测组分在低于其正常沸点温度下蒸馏分离即水蒸气蒸馏。分离常压下沸点高于150℃或沸点低于此温度但蒸馏过程中可能分解的化合物时，必须降低蒸馏温度，这时可采用减压蒸馏。测定水样中的挥发酚、氰化物时需在常压下蒸馏分离，蒸馏装置如图2—10所示。测定水样中的氟化物时需水蒸气蒸馏分离，蒸馏装置如图2—11所示。

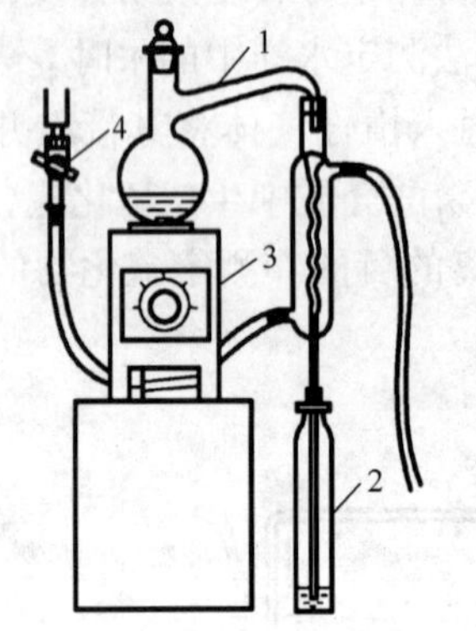

图2—10　挥发酚和氰化物蒸馏装置

1—500 mL全玻璃蒸馏瓶　2—接收瓶

3—电炉　4—水龙头

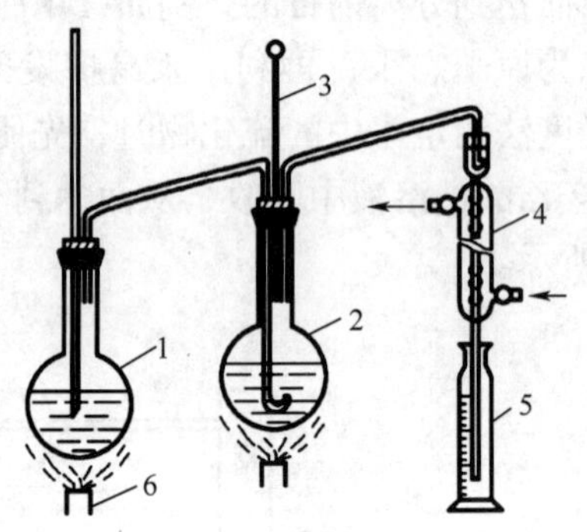

图2—11　氟化物水蒸气蒸馏装置

1—水蒸气发生瓶　2—烧瓶　3—温度计

4—冷凝管　5—接收瓶　6—热源

（五）萃取法

在环境水质监测中，当样品中待测物含量很低而监测方法的灵敏度又不够高时，萃取法可起到分离和富集的双重作用。

1. 溶剂萃取法

溶剂萃取法是基于物质在互不相溶的两种溶剂中分配系数不同，进行组分的分离和富集。物质在水相和有机相中都有一定的溶解度，亲水性强的物质在水相中的溶解度较大，在有机相中的溶解度较小，疏水性强的物质则与此相反。例如，用4-氨基安替比林分光光度法测定水样中的挥发酚时，当酚含量低于0.05 mg/L时，可使水样经蒸馏分离后再用三氯甲烷进行萃取浓缩。在实际工作中最好采用连续多次萃取分离方法，以提高萃取效率。

2. 固相萃取法（SPE）

固相萃取法的萃取剂是固体，其工作原理是水样中待测组分与共存干扰组分在固相萃取剂上作用力强弱不同而使它们彼此分离。固相萃取剂是含 C_{18}、C_8、腈基、氨基等基团的特殊填料。

（六）其他预处理方法

1. 吸附法

利用多孔性的固体吸附剂如活性炭、多孔高分子聚合物、巯基棉等将水样中的一种或数种组分吸附于表面，再用适宜溶剂、加热或吹气等方法将待测组分解吸，达到分离和富集的目的。

2. 离子交换法

离子交换法是利用离子交换剂与溶液中的离子发生交换反应来进行分离的方法。用离子交换法可以实现干扰组分的分离和微量组分的富集。离子交换法分离干扰组分通常有两种方式：一种是将样品溶液通过交换柱，使干扰组分吸着在树脂上，而待测离子留在洗脱液中；另一种是使待测离子吸着在树脂上，让干扰组分留在洗脱液中，再选用适当溶剂把待测离子洗脱出来。

3. 沉淀分离法

沉淀分离法是在水样中加入适当的沉淀剂或共沉淀剂使被测组分沉淀出来并富集，或将干扰组分沉淀分离除去，从而达到分离的目的。沉淀分离法包括用于常量分离组分的一般沉淀分离法和分离富集痕量组分的共沉淀分离法。例如，氢氧化物沉淀法、硫化物沉淀法和铜试剂沉淀法，其原理都是利用沉淀反应进行分离。

第三节 理化指标

通常采用水质指标来衡量水质的好坏和水体被污染的程度。水质指标可以分为三大类：物理性水质指标、化学性水质指标和生物性水质指标。

物理性水质指标包括感官物理性状指标（如温度、色度、臭味、浑浊度、透明度等）和其他物理性状指标（如总固体、悬浮固体、可见固体、电导率等）。

化学性水质指标包括一般的化学性水质指标（如 pH、碱度、硬度、各种阳离子、各种阴离子、总含盐量、一般有机物质等）、有毒的化学性水质指标（如重金属、氰化物、多环芳烃、各种农药等）、有关氧平衡的水质指标（如溶解氧、化学需氧量、生化需氧量、总需氧量等）。

生物性水质指标包括细菌总数、总大肠菌群数、各种病原菌、病毒等。

一、水温

水温是重要的水质理化指标。水的物理性质、化学性质与水温有密切关系。水中溶解性气体（如氧气、二氧化碳等）的溶解度、水生生物和微生物活动、化学和生物化学反应速度及盐度、pH 等都受水温变化的影响。

水的温度因水源不同而有很大的差异。一般来说，地下水温度比较稳定，通常为8~12℃。地表水的温度随季节和气候变化较大，变化范围为0~30℃。生活污水水温通常为10~15℃。工业废水因工业类型、生产工艺的不同有较大差别。

水温测量应在现场进行，常用水温测量方法有水温计法、深水温度计法和颠倒温度计法。

（一）水温计

水温计用于浅层水温的测量，是安装于金属半圆槽壳内的水银温度表，下端连接一金属储水杯，温度表水银球部悬于杯中，其顶端的槽壳带一圆环，栓以一定长度的绳子，如图2—12所示。水温计测温范围通常为-6~41℃，最小分度为0.2℃。测量时将采样器放入一定深度的水中，放置5 min后，迅速提出水面并读数。

目前使用的有机玻璃采水器内安装了水银温度计，测量时将采样器放入一定深度的水中，放置5 min后，迅速提出水面读数。

（二）深水温度计

深水温度计的结构与水温计相似。其盛水圆筒较大，并有上、下活门，利用盛水圆筒放入水中和提升时自动启开和关闭，使筒内装满待测水样，如图2—13所示。深水温度计适用于水深40 m以内的水温的测量，测量范围为-2~40℃，分度值为0.2℃。

（三）颠倒温度计

闭端（防压）式颠倒温度计由主温计和辅温计组装在厚壁玻璃套管内构成，套管两端完全封闭，如图2—14所示。主温计是双端式水银温度计，用于观测水温。辅温计为普通水银温度计，用于观测读取水温时的气温，以校正因环境温度改变而引起的主温计读数的变化。主温计测量范围为-2~32℃，分度值为0.1℃。辅温计测量范围为-20~50℃，分度值为0.5℃。

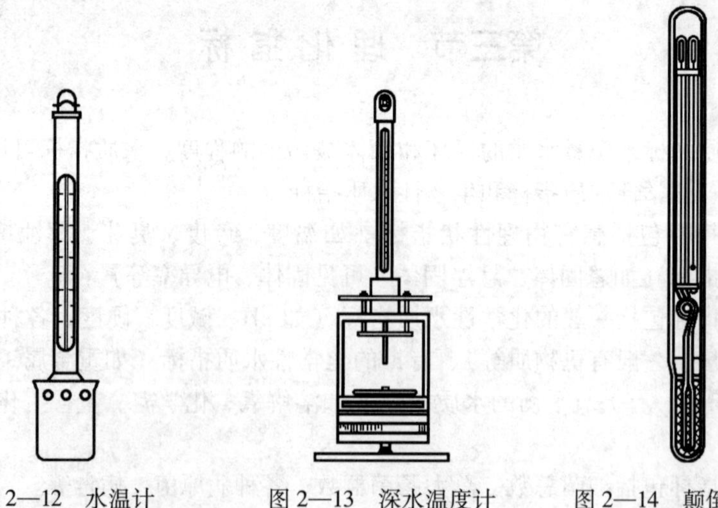

图2—12　水温计　　图2—13　深水温度计　　图2—14　颠倒温度计

颠倒温度计需装在颠倒采水器上使用，适用于测量水深在40 m以下的各层水温。测量时，将其沉入预定深度水层，感温7 min，提出水面后立即读数，并根据主、辅温度计的读数，用海洋常数表进行校正。

水温计和颠倒温度计都应定期校核。测定方法见《水质 水温的测定 温度计或颠倒温度计测定法》（GB 13195—1991）。

二、pH

pH是水中氢离子活度的负对数。天然水的pH多为6~9。由于pH受水温影响，测定时应在规定温度下进行，或者校正温度。

（一）玻璃电极法

以玻璃电极为指示电极，饱和甘汞电极为参比电极，并将二者与被测溶液组成原电池。25℃下，氢离子活度变化10倍，电动势偏移59.16 mV，根据电动势的变化可测量出pH。为了提高测定的准确度，校准仪器时选用的标准缓冲溶液的pH应与水样的pH接近。

（二）便携式pH计法

以玻璃电极为指示电极，以Ag/AgCl（银/氯化银）等为参比电极，合在一起组成pH复合电极。利用pH复合电极电动势随氢离子活度变化而发生偏移来测定水样的pH。复合电极pH计均有温度补偿装置，用以校正温度对电极的影响，用于常规水样监测时pH可准确至0.1，较精密仪器pH可准确到0.01。为了提高测定的准确度，校准仪器时选用的标准缓冲溶液的pH应与水样的pH接近。

三、悬浮物

悬浮物（SS）又称不可滤残渣，是指不能通过孔径为0.45 μm滤膜的固体物。许多江河由于水土流失，水中悬浮物大量增加。地表水中存在悬浮物使水体浑浊，降低透明度，影响水生生物的呼吸和代谢，甚至造成鱼类窒息死亡。大量悬浮物还可能造成河道阻塞。造纸、皮革、冲渣、选矿、湿法粉碎和喷淋除尘等工业操作中会产生大量含无机物、有机物的悬浮物废水。因此，在水和废水处理中，测定悬浮物具有特定意义。

取适量的水样，用在103~105℃烘干至恒重的0.45 μm滤膜进行过滤，将被阻留在滤膜上的固体物质在103~105℃烘干至恒重，此时滤膜上增加的质量为水样的不可滤残渣（悬浮物）的质量。

四、电导率

水中存在着大量的无机酸、碱、盐等，它们都是以离子状态存在的，所以都具有导电能力。电导率是表示物质导电的性能，电导率越大则导电性能越强，反之越小。水溶液的电导率取决于离子的性质、浓度、溶液的温度和黏度等。

新蒸馏水电导率为0.5~2 μS/cm，饮用水电导率为5~1 500 μS/cm，海水电导率约为30 000 μS/cm，清洁河水电导率约为100 μS/cm。

电导是电阻的倒数，电导率是电阻率的倒数。电导率的测量原理是将相互平行且距离是固定值L的两块极板（或圆柱电极）放到被测溶液中，在极板的两端加上一定的电势（为了避免溶液电解，通常为正弦波电压，频率为1~3 kHz），然后通过电导仪测量极板间电导。

电导率的测量需要两方面信息，一个是溶液的电导G，另一个是溶液的几何参数K。当两个电极插入溶液中后，可以得到两电极间的电阻R。温度一定时，这个电阻值与电极的间距L(cm)成正比，与电极的截面积A(cm^2)成反比，即欧姆定律$R=\rho L/A$。

根据欧姆定律可以得到式（2—1）：

$$\frac{1}{\rho}=\frac{L}{AR} \tag{2—1}$$

其中，$1/\rho$ 被称为电导率 S，L/A 被称为电极常数 K，$1/R$ 被称为电导 G，可以得到关系式 $S=K\times G$，便可得出电导率的数值。这一测量原理在直接显示测量仪表中得到广泛应用。

五、浊度

浊度是天然水和饮用水的一项非常重要的水质指标，也是水可能受到污染的重要标志。

水中含有泥土、细砂、有机物、无机物、浮游生物和微生物等悬浮物质，对进入水中的光产生散射或吸收，从而表现出浑浊现象。水中悬浮物对光线透过时所发生的阻碍程度称为浊度。浊度是由不溶解物质引起的。

浊度的大小不仅与悬浮物质的数量、浓度有关，还与它们的颗粒大小、形状和折射指数等性状有关。浑浊的水会影响水的感官，也是水可能受到污染的标志之一。浊度高的水会明显阻碍光线的投射，从而影响水生生物的生存。

浊度的测定方法有目视比浊法、浊度计测定法、分光光度法等。

（一）目视比浊法

用硅藻土（或白陶土）经过处理后，配制成标准浊度溶液，规定含 1 mg 150 目的硅藻土（或白陶土）1 L 蒸馏水中产生的浊度为 1 度，单位为 JTU。逐级稀释配制系列浊度标准溶液，将水样与此标准系列进行比较，以确定水样的浊度。浊度大于 100 度时用水稀释后测定。

（二）浊度计（仪）测定法

浊度计是依据浑浊液对光进行散射或透射的原理制成的测定水体浊度的专用仪器，使用时应参照说明书。其一般步骤是：采集代表性样品于一个清洁的容器中，然后将容器中样品倒入样品管至刻线，拧上样品管盖，小心地握住样品管上部，擦掉管壁外水滴、指印；将样品管插入浊度计的管座中，合上座盖；按相应按键读取浊度值。

（三）分光光度法

1. 方法原理

在适当温度下，用硫酸肼和六次甲基四胺聚合，形成白色高分子聚合物，以此作为浊度标准液，在一定条件下与水样浊度相比较。此方法适用于天然水、饮用水及高浊度水的测定。最低检测浊度为 3 度，对高浊度废水必须用无浊度水（0.2 μm 滤膜过滤）进行稀释。

2. 测定步骤

用浊度标准溶液配制标准色列，选用 3 cm 比色皿，以水为参比，于 680 nm 波长处用分光光度计测定吸光度，以浊度（度）为横坐标，以吸光度为纵坐标，绘制校准曲线。

取 50.00 mL 摇匀水样于比色管中，按校准曲线步骤测定吸光度，计算水样的浊度。

六、色度

颜色是反映水体外观的指标。纯水无色透明，天然水中存在腐殖质、泥土、浮游生物和无机矿物质，因而呈现一定的颜色。工业废水和生活污水含有染料、生物色素、有色悬浮物等，且常常因排放到环境中而使环境水体着色。有颜色的水会减弱水体的透光性，影响水生生物生长。

水色可分真色和表色两种。真色是去除了水中悬浮物质后的颜色，是由水中胶体物质和溶解性物质造成的。表色是没有除去悬浮物质的水所具有的颜色。水的色度一般指真色。

在测定水的色度前需先用自然沉降或离心沉降的方法除去水中的悬浮物，但不能用滤纸过滤，因为滤纸能吸收部分颜色。有些水样含有的有机物或无机物质颗粒太细，不宜用离心分离，只能测定水样的表色，这时需要在结果报告上注明。

色度的测定方法主要有铂钴比色法和稀释倍数法等。

（一）铂钴标准比色法

该方法适用于较清洁的、带有黄色色调的天然水和饮用水的测定。用氯铂酸钾（重铬酸钾）与氯化钴（硫酸钴）配成标准色列，再与水样进行目视比色，记下与水样色度相近的铂钴色度（铬钴色度）标准系列的色度，以度作单位。

（二）稀释倍数法

该方法适用于受工业废水污染的地表水和工业废水颜色的测定。测定时，用文字描述水样颜色的性质，如蓝色、黄色、灰色等。将经预处理去除悬浮物的水样用无色度水逐级稀释至将近无色时，记录稀释倍数。以稀释倍数表示水样颜色的深浅，单位为倍。

第四节　营养盐及有机综合性指标

水中的营养盐指标主要有氨氮、硝酸盐氮、亚硝酸盐氮、总氮、总磷。

水中氮素化合物的主要来源：①大气中化石燃料燃烧、汽车尾气排放的氮氧化物和由雷电产生的 N_2O_5（五氧化二氮）转化而形成硝酸等含氮化合物，一旦受降雨淋洗就进入地面水体中。②过量使用的植物肥料（氨水、尿素、铵盐肥料、硝酸盐肥料等）通过灌溉排水进入地表水或通过土壤渗入地下水中。③动物的排泄物和动植物腐烂的分解产物。④生活污水和某些含氮工业废水的排放。⑤水流经某些含氮的矿物层时也会溶解进入一些含氮化合物。

氮有多种氧化态，可以生成各种价态的含氮化合物。因此，含氮有机化合物是很不稳定的。最初进入水中的氮素大部分是有机氮，在受水中微生物的作用后，则逐渐分解成简单的无机化合物，如由蛋白性物质分解成肽、氮基酸等，最后产生氨气。缺氧时，有机氮分解的最后产物是氨气。而在好氧条件下，氨还将继续分解转变为亚硝酸盐和硝酸盐。

在水质分析中测定各类氮素化合物有助于了解水源被污染的情况及目前分解的趋势。河流的自净作用包括有机氮素化合物向无机氮素化合物转变的过程。在进行这种变化时，水中的致病细菌也逐渐消除。因此测定各类氮素化合物，也可有助于了解水体自净的情况。

水中的有机物质可以分为两大类：一类是天然存在的有机物，主要包括碳水化合物（如糖、淀粉、纤维素等）、蛋白质（它是由许多氨基酸组成的）、脂肪和油（包括动植物的油脂和矿物油脂）等；另一类是人工合成的有机物，如合成洗涤剂、合成染料、有机农药等。

水中有机物质种类繁多，组成复杂，分子大小差距较大，而且往往含量较低，有的只是痕量浓度，因此难以分别测定各组分的定量数值。在环境科学中，除了有必要对指定的有机化合物作单项直接测定外，一般都采用间接的方法，即测定一些综合性指标来反映水中有机物质的相对含量。

通常采用的综合性指标有以下几种：

（1）物理性指标：水的外观、臭阈值、挥发性悬浮固体等。

（2）化学性指标：化学需氧量、高锰酸盐指数、活性炭氯仿萃取物等。

（3）生物化学性指标：生物化学需氧量。

在这些综合性指标中，目前使用最为普遍且具有重要意义的是溶解氧、化学需氧量和生物化学需氧量这三种。

一、氨氮

氨氮以游离氨（NH_3）或铵盐（NH_4^+）的形式存在于水中，两者的比例取决于水的 pH 和水温。当 pH 偏高时，游离氨的比例高，反之则铵盐的比例高。水温对两者比例的影响则相反。

水中氨氮的来源主要为生活污水中含氮有机物受微生物作用的分解产物、某些工业废水（如焦化废水和合成氨化肥厂废水等）以及农田排水。此外，在无氧环境中，水中存在的亚硝酸盐亦可受微生物作用，还原为氨。在有氧环境中，水中氨亦可转变为亚硝酸盐，甚至继续转变为硝酸盐。

鱼类对水中氨氮比较敏感，水中氨氮含量高会导致鱼类死亡。

（一）测定方法选择

氨氮测定常用方法见表 2—13。

表 2—13　　氨氮测定方法

测定方法	适用范围
纳氏试剂光度法 HJ 535—2009	该方法适用于地表水、地下水、生活污水和工业废水中氨氮的测定 当水样体积为 50 mL，使用 20 mm 比色皿时，该方法的检出限为 0.025 mg/L，测定下限为 0.10 mg/L，测定上限为 2.0 mg/L（均以 N 计）
水杨酸分光光度法 HJ 536—2009	该方法适用于地下水、地表水、生活污水和工业废水中氨氮的测定 当取样体积为 8.0 mL，使用 10 mm 比色皿时，检出限为 0.01 mg/L，测定下限为 0.04 mg/L，测定上限为 1.0 mg/L（均以 N 计）
蒸馏-中和滴定法 HJ 537—2009	该方法适用于生活污水和工业废水中氨氮的测定。当试样体积为 250 mL 时，该方法的检出限为 0.2 mg/L，测定下限为 0.8 mg/L（均以 N 计）
连续流动-水杨酸分光光度法 HJ 665—2013	该方法适用于地表水、地下水、生活污水和工业废水中氨氮的测定 当采用直接比色模块，检测光程为 30 mm 时，该方法的检出限为 0.01 mg/L（以 N 计），测定范围为 0.04~1.00 mg/L。当采用在线蒸馏模块，检测光程为10 mm 时，该方法的检出限为 0.04 mg/L（以 N 计），测定范围为 0.16~10.0 mg/L
流动注射-水杨酸分光光度法 HJ 666—2013	该方法适用于地表水、地下水、生活污水和工业废水中氨氮的测定 当检测光程为 10 mm 时，该方法的检出限为 0.01 mg/L（以 N 计），测定范围为 0.04~5.00 mg/L

水样带色或浑浊以及含其他一些干扰物质会影响氨氮的测定。为此，在分析时需作适当预处理。对较清洁的水可采用絮凝沉淀法，对污染严重的水或工业废水则用蒸馏法消除干扰。

蒸馏预处理需要带氮球的氨氮蒸馏装置，如图 2—15 所示。

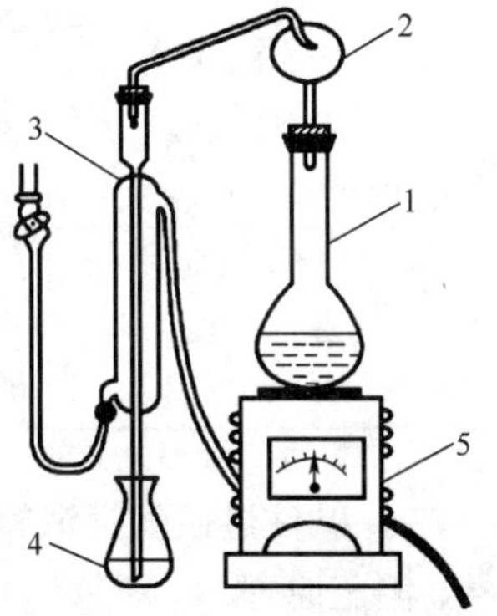

图 2—15　氨氮蒸馏装置

1—凯氏烧瓶　2—氮球　3—直形冷凝管　4—接收器　5—可调电炉

（二）纳氏试剂光度法

1. 方法原理

以游离态的氨或铵离子等形式存在的氨氮与纳氏试剂反应生成淡红棕色络合物，该络合物的吸光度与氨氮含量成正比，于波长 420 nm 处测量吸光度。反应式如下：

$$2K_2[HgI_4]+NH_3+3KOH = NH_2HgOI+7KI+2H_2O$$

2. 测定步骤

用氨氮标准溶液配制标准色列，选用 2 cm 比色皿，以水作参比，在 420 nm 处用分光光度计测定吸光度，以氨氮的含量（μg）为横坐标，校正吸光度为纵坐标，绘制校准曲线。

清洁水样可直接取 50 mL，按与绘制校准曲线相同的步骤测量吸光度。有悬浮物或色度干扰的水样，取经预处理的水样 50 mL（若水样中氨氮浓度超过 2 mg/L，可适当减小水样体积），按与绘制校准曲线相同的步骤测量吸光度。同时用水代替水样，按与样品相同的步骤进行全程序的空白测定，以扣除空白吸光度的校正吸光度计算水样中氨氮的含量（mg/L，以 N 计）。

（三）蒸馏-中和滴定法

调节水样的 pH 为 6.0~7.4，加入轻质氧化镁使水样呈微碱性，蒸馏释出的氨用硼酸溶液吸收。以甲基红-亚甲蓝为指示剂，用盐酸标准溶液滴定馏出液中的氨氮（以 N 计）。

（四）水杨酸分光光度法

在碱性介质（pH=11.7）和亚硝基铁氰化钠存在下，水中的氨、铵离子与水杨酸盐和次氯酸离子反应生成蓝色化合物，在 697 nm 处用分光光度计测量吸光度。

二、总氮

总氮是衡量水质的重要指标。总氮是指水体中所有含氮化合物中的氮含量，是反映水体富营养化程度的重要指标之一。总氮包括有机氮和无机氮。

（一）测定方法选择

总氮测定常用的方法见表 2—14。

表 2—14　总氮测定方法

测定方法	适用范围
碱性过硫酸钾消解紫外分光光度法 HJ 636—2012	适用于地表水、地下水、工业废水和生活污水中总氮的测定 当水样体积为 10 mL 时，该方法的检出限为 0.05 mg/L，测定范围为 0.20~7.00 mg/L
气相分子吸收光谱法 HJ/T 199—2005	适用于湖泊、水库、江河中总氮的测定 最低检出限为 0.01 mg/L，测定上限为 10 mg/L

续表

测定方法	适用范围
连续流动-盐酸萘乙二胺分光光度法 HJ 667—2013	适用于地表水、地下水、生活污水和工业废水中总氮的测定 当检测光程为 30 mm 时，该方法的检出限为 0.04 mg/L（以 N 计），测定范围为 0.16~10 mg/L
流动注射-盐酸萘乙二胺分光光度法 HJ 668—2013	适用于地表水、地下水、生活污水和工业废水中总氮的测定 当检测光程为 10 mm 时，该方法的检出限为 0.03 mg/L（以 N 计），测定范围为 0.12~10 mg/L

（二）碱性过硫酸钾消解紫外分光光度法

1. 测定原理

在 120~124℃下，碱性过硫酸钾溶液可使水样中的氨氮和亚硝酸盐转化为硝酸盐，采用紫外分光光度法于波长 220 nm 与 275 nm 处，分别测定吸光度 A_{220} 和 A_{275}，按 $A=A_{220}-2A_{275}$ 计算校正吸光度 A，总氮（以 N 计）含量与校正吸光度 A 成正比。

2. 测定步骤

用硝酸钾标准溶液配制标准色列，使用 10 mm 石英比色皿，以无氮水作参比，在 220 nm 及 275 nm 处测定吸光度。计算零浓度的校正吸光度 A_b（$A_b=A_{b220}-2A_{b275}$）与其他标准系列的校正吸光度 A_s（$A_s=A_{s220}-2A_{s275}$），并以式 $A_r=A_s-A_b$ 计算 A_r。以总氮的含量（μg）为横坐标，对应的 A_r 值为纵坐标，绘制校准曲线。

量取 10 mL 水样于 25 mL 具塞磨口玻璃比色管中，按校准曲线绘制步骤进行消解和测定。若水样中的含氮量超过 70 μg 时，可减少取样量并加水稀释至 10 mL。同时用 10 mL 蒸馏水代替试样，按与样品的测定步骤相同的操作进行空白试验。以扣除空白吸光度的校正吸光度 A_r 计算水样中总氮的含量（mg/L）。

三、总磷

磷是评价水质的重要指标。天然水中磷酸盐含量不高，化肥、冶炼、合成洗涤剂等行业的工业废水及生活污水中常含有较大量的磷。磷是生物生长必需的元素之一，但水体中磷含量过高（如超过 0.2 mg/L），可造成藻类的过度繁殖，直至数量上达到有害的程度（称为富营养化），造成湖泊、河流透明度降低，水质变坏。

在天然水和废水中，磷几乎都以各种磷酸盐的形式存在，它们分为正磷酸盐、缩合磷酸盐（焦磷酸盐、偏磷酸盐和多磷酸盐）和有机结合的磷（如磷脂等），存在于溶液、腐殖质粒子或水生生物中。

（一）测定方法选择

水中磷的测定，按其存在形式可分别测定总磷、可溶性正磷酸盐、可溶性总磷酸盐。水样中磷的存在形态不同，其测定的前处理方法也不一样，如图 2—16 所示。正磷酸盐的测定方法见表 2—15。

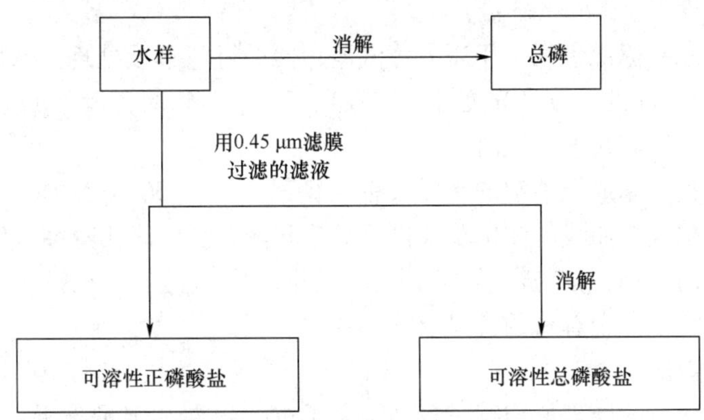

图 2—16 测定水中各种磷的流程

表 2—15 正磷酸盐测定方法

测定方法	适用范围
钼酸铵分光光度法 GB 11893—1989	适用于地表水、生活污水、化工、磷肥、机加工金属表面磷化处理、农药、钢铁、焦化等行业的工业废水中正磷酸盐的测定 最低检出限为 0.01 mg/L，测定上限为 0.6 mg/L
离子色谱法 HJ 84—2016	适用于地表水、地下水、工业废水和生活污水中磷酸盐的测定。当进样量为 25 μL 时，方法检出限为 0.051 mg/L，测定下限为 0.204 mg/L
连续流动-钼酸铵分光光度法 HJ 670—2013	适用于地表水、地下水、生活污水和工业废水中磷酸盐和总磷的测定 当检测光程为 50 mm 时，该方法测定磷酸盐（以磷计）的检出限为 0.01 mg/L，测定范围为 0.04~1.00 mg/L；测定总磷（以磷计）的检出限为 0.01 mg/L，测定范围为 0.04~5.00 mg/L
流动注射-钼酸铵分光光度法 HJ 671—2013	适用于地表水、地下水、生活污水和工业废水中总磷的测定 当检测光程为 10 mm 时，该方法的检出限为 0.005 mg/L（以磷计），测定范围为 0.02~1.00 mg/L

（二）样品的预处理

采集的水样立即经 0.45 μm 滤膜过滤，其滤液供可溶性正磷酸盐的测定。滤液经消解可测得可溶性总磷，混合水样（包括悬浮物）经消解可测得水中总磷含量。消解的方法主要有过硫酸钾消解法、硝酸-硫酸消解法、硝酸-高氯酸消解法等。

（三）钼酸铵分光光度法

1. 测定原理

在中性条件下用过硫酸钾（或硝酸-高氯酸）使水样消解，将所含磷全部氧化为正磷酸盐。在酸性介质中，正磷酸盐与钼酸铵反应，在锑盐存在下生成磷钼杂多酸后，立即被抗坏血酸还原，生成蓝色的络合物，通常称磷钼蓝。反应式如下：

$$PO_4^{3-}+3NH_4^{+}+12MoO_4^{2-}+24H^{+}\xlongequal{\text{锑盐}}(NH_4)_3PO_4\cdot 12MoO_3+12H_2O$$

$$(NH_4)_3PO_4\cdot 12MoO_3+Vc\rightarrow \text{磷钼蓝}$$

2. 测定步骤

用磷标准溶液配制标准色列，用压力蒸汽消毒器进行消解预处理。选用 10 mm 比色皿，以水作参比，在 700 nm 处用分光光度计测定吸光度，以总磷的含量（μg）为横坐标，以校正吸光度为纵坐标，绘制校准曲线。

分取适量经滤膜过滤或经消解的水样（使含磷量不超过 30 μg）加至 50 mL 比色管中，用水稀释至标线，按校准曲线的测定步骤进行显色和测定。同时用蒸馏水代替水样，并加入与测定时相同体积的试剂，按与样品的测定步骤相同的操作进行空白试验。以扣除空白吸光度的校正吸光度计算水样中总磷的含量（mg/L）。

（四）离子色谱法

该法利用离子交换的原理，连续对多种阴离子进行定性和定量分析。水样注入碳酸盐-碳酸氢盐溶液并流经系列离子交换树脂，基于待测阴离子对低容量强碱性阴离子树脂（分离柱）的相对亲和力不同而彼此分开。被分开的阴离子在流经强酸性阳离子树脂（抑制柱）室后被转换为高电导的酸型，碳酸盐-碳酸氢盐则转变成弱电导的碳酸（清除背景电导）。用电导检测器测量被转变为相应酸型的阴离子，与标准进行比较，根据保留时间定性测定阴离子，根据峰高或峰面积进行定量测定。一次进样可连续测定六种无机阴离子（F^-、Cl^-、NO_2^-、NO_3^-、HPO_4^{2-} 和 SO_4^{2-}）。

四、溶解氧

溶解氧是指溶解于水中的分子状态的氧，即水中的 O_2，以 DO 表示。天然水的溶解氧含量取决于水体与大气中氧的交换平衡。大气压力下降、水温升高、含盐量增加，都会导致溶解氧含量降低。一般水体中的溶解氧在 4 mg/L 以上。清洁地表水溶解氧一般接近饱和。藻类大量繁殖，溶解氧会过饱和。水体受有机物质或无机还原物污染时，溶解氧含量降低，厌氧细菌繁殖活跃，水质恶化，易导致鱼虾死亡。

（一）测定方法选择

溶解氧测定方法见表 2—16。

表 2—16　　溶解氧测定方法

测定方法	适用范围	方法特点
碘量法 GB 7489—1987	适用于清洁水中溶解氧的测定	基准方法，在现场采样需要固定溶解氧
碘量法的修正法 GB 7489—1987	适用于受污染的地表水或工业废水中溶解氧的测定	含有氧化性物质、还原性物质时干扰测定，需要采用相应的修正法
电化学探头法 HJ 506—2009	适用于地表水、地下水、生活污水、工业废水和盐水中溶解氧的测定	方法简便、快速、干扰少，可用于现场测定，薄膜易堵塞或损坏，应及时更换

（二）碘量法

1. 方法原理

在水样中加入硫酸锰和碱性碘化钾，水中溶解氧将低价锰氧化成高价锰，生成四价锰的氢氧化物棕色沉淀。加酸后，氢氧化物沉淀溶解并与碘离子反应释放出游离碘。以淀粉作指示剂，用硫代硫酸钠滴定释放出的碘，据滴定溶液消耗量计算溶解氧的含量。

2. 测定步骤

（1）氧的固定。向水样中加入 $MnSO_4$（硫酸锰）和碱性 KI（碘化钾）溶液，反应式为：

$$MnSO_4+2NaOH=Na_2SO_4+Mn(OH)_2\downarrow \text{（白色沉淀）}$$

$$2Mn(OH)_2+O_2=2MnO(OH)_2\downarrow \text{（棕色沉淀）}$$

（2）碘的析出。将固定好的水样带回实验室加入硫酸溶液，反应式为：

$$MnO(OH)_2+2H_2SO_4=Mn(SO_4)_2+3H_2O$$

$$Mn(SO_4)_2+2KI=MnSO_4+K_2SO_4+I_2$$

（3）滴定碘。以淀粉为指示剂，用硫代硫酸钠标准溶液滴定至终点，反应式为：

$$2Na_2S_2O_3+I_2=Na_2S_4O_6+2NaI$$

3. 结果表示

$$\text{溶解氧（}O_2\text{，mg/L）}=\frac{M_rV_2cf_1\times 1\ 000}{4V_1} \quad (2—2)$$

式中 M_r——氧的摩尔质量，$M_r=32$ g/mol；

V_1——滴定时样品的体积，mL，一般取 $V_1=100$ mL；若滴定细口瓶内试样，$V_1=V_0$；

V_2——滴定样品时所耗去硫代硫酸钠的体积，mL；

c——硫代硫酸钠的实际浓度，mol/L。

$$f_1=\frac{V_0}{V_0-V'} \quad (2—3)$$

式中 V_0——溶解氧瓶的体积，mL；

V'——二价硫酸锰溶液（1 mL）和碱性碘化钾溶液（2 mL）的总体积，mL。

结果保留1位小数。

（三）碘量法的修正法

1. 叠氮化钠修正法

水样中亚硝酸盐氮含量高于 0.05 mg/L，二价铁含量低于 1 mg/L 时，对碘量法测定有正干扰，这时可加入叠氮化钠将亚硝酸盐分解后再用碘量法测定。

2. 高锰酸钾修正法

水样中二价铁含量高于 1 mg/L 时对碘量法测定有负干扰，这时可用高锰酸钾氧化亚铁离子，过量的高锰酸钾用草酸钠溶液除去，生成的高铁离子用氟化钾消除后再用碘量法测定。

3. 明矾絮凝修正法

当水样有色或含有藻类及悬浮物时，在酸性条件下可消耗碘而干扰测定，此时可加入明矾絮凝去除这些物质后再用碘量法测定。

4. 硫酸铜-氨基磺酸絮凝修正法

当水样中含有活性污泥等悬浊物时会干扰测定，可用硫酸铜-氨基磺酸絮凝去除这些物质后再用碘量法测定。

（四）电化学探头法

溶解氧电化学探头是一个用选择性薄膜封闭的小室，室内有两个金属电极并充有电解质。氧气和一定数量的其他气体及亲液物质可透过这层薄膜，但水和可溶性物质的离子几乎不能透过。将探头浸入水中进行溶解氧测定时，由于电池作用或外加电压在两个电极间产生电位差，金属离子在阳极进入溶液，同时氧气通过薄膜扩散在阴极获得电子被还原，产生的电流与穿过薄膜和电解质层的氧气的传递速度成正比，即在一定的温度下该电流与水中氧气的分压（或浓度）成正比。

薄膜对气体的渗透性受温度变化的影响较大，要采用数学方法对温度进行校正，也可在电路中安装热敏元件对温度变化进行自动补偿。

若仪器在电路中未安装压力传感器，不能对压力进行补偿时，仪器仅显示与气压有关的表观读数。当测定样品的气压与校准仪器时的气压不同时，应按规定进行校正。

若测定海水、港湾水等含盐量高的水，应根据含盐量对测量值进行修正。

五、高锰酸盐指数

以高锰酸钾溶液为氧化剂测得的化学需氧量，称为高锰酸盐指数，它是反映水体中有机及无机可氧化物质污染的常用指标。此方法简便、快速，但不能代表水中有机物质的全部含量，因为含氮有机物在此条件下较难分解，故国际标准化组织（ISO）建议此指标仅限于测定地表水、饮用水和生活污水。

（一）测定方法选择

高锰酸盐指数测定方法见表2—17。

表2—17　　高锰酸盐指数测定方法

测定方法	适用范围
酸性高锰酸钾法 GB 11892—1989	适用于氯离子含量不超过300 mg/L的水样
碱性高锰酸钾法 GB 11892—1989	适用于氯离子含量超过300 mg/L的水样

（二）酸性高锰酸盐指数法

1. 方法原理

在水样中加入硫酸使水样呈酸性后，加入一定量的高锰酸钾溶液并加热，使其与水中的有机物质反应，过量的高锰酸钾用过量的草酸钠溶液还原，再用高锰酸钾回滴过量的草酸钠，计算求出高锰酸盐指数。反应式如下：

$$4MnO_4^- + 12H^+ + 5C \xlongequal{} 4Mn^{2+} + 5CO_2\uparrow + 6H_2O$$

$$2MnO_4^- + 16H^+ + 5C_2O_4^{2-} \xlongequal{} 2Mn^{2+} + 10CO_2\uparrow + 8H_2O$$

2. 测定步骤

取100.00 mL水样于250 mL锥形瓶中，加5.0 mL硫酸，加10.00 mL高锰酸钾标准溶液，沸水浴（30±2）min，再加10.00 mL草酸钠标准溶液，使溶液褪色，趁热用高锰酸钾标准溶液滴定至刚出现粉红色，并保持 30 s 不褪色。记录高锰酸钾溶液消耗体积 V_1。

将上述已滴定完毕的溶液加热至约 70℃，准确加入 10.00 mL 草酸钠标准溶液（0.010 0 mol/L），再用0.01 mol/L 高锰酸钾溶液滴定至微红色。记录高锰酸钾溶液的消耗体积 V，并按式 2—4 求得高锰酸钾溶液的校正系数（K）。

$$K=\frac{10}{V} \tag{2—4}$$

式中　V——高锰酸钾溶液消耗量，mL。

3. 结果表示

（1）水样不经稀释时高锰酸盐指数计算公式如下：

$$高锰酸盐指数（O_2，mg/L）=\frac{[K(10+V_1)-10]\times c\times 8\times 1\,000}{100} \tag{2—5}$$

式中　V_1——滴定水样时，高锰酸钾溶液消耗量，mL；

K——校正系数，每毫升高锰酸钾标准溶液相当于草酸钠标准溶液的毫升数；

c——草酸钠标准溶液浓度，mol/L；

8——氧（1/2 氧）的摩尔质量，g/mol。

（2）水样经过稀释后高锰酸盐指数计算公式如下：

$$高锰酸盐指数（O_2，mg/L）=\frac{\{[(10+V_1)K-10]-[(10+V_0)\ K-10]\times f\}\times c\times 8\times 1\,000}{V_2} \tag{2—6}$$

式中　V_0——空白试验时消耗高锰酸钾溶液体积，mL；

V_2——测定时所取样品体积，mL；

f——稀释样品时，蒸馏水在 100 mL 测定用体积内所占比例。例如，10 mL 样品用水稀释至 100 mL，则 $f=(100-10)/100=0.90$。

（三）碱性高锰酸盐指数法

在碱性溶液中，加入一定量的高锰酸钾溶液于水样中，加热一定时间以氧化水中的还原性无机物和部分有机物。加酸酸化后，加入过量草酸钠溶液还原剩余的高锰酸钾，再用高锰酸钾溶液滴定剩余草酸钠至微红色。

六、化学需氧量

化学需氧量（COD）是指在一定的条件下，用强氧化剂重铬酸钾处理水样时所消耗氧化剂的量，以氧（mg/L）来表示。

化学需氧量反映了水中受还原性物质污染的程度，水中还原性物质包括有机物、亚硝酸盐、亚铁盐、硫化物等。化学需氧量作为有机物相对含量的指标之一，只能反映能被重铬酸钾氧化的有机污染状况，不能反映多环芳烃、废旧电路板（PCB）、二噁英类等的污染状况。

（一）测定方法选择

化学需氧量测定方法见表 2—18。

表 2—18 化学需氧量测定方法

测定方法	适用范围
重铬酸钾法 HJ 828—2017	适用于地表水、生活污水和工业废水中化学需氧量的测定，不适用于含氯化物浓度大于 1 000 mg/L（稀释后）的水中化学需氧量的测定。当取样体积为 10.0 mL 时，该方法的检出限为 4 mg/L，测定下限为 16 mg/L。未经稀释的水样测定上限为 700 mol/L，超过此限时须稀释后测定
快速消解分光光度法 HJ/T 399—2007	该方法对未经稀释的水样，其 COD 测定下限为 15 mg/L，测定上限为 1 000 mg/L，其氯离子浓度不应大于 1 000 mg/L 该方法对于 COD 大于 1 000 mg/L 或氯离子含量大于 1 000 mg/L 的水样，可经适当稀释后进行测定

（二）重铬酸钾法

1. 方法原理

在水样中加入已知量的重铬酸钾溶液，并在强酸介质下以银盐作催化剂，经沸腾回流后，以试亚铁灵作为指示剂，用硫酸亚铁铵滴定水样中未被还原的重铬酸钾，由消耗的重铬酸钾的量计算出消耗氧的质量浓度。反应式如下：

$$3C+2Cr_2O_7^{2-}+16H^+ = 4Cr^{3+}+3CO_2\uparrow+8H_2O$$

$$6Fe^{2+}+Cr_2O_7^{2-}+14H^+ = 6Fe^{3+}+2Cr^{3+}+7H_2O$$

2. 测定步骤

（1）COD_{Cr}浓度（采用重铬酸钾作为氧化剂测定出的化学耗氧量，即重铬酸盐指数）≤50 mL 的样品。取 10.00 mL 水样于锥形瓶（如图 2—17 所示）中，依次加入 100 g/L 的硫酸汞溶液、0.025 mol/L 的重铬酸钾标准溶液各 5 mL，加数粒防爆沸玻璃珠，摇匀。硫酸汞溶液按质量比 $m(HgSO_4) : m(Cl^-) \geqslant 20:1$ 的比例加入，最大加入量为 2 mL。从冷凝管上口缓慢加入 15 mL 硫酸-硫酸银溶液，混合均匀，保持微沸回流 2 h（沸腾计时）。回流冷却后，自冷凝管上端加入 45 mL 水冲洗冷凝管壁，并使溶液总体积在 70 mL 左右。冷却至室温后，加 3 滴试亚铁灵指示剂溶液，用硫酸亚铁铵标准溶液滴定，溶液由黄色经蓝绿色变为红褐色即为终点，记下硫酸亚铁铵标准溶液的消耗体积 V_1。按相同步骤以 10.00 mL 试剂水代替水样进行空白试验，记录下空白滴定时消耗硫酸亚铁铵标准溶液的体积 V_0。

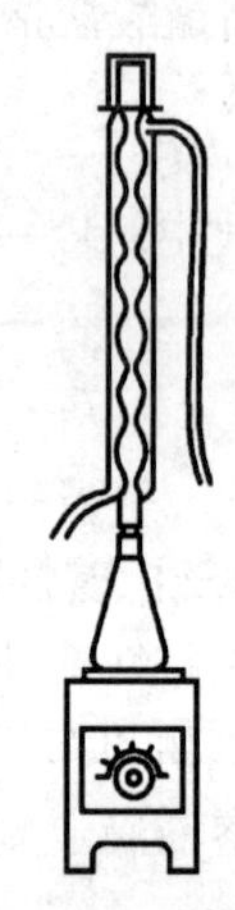

图 2—17 重铬酸钾法测定 COD 的回流装置

（2）COD_{Cr}浓度>50 mL 的样品。取 10.00 mL 水样于锥形瓶中，加入化学试液的种类、次序和操作手法与前述测定 COD_{Cr}浓度≤50 mL 的样品相比，除重铬酸钾溶液的浓度换为 0.250 mol/L 外，其余皆相同。

3. 结果表示

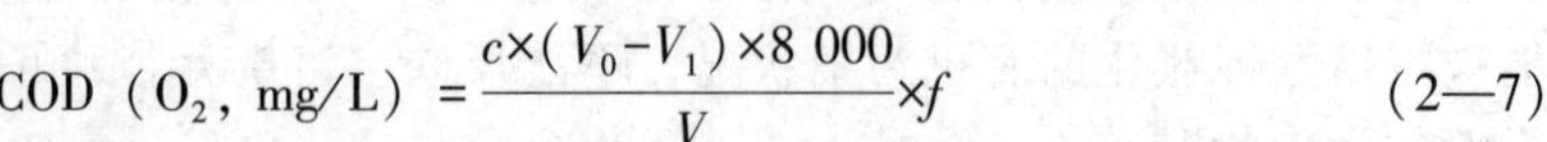

$$COD\ (O_2,\ mg/L) = \frac{c\times(V_0-V_1)\times 8\ 000}{V}\times f \qquad (2—7)$$

式中 c——硫酸亚铁铵标准溶液的浓度，mol/L；

V_0——空白滴定时硫酸亚铁铵标准溶液的用量，mL；

V_1——滴定水样时硫酸亚铁铵标准溶液的用量，mL；

V——水样的体积，mL；

f——样品的稀释倍数；

8 000——$1/4O_2$ 的摩尔质量以 mg/L 为单位的换算值。

当 COD_{Cr} 测定结果小于 100 mg/L 时保留至整数位，当测定结果大于或等于 100 mg/L 时保留三位有效数字。

（三）快速消解分光光度法

水样中加入已知量的重铬酸钾溶液，在强硫酸介质中，以硫酸银作为催化剂，经高温消解后，用分光光度法测定 COD 值。

七、BOD_5

生化需氧量是指在规定的条件下，好氧微生物在分解水中某些可氧化物质，尤其是有机物的生物化学氧化过程中所消耗的溶解氧量，其中也包括硫化物、亚铁等还原性无机物质氧化所消耗的氧量，但这部分通常所占的比例很小。

生化需氧量是反映水体被有机物污染程度的综合指标，也是研究废水的可生化降解性和生化处理效果以及生化处理废水工艺设计和动力学研究中的重要参数。

水体发生生化反应必须具备三个条件：好氧微生物、足够的溶解氧、能被微生物利用的营养物质。

有机物在微生物作用下的好氧分解大体上分两个阶段：第一阶段主要是碳化阶段，即含碳有机物氧化为二氧化碳和水，以及含氮有机物转化成氨（在 20℃ 下，碳化阶段需要 20 d 才能完全）；第二阶段主要是硝化阶段，即氨在硝化菌的作用下进一步氧化为亚硝酸盐和硝酸盐（在 20℃ 下，硝化阶段需要 100 d 才能完全）。所以生化需氧量测定的主要是第一阶段的需氧量。

有机物质的生物氧化过程相当缓慢，在 20℃ 培养时，完全氧化需要 100 多天，BOD 的测定时间国内外普遍规定为 5 天，即五日生化需氧量（BOD_5），此时氧化可完成 70%～80%。

BOD_5 测定的是五日培养过程中溶解氧的损失量，故对于较清洁的水（损失量小于 7 mg/L）可以不必稀释，直接测定。对于有机物浓度较高的水，则需先进行稀释，稀释倍数视有机物浓度而定。

（一）测定方法选择

生化需氧量测定方法见表 2—19。

表 2—19　　**生化需氧量测定方法**

测定方法	适用范围
稀释接种法 HJ 505—2009	适用于地表水、工业废水和生活污水中五日生化需氧量（BOD_5）的测定，该方法的检出限为 0.5 mg/L，测定下限为 2 mg/L，非稀释法和非稀释接种法的测定上限为 6 mg/L，稀释与稀释接种法的测定上限为 6 000 mg/L
微生物传感器快速测定法 HJ/T 86—2002	适用于测定 BOD_5 值为 2～500 mol/L 的水样，较高时可经适当稀释后测定。适用于地表水、生活污水、工业废水中 BOD_5 值的测定

（二）稀释接种法

稀释接种法通常情况下是指水样充满完全密闭的溶解氧瓶中，在（20±1）℃的暗处培养5 d±4 h或（2+5）d±4 h［先在0~4℃的暗处培养2 d，接着在（20±1）℃的暗处培养5 d，即培养（2+5）d］，分别测定培养前后水样中溶解氧的质量浓度，由培养前后溶解氧的质量浓度之差，计算每升样品消耗的溶解氧量，以BOD_5形式表示。溶解氧的测定可以用碘量法，也可以用电化学探头法。

BOD_5的测定分两种情况，即水样不经稀释和经过稀释。

1. 不经稀释的水样

不经稀释的水样测定分两种情况：非稀释法和非稀释接种法。如样品中的有机物含量较少，BOD_5的质量浓度不大于6 mg/L，且样品中有足够的微生物，用非稀释法测定。若样品中的有机物含量较少，BOD_5的质量浓度不大于6 mg/L，但样品中无足够的微生物，如酸性废水、碱性废水、高温废水、冷冻保存的废水或经过氯化处理的废水等，采用非稀释接种法测定。

2. 经稀释的水样

经稀释的水样测定分两种情况：稀释法和稀释接种法。若试样中的有机物含量较多，BOD_5的质量浓度大于6 mg/L，且样品中有足够的微生物，采用稀释法测定。若试样中的有机物含量较多，BOD_5的质量浓度大于6 mg/L，但试样中无足够的微生物，采用稀释接种法测定。

3. 结果表示

（1）非稀释法。非稀释法按式2—8计算样品BOD_5的测定结果。

$$\rho=\rho_1-\rho_2 \qquad (2—8)$$

式中 ρ——五日生化需氧量质量浓度，mg/L；

ρ_1——水样在培养前的溶解氧质量浓度，mg/L；

ρ_2——水样在培养后的溶解氧质量浓度，mg/L。

（2）非稀释接种法。非稀释接种法按式2—9计算样品BOD_5的测定结果。

$$\rho=(\rho_1-\rho_2)-(\rho_3-\rho_4) \qquad (2—9)$$

式中 ρ——五日生化需氧量质量浓度，mg/L；

ρ_1——水样在培养前的溶解氧质量浓度，mg/L；

ρ_2——水样在培养后的溶解氧质量浓度，mg/L；

ρ_3——空白样在培养前的溶解氧质量浓度，mg/L；

ρ_4——空白样在培养后的溶解氧质量浓度，mg/L。

（3）稀释法与稀释接种法。稀释法和稀释接种法按式2—10计算样品BOD_5的测定结果。

$$\rho=\frac{(\rho_1-\rho_2)-(\rho_3-\rho_4)}{f_2}f_1 \qquad (2—10)$$

式中 ρ——五日生化需氧量质量浓度，mg/L；

ρ_1——水样在培养前的溶解氧质量浓度，mg/L；

ρ_2——水样在培养后的溶解氧质量浓度，mg/L；

ρ_3——空白样在培养前的溶解氧质量浓度，mg/L；

ρ_4——空白样在培养后的溶解氧质量浓度，mg/L。

f_1——接种稀释水或稀释水在培养液中所占的比例；

f_2——原样品在培养液中所占的比例。

BOD_5 的测定结果以氧的质量浓度（mg/L）报出。对稀释法与稀释接种法，如果有几个稀释倍数的结果满足要求，结果取这些稀释倍数结果的平均值。结果小于 100 mg/L 保留 1 位小数，结果为 100~1 000 mg/L 取整数位，结果大于 1 000 mg/L 以科学记数法报出。结果报告中应注明：样品经过过滤、冷冻或均质化处理。

（三）微生物传感器快速测定法

此方法适用于地表水、生活污水和不含对微生物有明显毒害作用的工业废水中 BOD_5 的测定，不适用于对微生物膜内菌种有毒害作用的高浓度杀菌剂、农药类污水。

测定水中 BOD_5 的微生物传感器是由氧电极和微生物菌膜构成的，其原理是当含有饱和溶解氧的样品进入流通池中与微生物传感器接触时，样品中溶解性可生化降解的有机物受到微生物菌膜中菌种的作用会消耗一定的氧，使扩散到氧电极表面上氧的质量减少。当样品中可生化降解的有机物向菌膜扩散速度（质量）达到恒定时，扩散到氧电极表面上氧的质量也达到恒定，因此产生恒定电流。恒定电流的差值与氧的减少量存在定量关系，据此可计算样品中的生化需氧量。

（四）生化需氧量在环境工程实践中的应用

在水污染治理工程中，常用生化需氧量与化学需氧量的比值来判定废水是否可采用生物化学处理方法，即确定废水的可生化性。一般认为 BOD_5/COD 比值越大，可生化性越强。废水可生化性的参考数据见表 2—20。不可分解的有机物质数量大时，需寻求其他的处理途径。

表 2—20　　BOD_5/COD 与废水生物降解性能的关系

BOD_5/COD	<0.20	0.20~0.30	0.30~0.45	>0.45
生物降解性能	不宜	较难	可以	容易

八、TOC 和 TOD

（一）TOC

TOC 表示总有机碳，是以碳的含量表示水体中有机物质总量的综合指标。TOC 的测定采用燃烧法，能将有机物全部氧化，比 BOD_5 和 COD 更能直接反映有机物的总量，因此常被用来评价水体中有机物污染的程度。

目前广泛应用的测定 TOC 的方法是燃烧氧化-非分散红外吸收法，可参见《水质 总有机碳的测定 燃烧氧化-非分散红外吸收法》（HJ 501—2009）。该方法适用于地表水、地下水、生活污水和工业废水中总有机碳（TOC）的测定，检出限为 0.1 mg/L，测定下限为 0.5 mg/L。根据水质的特性，该方法又可分为差减法和直接法。

1. 差减法

将水样连同净化气体分别导入高温燃烧管和低温反应管中，经高温燃烧管的试样被高温催化氧化，其中的有机碳和无机碳均转化为二氧化碳，经低温反应管的试样被酸化后，其中的无机碳分解成二氧化碳，两种反应管中生成的二氧化碳分别被导入非分散红外检测器。在特定波长下，一定浓度范围内二氧化碳的红外线吸收强度与其浓度成正比，由此可对试样总碳（TC）和无机碳（IC）进行定量测定。总碳（TC）与无机碳（IC）的差值，即为总有机碳（TOC）。

2. 直接法

水样经酸化曝气，其中的无机碳转化为二氧化碳被去除，再将试样注入高温燃烧管中，可直接测定总有机碳。由于酸化曝气会损失可吹扫有机碳（POC），故测得总有机碳值为不可吹扫有机碳（NPOC）。

（二）TOD

TOD 表示总需氧量，是指水中的还原性物质，主要是有机物质在燃烧中变成稳定的氧化物时所需要的氧量，结果以氧气的 mg/L 表示。

TOD 的测定需要用 TOD 测定仪进行，其原理是将一定量水样注入装有铂催化剂的石英燃烧管，通入含已知氧浓度的载气（氮气）作为原料气，则水样中的还原性物质在 900℃下被瞬间燃烧氧化。测定燃烧前后原料气中氧浓度的减少量，便可求得水样的 TOD。

TOD 值能反映几乎全部有机物质经燃烧后变成 CO_2、H_2O、NO、SO_2 所需要的氧量。它比 BOD_5、COD 和高锰酸盐指数更接近于理论需氧量值，但它们之间也没有固定的相关关系，具体比值取决于废水的性质。

TOD 和 TOC 的比例关系可粗略判断有机物的种类。对于含碳化合物，因为一个碳原子消耗两个氧原子，即氧气与碳的相对分子质量之比为 2.67，因此从理论上说，TOD = 2.67TOC。若某水样的 TOD/TOC 为 2.67 左右，可认为水样中有机物主要是含碳有机物；若 TOD/TOC>4.0，则应考虑水中有较多的含 S、P 的有机物存在；若 TOD/TOC<2.6，就应考虑水样中硝酸盐和亚硝酸盐含量可能较大，因为它们在高温和催化条件下会分解放出氧，使 TOD 测定呈现负误差。

第五节　无机阴离子指标

无机阴离子指标主要有氟化物、氰化物、硫化物、氯化物、硫酸盐、硼、碘、游离铝和总氯等。

一、氟化物

氟是人体必需元素之一，缺氟易患龋齿病，饮水中含氟离子的适宜浓度为 0.5~1 mg/L。饮水中氟含量过高，则会产生毒害。当长期饮用含氟量高达 1~1.5 mg/L 的水时，易患氟斑牙。水中含氟量高于 4 mg/L 时，易使人骨骼变形，引起氟骨症并损害肾脏。

在自然界中，氟常以化合物的形态存在。常见的氟化物有氟化氢（HF）、氟化钠（NaF）、氟化钡（BaF_2）、氟硅酸钠（Na_2SiF_6）、氟化钙（CaF_2）以及冰晶石（Na_3AlF_6）等。

氟化物广泛存在于天然水体中。有色冶金、钢铁和铝加工、焦炭、玻璃、陶瓷、电子、电镀、化肥、农药等行业排放的废水常常都存在氟化物。

（一）测定方法选择

氟化物测定常用的方法见表 2—21。

表 2—21　　氟化物测定方法

测定方法	适用范围
离子选择电极法 GB 7484—1987	适用于地表水、地下水和工业废水中氟化物的测定。测定简便、快速、灵敏，选择性好，可测定混浊、有色水样等。最低检出浓度为 0.05 mg/L（以 F^- 计），测定上限可达 1 900 mg/L（以 F^- 计）
氟试剂分光光度法 HJ 488—2009	适用于地表水、地下水和工业废水中氟化物的测定。该方法的检出限为 0.02 mg/L，测定下限为 0.08 mg/L
离子色谱法 HJ 84—2016	适用于地表水、地下水、工业废水和生活污水中氟化物的测定。当进样量为 25 μL 时，该方法的检出限为 0.006 mg/L，测定下限为 0.024 mg/L

（二）离子选择电极法

氟离子选择电极是一种以氟化镧（LaF_3）单晶片为敏感膜的传感器。单晶结构对能进入晶格交换的离子有严格限制，故有良好的选择性。当氟离子选择电极与含氟的待测水样接触时，原电池的电动势随溶液中氟离子浓度的变化而改变。用晶体管毫伏计或电位计测量上述原电池的电动势，并与用氟离子标准溶液测得的电动势相比较，即可求得水样中氟化物的浓度。

（三）氟试剂分光光度法

氟离子在 pH 为 4.1 的乙酸盐缓冲介质中与氟试剂及硝酸镧反应可生成蓝色三元络合物，络合物在 620 nm 波长处的吸光度与氟离子浓度成正比，可定量测定氟化物（以 F^- 计）。

在含 5 μg 氟化物的 25 mL 显色液中，存在下述离子超过下列含量（单位：mg），对测定有干扰，应先进行预蒸馏：Cl^-(30)、SO_4^{2-}(5.0)、NO_3^-(3.0)、$B_4O_7^{2-}$(硼酸根离子，2.0)、Mg^{2+}(2.0)、NH_4^+(1.0)、Ca^{2+}(0.5)。

二、氰化物

氰化物是剧毒物质，进入人体后主要与高铁细胞色素氧化酶结合，生成氰化高铁细胞色素氧化酶而失去传递氧的作用，引起组织缺氧窒息。

氰化物的主要来源是小金矿的开采、冶炼、电镀、有机化工、选矿、炼焦、造气、化肥等工业排放废水。水中氰化物可分为简单氰化物和络合氰化物两种。

（一）测定方法选择

氰化物测定常用的方法见表 2—22。

表 2—22　　氰化物测定方法

测定方法	适用范围
异烟酸-吡唑啉酮光度法 HJ 484—2009	该方法适用于地表水、生活污水和工业废水中氰化物的测定。该方法检出限为 0.004 mg/L，测定下限为 0.016 mg/L，测定上限为 0.25 mg/L
异烟酸-巴比妥酸分光光度法 HJ 484—2009	该方法适用于地表水、生活污水和工业废水中氰化物的测定。该方法检出限为 0.001 mg/L，测定下限为 0.004 mg/L，测定上限为 0.45 mg/L

续表

测定方法	适用范围
吡啶-巴比妥酸分光光度法 HJ 484—2009	该方法适用于地表水、生活污水和工业废水中氰化物的测定。该方法检出限为 0.002 mg/L，测定下限为 0.008 mg/L，测定上限为 0.45 mg/L
硝酸银滴定法 HJ 484—2009	该方法适用于地表水、生活污水和工业废水中氰化物的测定。该方法检出限为 0.25 mg/L，测定下限为 0.25 mg/L，测定上限为 100 mg/L
真空检测管-电子比色法 HJ 659—2013	该标准适用于地下水、地表水、生活污水和工业废水中包括氰化物在内的多种污染物的快速分析。测氰化物时的检出限为 0.009 mg/L

（二）方法原理

1. 易释放氰化物

向水样中加入酒石酸和硝酸锌，在 pH 为 4 的条件下加热蒸馏，简单氰化物和部分络合氰化物（如锌氰络合物）以氰化氢形式被蒸馏出，用氢氧化钠溶液吸收。

2. 总氰化物

向水样中加入磷酸和 EDTA 二钠，在 pH 小于 2 的条件下加热蒸馏，利用金属离子络合能力比氰离子络合能力强的特点，使氰离子从络合氰化物中离解出，并以氰化氢形式被蒸馏出，用氢氧化钠溶液吸收。

氰化物蒸馏装置如图 2—18 所示。

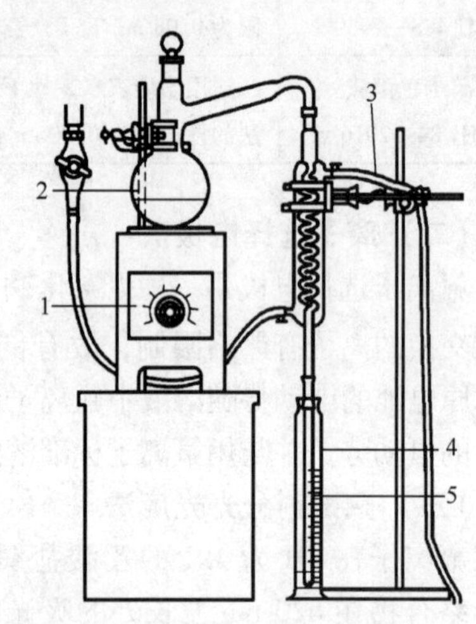

图 2—18　氰化物蒸馏装置

1—可调电阻　2—蒸馏瓶　3—冷凝水出水口
4—量筒　5—馏出液导管

（三）异烟酸-吡唑啉酮分光光度法

1. 方法原理

在中性条件下，水样中的氰化物与氯胺 T 反应生成氯化氰，再与异烟酸作用，经水解后生成戊烯二醛，最后与吡唑啉酮缩合生成蓝色染料。其色度与氰化物的含量成正比，在 638 nm 波长处进行光度测定。反应式如下：

$$NaCN + CH_3C_6H_4SO_2N(Na)Cl \text{（氯胺T）} = CNCl + CH_3C_6H_4SO_2NNa_2$$

$$CNCl + \text{（异烟酸）} \longrightarrow \text{（N-CN, N-Cl 加合物）} + 2H_2O = NH_3CN + HCl + O{=}CH{-}CH{=}C(COOH){-}CH{=}CH \text{（戊烯二醛）}$$

(蓝色染料)

2. 测定步骤

用氰化钾标准溶液配制标准色列，选用 10 mm 比色皿，以试剂空白为参比，在 638 nm 波长处用分光光度计测定吸光度，以氰化物的含量（μg）为横坐标，以校正吸光度为纵坐标，绘制校准曲线。

分别吸取 10.00 mL 试样馏出液和 10.00 mL 空白试验馏出液于具塞比色管中，然后按绘制校准曲线的相关步骤进行操作，测定吸光度。以扣除空白吸光度的校正吸光度计算水样中氰化物的含量（mg/L）。

（四）异烟酸-巴比妥酸分光光度法

在弱酸性条件下，水样中氰化物与氯胺 T 作用生成氯化氰，然后与异烟酸反应，经水解而成戊烯二醛，最后再与巴比妥酸作用生成紫蓝色化合物，在一定浓度范围内，其色度与氰化物质量浓度成正比。

（五）吡啶-巴比妥酸比色法

在中性条件下，氰离子和氯胺 T 的活性氯反应生成氯化氰，氯化氰与吡啶反应生成戊烯二醛，戊烯二醛与两个巴比妥酸分子缩合生成红紫色染料，在一定浓度范围内，其色度与氰化物质量浓度成正比。

（六）硝酸银滴定法

经蒸馏得到的碱性馏出液，用硝酸银标准溶液滴定，氰离子与硝酸银作用生成可溶性的银氰络合离子 $[Ag(CN)_2]^-$，过量的银离子与试银灵指示剂反应，溶液由黄色变为橙红色。

三、硫化物

地下水（特别是温泉水）及生活污水通常含有硫化物，其中一部分是在厌氧条件下，由于细菌的作用使硫酸盐还原或由含硫有机物的分解而产生的。某些工矿企业，如焦化、造气、选矿、造纸、印染和制革等工业的废水中亦含有硫化物。

水中的硫化物包括溶解性的 H_2S、HS^-、S^{2-}，酸溶性的金属硫化物，以及不溶性的硫化物和有机硫化物。硫化氢的毒性很大，可危害人体细胞色素氧化酶，造成细胞组织缺氧，甚至危及生命。硫化氢在细菌作用下会氧化生成硫酸，从而腐蚀金属设备和管道。因此，硫化物是水体污染的重要指标。

（一）测定方法选择

硫化物测定常用的方法见表 2—23。

表 2—23　　硫化物测定方法

测定方法	适用范围
亚甲基蓝分光光度法 GB/T 16489—1996	适用于饮用水、地表水、生活污水和工业废水中硫化物的测定 最低检出浓度为 0.02 mg/L（S^{2-}），测定上限为 0.8 mg/L
碘量法 HJ/T 60—2000	适用于含硫化物在 1 mg/L 以上的水和废水的测定

（二）水样的预处理

测定水中硫化物时首先要对水样进行预处理。因为水样色度、悬浮物、某些还原性物质（如亚硫酸盐、硫代硫酸钠等）及溶解的有机物均会对硫化物的测定产生干扰，常用的预处理方法有乙酸锌沉淀-过滤法、酸化-吹气法和过滤酸化-吹气法，具体选择哪种预处理方法视水样具体状况而定。

（三）亚甲基蓝分光光度法

水样经酸化后，硫化物转化成硫化氢气体，用氮气将硫化氢吹出，转移到盛乙酸锌-乙酸钠溶液的吸收显色管中，与 N，N-二甲基对苯二胺和硫酸铁铵反应生成蓝色的络合物亚甲基蓝，在 665 nm 波长处测定吸光度。

（四）碘量法

碘量法所测硫化物为水和废水中溶解性的无机硫化物和酸溶性金属硫化物的总量。

在酸性条件下，硫化物与过量的碘作用，剩余的碘用硫代硫酸钠滴定，由硫代硫酸钠溶液所消耗的量，间接求出硫化物的含量。

四、氯化物

氯离子（Cl^-）是水和废水中一种常见的无机阴离子。几乎所有的天然水中都有氯离子，它的含量范围变化很大。在河流、湖泊、沼泽地区，氯离子含量一般较低，而在海水、盐湖及某些地下水中，氯离子含量可高达数十克每升。在人类的生存活动中，氯化物有很重要的生理作用及工业用途。因此，在生活污水和工业废水中，均含有相当数量的氯离子。

若饮水中氯离子含量达到 250 mg/L，相应的阳离子为钠时，会感觉到咸味。水中氯化物含量高时，会损害金属管道和构筑物，并妨碍植物的生长。

（一）测定方法选择

氯化物测定常用的方法见表 2—24。

表 2—24　　氯化物测定方法

测定方法	适用范围
硝酸银滴定法 GB 11896—1989	适用于天然水中氯化物的测定，也适用于经过适当稀释的高矿化度水、经过预处理的生活污水和工业废水，适用的浓度范围为 10~500 mg/L

续表

测定方法	适用范围
离子色谱法 HJ 84—2016	适用于地表水、地下水、工业废水和生活污水中氯化物的测定 当进样量为 25 μL 时，该方法的检出限为 0.007 mg/L，测定下限为 0.028 mg/L

（二）硝酸银滴定法

在中性或弱碱性溶液中，以铬酸钾为指示剂，用硝酸银滴定氯化物时，由于氯化银的溶解度小于铬酸银，氯离子首先被完全沉淀后，铬酸根才以铬酸银形式沉淀出来，产生砖红色物质，指示氯离子的滴定终点。沉淀滴定反应式如下：

$$Ag^{+}+Cl^{-}=\!=\!=AgCl\downarrow$$

$$2Ag^{+}+CrO_4^{2-}=\!=\!=Ag_2CrO_4\downarrow$$

铬酸根离子的浓度与沉淀形成的快慢有关，必须加入足量的指示剂。且由于有稍过量的硝酸银与铬酸钾形成铬酸银沉淀的终点较难判断，所以需要以蒸馏水作空白滴定，以做对照判断（使终点色调一致）。

五、硫酸盐

硫酸盐（SO_4^{2-}）是硫在水中存在的主要形式，也是生物从水中获取硫的主要方式。此外，硫在水中还可以亚硫酸盐（SO_3^{2-}）、硫化物（S^{2-}、HS^{-}、H_2S）和含硫有机化合物的形式存在。

在自然界中，硫酸盐的分布很广。天然水中的硫酸根离子主要来自石膏、硫酸钠等矿岩的淋溶、硫铁矿的氧化、含硫有机物质的氧化分解以及某些工业废水的污染，浓度可以从每升几毫克至几千毫克。水中少量硫酸盐对人体健康无影响，但含量过高会导致腹泻，也会造成锅炉和热交换器结垢。在厌氧条件下，SO_4^{2-} 会因细菌的生物还原作用而变为 H_2S，致使产生臭味，水体呈黑色，还会腐蚀下水道。

（一）测定方法选择

硫酸盐测定常用的方法见表 2—25。

表 2—25 硫酸盐测定方法

测定方法	适用范围
重量法 GB 11899—1989	适用于地表水、地下水、咸水、生活污水和工业废水中硫酸盐的测定 最低检出浓度为 10 mg/L（以 SO_4^{2-} 计），测定上限为 5 000 mg/L（以 SO_4^{2-} 计）
铬酸钡分光光度法（试行） HJ/T 342—2007	适用于一般地表水、地下水中含量较低硫酸盐的测定，该方法适用的浓度范围为 8～200 mg/L
离子色谱法 HJ 84—2016	适用于地表水、地下水、工业废水和生活污水中硫酸盐的测定 当进样量为 25 μL 时，该方法的检出限为 0.018 mg/L，测定下限为 0.072 mg/L

（二）重量法

在水样中加入氯化钡和盐酸，硫酸根离子沉淀为硫酸钡。沉淀要在接近沸腾的温度下进行，经沉淀一定时间后，滤出沉淀物，用水洗到不含氯化物为止，灼烧（800℃）后称硫酸钡的质量，计算得到水中硫酸盐的含量。

（三）离子色谱法

详见本章第四节中总磷的测定。

第六节　金属及其化合物指标

金属及其化合物指标主要有铜、锌、铁、锰、镍、银、铝、钡、铍、铋、钴、镉、铬、铅、汞、砷等。重金属的毒害作用如下：

（1）天然水体只要有微量浓度的重金属即可产生毒性效应。

（2）某些重金属有可能在微生物作用下转化为金属有机化合物，产生更大的毒性。

（3）金属离子在水体中的转移和转化与水体的酸、碱条件有关，如六价铬在碱性条件下的转化能力强于酸性条件；二价镉在酸性条件下易于随水迁移，并易被植物吸收。

（4）水中的重金属通过食物链可以成千上万倍地富集而达到相当高的浓度。重金属能够通过多种途径（食物、饮水、呼吸、母乳）进入人体，甚至遗传。

（5）重金属进入人体后，能够与生理高分子物质如蛋白质和酶等发生强烈的相互作用而使其失去活性，也可能累积在人体的某些器官中，造成慢性累积性中毒。

一、铜

铜是人体必需的微量元素，成人每日的需要量估计为 20 mg。缺铜会发生贫血、腹泻等病症，但过量摄入铜亦会产生危害。水中铜达 0.01 mg/L 时，对水体自净有明显的抑制作用。铜对水生生物毒性很大，一般认为水体含铜量超过 0.01 mg/L 时对鱼类有危害。铜对水生生物的毒性与其在水体中的形态有关，游离铜离子的毒性比络合态铜要大得多。铜的主要污染源有电镀、冶炼、五金、矿山开采、石油化工和化学工业等排放的废水。

（一）测定方法选择

铜的测定常用的方法见表 2—26。

表 2—26　　铜的测定方法

测定方法	适用范围
二乙基二硫代氨基甲酸钠分光光度法 HJ 485—2009	适用于地表水、地下水、生活污水和工业废水中总铜和可溶性铜的测定。当使用 10 mm 比色皿，萃取用试样体积为 10 mL 时，该方法的测定上限为 6.00 mg/L
2，9—二甲基—1，10—菲啰啉分光光度法 HJ 486—2009	直接光度法适用于较清洁的地表水和地下水中可溶性铜和总铜的测定。当使用 50 mm 比色皿，试样体积为 15 mL 时，水中铜的检出限为 0.03 mg/L，测定下限为 0.12 mg/L，测定上限为 1.3 mg/L 萃取光度法适用于地表水、地下水、生活污水和工业废水中可溶性铜和总铜的测定。当使用 10 mm 比色皿，试样体积为 50 mL 时，测定上限为 3.2 mg/L
原子吸收分光光度法 GB 7475—1987	直接火焰法适用于地下水、地表水和废水中铜的测定，适用浓度范围为 0.05～5 mg/L 螯合法适用于地下水和清洁地表水中低浓度铜的测定，适用浓度范围为 1～50 μg/L

（二）二乙基二硫代氨基甲酸钠分光光度法

在氨性溶液中（pH 为 8~10），铜与二乙基二硫代氨基甲酸钠作用生成黄棕色络合物，此络合物可用四氯化碳或氯仿萃取，在 440 nm 波长处进行比色测定，颜色可稳定 1 h。反应式如下：

$$2\,(C_2H_5)_2N-C(=S)-SNa + Cu^{2+} = (C_2H_5)_2N-C(=S)-S-Cu-S-C(=S)-N(C_2H_5)_2 + 2Na^{+}$$

（三）2，9-二甲基-1，10-菲啰啉分光光度法

用盐酸羟胺将二价铜离子还原为亚铜离子，在中性或微酸性溶液中，亚铜离子与 2，9-二甲基-1，10-菲啰啉反应生成黄色络合物，于波长 457 nm 处测量吸光度（直接光度法）。也可用三氯甲烷萃取，萃取液保存在三氯甲烷-甲醇混合溶液中，于波长 457 nm 处测量吸光度（萃取光度法）。

水样中如含有大量的铬和锡、其他氧化性离子及氰化物、硫化物和有机物等，对测定铜有干扰。加入亚硫酸使铬酸盐和络合的铬离子还原，可以避免铬的干扰。加入盐酸羟胺溶液，可以消除锡和其他氧化性离子的干扰。通过消解过程，可以除去氰化物、硫化物和有机物的干扰。

（四）原子吸收分光光度法

1. 直接吸入火焰法

将水样或消解处理好的试样直接吸入火焰，火焰中形成的原子蒸气可吸收光源发射的特征电磁辐射。将测得的样品吸光度和标准溶液的吸光度进行比较，确定样品中被测元素的含量。此方法还可以测定锌、镉、铅。

2. 螯合萃取法

吡咯烷二硫代氨基甲酸铵在 pH＝3.0 时与被测金属离子螯合后萃入甲基异丁基甲酮中，然后吸入火焰进行原子吸收光谱测定。

二、锌

锌也是人体必不可少的有益元素，每升水含数毫克锌对人体和温血动物无害，但对鱼类和其他水生生物影响较大。锌对白鲢鱼的安全浓度为 0.1 mg/L。水中含锌 1 mg/L 时，对水体的生物氧化过程有轻微抑制作用。碱性水中锌的浓度超过 5 mg/L 时，水有苦涩味，并出现乳白色。锌的主要污染源是电镀、冶金、颜料及化工等的排放废水。

（一）测定方法选择

锌的测定常用的方法见表 2—27。

表 2—27　　锌的测定方法

测定方法	适用范围
双硫腙分光光度法 GB 7472—1987	适用于天然水和轻度污染的地表水、工业废水中锌的测定 使用 20 mm 的比色皿，试样体积为 100 mL 时，最低检出浓度为 0.005 mg/L
直接吸入火焰原子吸收法 GB 7475—1987	适用于地下水、地表水和废水中锌的测定，适用浓度范围为 0.05~1 mg/L

（二）双硫腙分光光度法

在 pH 为 4.0~5.5 的乙酸缓冲介质中，锌离子与双硫腙反应生成红色螯合物，用四氯化碳或氯仿萃取后，于其最大吸收波长 535 nm 处，以四氯化碳作参比，测定吸光度，用校准曲线法定量。反应式如下：

$$Zn^{2+}+2S{=}C\left\langle\begin{array}{l} N(H){-}N(C_6H_5){-}H \\ N{=}N{-}C_6H_5 \end{array}\right. = S{=}C\left\langle\begin{array}{l} N(H){-}N(C_6H_5) \\ N{-}N(C_6H_5)\end{array}\right\rangle Zn \left\langle\begin{array}{l} N(C_6H_5){=}N \\ N(C_6H_5){-}N(H)\end{array}\right\rangle C{=}S+2H^+$$

在该法规定的实验条件下，天然水中正常存在的金属离子不干扰测定。水中存在少量铋、镉、钴、铜、金、铅、汞、镍、钯、银和亚锡等金属离子时均会对测定产生干扰，可用硫代硫酸钠掩蔽剂和控制溶液 pH 的方法消除这些干扰。

（三）直接吸入火焰原子吸收法

详见铜的测定方法。

三、铁

铁是人体生理代谢、营养平衡的必需元素，一旦缺乏就会引起铁缺乏症。铁缺乏症引起贫血的原因在于，红细胞的主要成分是血红素，血红素又是由原卟啉铁与铁结合而成，铁摄入不足或吸收障碍都会影响血红素的合成，造成贫血。

铁是人体内必不可少的元素，但体内的铁并非越多越好。美国医学研究人员研究指出，补铁过多可能造成中毒甚至死亡。

天然水体中铁的含量并不高。现代工业尤其是选矿、冶炼、机械加工、电镀等排放出大量含铁废水，使受纳水体中的铁含量大大超过背景值。

铁在水中的存在形态很多，可以是简单的水合离子，也可以是复杂的无机、有机络合物，还可能存在于胶体、悬浮物中。铁离子有二价和三价两种价态，二价不稳定，容易迅速氧化为三价。水样 pH>3.5 时，易导致高价铁的水解沉淀。水样在保存和运输过程中，水中细菌的增殖也会改变铁的存在形态。

铁及其化合物均为低毒性和微毒性，含铁量高的水往往带黄色，有铁腥味，影响水的外观。城市饮用水用铁盐净化，若不能沉淀完全，则影响水的色度和味感。印染、纺织、造纸等工业用水含铁量高时，会在产品上形成黄斑，影响质量。因此，这些工业用水的含铁量必须控制在 0.1 mg/L 以下。

（一）测定方法选择

铁的测定常用的方法见表 2—28。

表 2—28　　铁的测定方法

测定方法	适用范围
邻菲啰啉分光光度法 HJ/T 345—2007	适用于地表水、地下水及废水中铁的测定。该方法最低检出浓度为 0.03 mg/L，测定下限为 0.12 mg/L，测定上限为 5.00 mg/L。对铁离子浓度大于 5.00 mg/L 的水样，可适当稀释后再用该方法进行测定

续表

测定方法	适用范围
火焰原子吸收法 GB 11911—1989	适用于地表水、地下水及化工、冶金、轻工、机械等工业废水中铁的测定，检测限为 0.03 mg/L

测水样中总铁时，采样后应立即用盐酸酸化至 pH<1 保存。测水样中过滤性铁时，应在现场采样，使水样经 0.45 μm 的滤膜过滤，滤液用盐酸酸化至 pH<2。测水样中亚铁时，最好在现场显色测定。

（二）邻菲啰啉分光光度法

在 pH 为 3~9 的溶液中，亚铁离子可与邻菲啰啉反应生成稳定的橙红色络合物，此络合物的吸光度与亚铁离子含量成正比，于 510 nm 波长处测量吸光度。若用还原剂（如盐酸羟胺）将高铁离子还原，则该法可测高铁离子及总铁含量。其反应式如下：

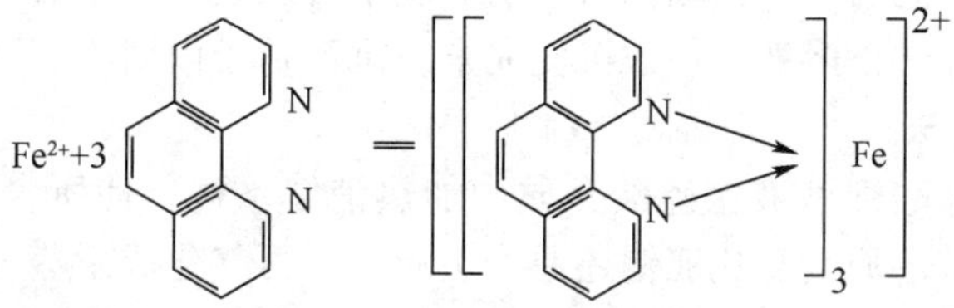

$Fe^{2+}+3$ N N ＝ [[N N → Fe]$_3$]$^{2+}$

（三）火焰原子吸收法

在空气-乙炔火焰中，铁的化合物易于原子化，于 284.3 nm 波长处测定铁基态原子对铁空心阴极灯特征辐射的吸收，可确定铁含量。

四、汞

水中汞污染主要来自氯碱工业、塑料工业、仪表工业、医院、实验室以及汞矿和冶炼厂等工业废水和废弃物的排放。

元素汞不稳定，在环境中很容易转化成各种无机的和有机的汞化合物。无机汞有一价和二价两种价态。有机汞有烷基汞（如甲基汞、二甲基汞、氯化乙基汞等）、芳基汞和烷氧基汞，其中甲基汞的毒性最大。

金属汞中毒常以汞蒸气的形式引起，汞蒸气具有高度的扩散性和较大的脂溶性，通过呼吸道进入人体后，可影响细胞正常的代谢功能。

水体中的无机汞离子通过微生物的作用可以转变成剧毒的甲基汞，由食物链进入人体，引起汞中毒事件。甲基汞易透过胎盘从母体转移给胎儿，对胎儿的健康造成影响。

（一）测定方法选择

汞的测定常用的方法见表 2—29。

表 2—29　　汞的测定方法

测定方法	适用范围
双硫腙分光光度（总汞） GB 7469—1987	适用于生活污水、工业废水和受汞污染的地面水中汞的测定。取 250 mL 水样测定，最低检出浓度为 2 μg/L，测定上限为 40 μg/L

续表

测定方法	适用范围
冷原子荧光法 HJ/T 341—2007	适用于地表水、地下水和含氯离子较高水样中汞的测定 最低检出浓度为 0.001 5 μg/L，测定下限为 0.006 0 μg/L，测定上限为 1.0 μg/L

（二）双硫腙分光光度法

在 95℃下用高锰酸钾和过硫酸钾消解试样，将所含的汞全部转化为二价汞，用盐酸羟胺还原过剩的氧化剂。在酸性条件下，汞离子与加入的双硫腙溶液反应生成橙色螯合物，用有机溶剂萃取，再用碱溶液洗去过量的双硫腙，于 485 nm 波长处测定吸光度，用校准曲线法计算水中的汞含量。

该方法对测定条件控制要求较严格，尤其是对试剂的纯度和加入剂量要求较高。应注意汞是剧毒物质，萃取后含双硫腙汞的氯仿溶液切勿丢弃，应加入硫酸破坏有色螯合物，并与其他杂质一起随水相分离后，重蒸馏回收氯仿。剩余含汞废液加入氢氧化钠溶液中和至微碱性，再在搅拌下加入硫化钠溶液，使汞沉淀完全，沉淀物予以回收或进行其他处理。

（三）冷原子荧光法

测定前，采用高锰酸钾溶液在硫酸介质中加热消解水样，使所含的汞全部转化为二价汞。水样中的汞离子被还原剂氯化亚锡还原为单质汞，再气化成汞蒸气，其基态汞原子受到波长 253.7 nm 的紫外光激发，当激发态汞原子被激发时便辐射出相同波长的荧光，在给定的条件下和较低的浓度范围内，荧光的强度与汞的浓度成正比，用校准曲线法定量。

五、镉

镉不是人体的必需元素。长期饮用受镉污染的水，食用受镉污染的水进行灌溉的农作物（特别是稻谷），会使镉在体内蓄积。镉主要蓄积在肾脏，引起泌尿系统的功能变化，造成肾损伤，进而导致骨软化症，周身疼痛，称为“痛痛病”。此外，慢性镉中毒对人体生育能力也有影响。

镉的主要来源有电镀、采矿、冶炼、染料、电池和化学工业等排放的废水。

水中镉含量达到 0.1 mg/L 时，可轻度抑制地表水的自净作用。农灌水中含镉 0.007 mg/L 时，即可造成污染。用含镉 0.04 mg/L 的水进行灌溉时，土壤和稻谷将受到明显污染。

（一）测定方法选择

镉的测定常用的方法见表 2—30。

表 2—30　　镉的测定方法

测定方法	适用范围
双硫腙分光光度法 GB 7471—1987	适用于天然水、废水中镉的测定。取 250 mL 水样测定，最低检出浓度为 2 μg/L，测定上限为 40 μg/L
原子吸收分光光度法 GB 7475—1987	直接火焰法适用于地表水、地下水和废水中镉的测定。测定浓度范围为 0.01~1 mg/L 螯合萃取法适用于清洁地表水、地下水低浓度镉的测定。测定浓度范围为 1~50 μg/L 石墨炉法适用于清洁地表水、地下水低浓度镉的测定。测定浓度范围为 0.1~2 μg/L

（二）双硫腙分光光度法

在强酸性介质中，镉离子与双硫腙反应生成红色螯合物，用氯仿萃取分离后，于 518 nm 波长处测定吸光度，与标准溶液比较定量。反应式如下：

$$Cd^{2+}+2S{=}C\begin{matrix} N(H){-}N(C_6H_5){-}H \\ N{=}N{-}C_6H_5 \end{matrix} \;=\; S{=}C\begin{matrix} N(H){-}N(C_6H_5) \\ N{=}N(H_5C_6) \end{matrix}Cd\begin{matrix} N(C_6H_5){-}N \\ N(H_5C_6){-}N(H) \end{matrix}C{=}S + 2H^+$$

该方法适用于天然水和废水中镉的测定，测定前应对水样进行消解处理。水样中含铅离子 20 mg/L、锌离子 30 mg/L、铜离子 40 mg/L、锰离子和铁离子 4 mg/L 时，不干扰测定。水样中镁离子浓度达 20 mg/L 时，需多加酒石酸钾钠掩蔽。

（三）直接火焰原子吸收分光光度法

该法适用于测定地下水、地表水和废水中镉（铜、锌、铅）的含量。将水样或消解处理过的水样直接吸入火焰，在火焰中形成的原子对特征电磁辐射产生吸收，将测得的水样吸光度和标准溶液的吸光度进行比较，确定水样中被测元素的浓度。清洁水样可不经预处理直接测定，污染的地表水和废水需用硝酸或硝酸-高氯酸消解，过滤后测定。

（四）螯合萃取原子吸收分光光度法

该法适用于测定地下水和清洁地表水中低浓度的镉（铜、铅）。待测金属离子在 pH 为 3.0 时与吡咯烷二硫代氨基甲酸铵（APDC）螯合后，用甲基异丁基甲酮（MIBK）萃取，然后吸入火焰进行原子吸收光谱测定。当水样中的铁含量较高时，采用碘化钾-甲基异丁基甲酮（KI－MIBK）萃取体系效果更好。

（五）石墨炉原子吸收分光光度分光光度法

将水样注入石墨管，电加热使石墨炉升温，水样蒸发离解形成的原子蒸气对来自光源的特征电磁辐射产生吸收。将测得的水样吸光度和标准吸光度进行比较，确定水样中被测金属的含量。

六、铬

铬是银白色的坚硬金属，其化合物有二价、三价和六价 3 种价态，其中三价铬和六价铬化合物较常见。在水体中，六价铬一般以 CrO_4^{2-}（铬酸根离子）、$HCr_2O_7^-$（重铬酸氢根离子）、$Cr_2O_7^{2-}$（重铬酸根离子）三种阴离子形式存在。受水体 pH、温度、氧化还原物质、有机物等因素的影响，三价铬和六价铬化合物可以互相转化。

环境中铬的污染主要来源于采矿场、选矿厂、冶炼电镀厂、机器制造厂、汽车制造厂、飞机制造厂、染料厂、印刷厂、制药厂等工业企业排出的废水与烟尘。

铬是生物体所必需的微量元素之一。铬的毒性与其存在价态有关，对人体来说，六价铬具有强毒性，其毒性比三价铬大 100 倍。铬可通过消化道、呼吸道、皮肤和黏膜侵入人体，对人体的毒害为全身性的，对皮肤黏膜具有刺激作用，可引起皮炎、湿疹、气管炎和鼻炎，并有致癌作用，如六价铬化合物可以诱发肺癌和鼻咽癌。对鱼类来说，三价铬化合物的毒性比六价铬大。

（一）测定方法选择

铬的测定常用的方法见表 2—31。

表 2—31 铬的测定方法

测定方法	适用范围
二苯碳酰二肼分光光度法（六价铬）GB 7466—1987	适用于地表水、工业废水中六价铬的测定 取 50 mL 水样测定，使用 30 mm 比色皿，最低检出浓度为 0.004 mg/L；使用 10 mm 比色皿，测定上限为 1 mg/L
高锰酸钾氧化-二苯碳酰二肼分光光度法（总铬）GB 7466—1987	适用于地表水、工业废水中总铬的测定。取 50 mL 水样测定，使用 30 mm 比色皿，最低检出量为 0.2 μg，最低检出浓度为 0.004 mg/L；使用 10 mm 比色皿，测定上限为 1.0 mg/L
硫酸亚铁铵滴定法（总铬）GB 7466—1987	适用于废水中高浓度（>1 mg/L）总铬的测定
火焰原子吸收分光光度法 HJ 757—2015	适用于水和废水中高浓度可溶性铬和总铬的测定 当取样体积与试样制备后定容体积相同时，该方法测定铬的检出限为 0.03 mg/L，测定下限为 0.12 mg/L

水样应用瓶壁光洁的玻璃瓶采集。如测定总铬，水样采集后，加入硝酸调节 pH<2。如测定六价铬，水样采集后，加入氢氧化钠调节 pH 约为 8。两种方法均应尽快测定，不得超过 24 h。

（二）六价铬的测定——二苯碳酰二肼分光光度法

1. 测定原理

在酸性溶液中，六价铬与二苯碳酰二肼反应生成紫红色化合物，于波长 540 nm 处进行吸光度的测定。反应式如下：

$$O{=}C\begin{matrix}\diagup NH{-}NH{-}C_6H_5\\ \diagdown NH{-}NH{-}C_6H_5\end{matrix} + Cr^{6+} \longrightarrow O{=}C\begin{matrix}\diagup NH{-}NH{-}C_6H_5\\ \diagdown N{=}N{-}C_6H_5\end{matrix} + Cr^{3+} \longrightarrow \text{紫红色配合物}$$

(DPC)　　　　(苯肼羟基偶氮苯)

2. 测定步骤

用铬标准溶液配制标准色列，选用 10 mm 比色皿，以水作参比，在 540 nm 波长处用分光光度计测定吸光度，以六价铬的含量（μg）为横坐标，以校正吸光度为纵坐标，绘制校准曲线。

取适量（含六价铬少于 50 μg）无色透明水样或经预处理的水样，置于 50 mL 比色管中，用水稀释至标线，用与绘制标准曲线相同的方法进行测定。同时取 50.00 mL 蒸馏水代替水样，进行空白测定，测定方法同校准曲线。以扣除空白吸光度的校正吸光度计算水样中六价铬的含量（mg/L）。

（三）总铬的测定

1. 高锰酸钾氧化-二苯碳酰二肼分光光度法

在酸性溶液中将水样中的三价铬用高锰酸钾氧化成六价铬，过量的高锰酸钾用亚硝酸钠分解，过量的亚硝酸钠用尿素分解，然后用二苯碳酰二肼分光光度法测定六价铬的含量即可。

清洁地表水可直接用高锰酸钾氧化后测定。水样中含大量有机物时，用硝酸-硫酸消解。含钼、钒、铁、铜的水样需要用铜铁试剂-氯仿萃取去除。

2. 硫酸亚铁铵滴定法

在酸性介质中，以银盐作催化剂，用过硫酸铵将三价铬氧化成六价铬。加少量氯化钠并煮沸，除去过量的过硫酸铵和反应中产生的氯气。以苯基代邻氨基苯甲酸作指示剂，用硫酸亚铁铵标准溶液滴定，使六价铬还原为三价铬，滴定终点时溶液呈亮绿色。根据硫酸亚铁铵溶液的浓度和进行试剂空白校正后的用量，可计算出水样中总铬的含量。

七、铅

铅是可以在人体和动植物组织中蓄积的有毒金属。铅及其化合物主要损害的是人体中枢神经系统，还可以降低人体红细胞的输氧能力。铅被摄入人体后，有90%以上储存于骨骼中，其余分布于肌肉组织、神经和肾中。急性铅中毒有便秘、腹绞痛、贫血等症状。长期接触低浓度的铅会对人体消化系统造成障碍，损伤肺中的吞噬细胞，使人体对病原体的抵抗力明显下降。此外，严重的铅污染还会降低儿童智力。

铅污染来源于铅的冶炼、熔化、加工、铸造等工业。铅酸蓄电池的生产和使用，以及铅包电线、铅管板、软焊条、颜料、涂料、化学试剂、药品以至化妆品等含铅物品的生产和使用，都会引起铅污染。

（一）方法选择

铅的测定常用的方法见表2—32。

表2—32　　铅的测定方法

测定方法	适用范围
双硫腙分光光度法 GB 7470—1987	适用于地表水、废水中痕量铅的测定 取100 mL水样测定，使用10 mm比色皿，用10 mL双硫腙-三氯甲烷萃取，最低检出浓度为0.01 mg/L，测定上限为0.3 mg/L
原子吸收分光光度法 GB 7475—1987	直接火焰法适用于地表水、地下水和废水中铅的测定，测定浓度范围为0.2～10 mg/L。螯合萃取法适用于清洁地表水、地下水低浓度铅的测定，测定浓度范围为1～50 μg/L

（二）双硫腙分光光度法

在pH为8.5～9.5的氨性柠檬酸盐-氰化物的还原性介质中，铅与双硫腙反应形成淡红色的双硫腙铅螯合物，用氯仿溶液萃取，于510 nm波长处进行吸光度的测定，用校准曲线法定量，从而可求出铅的含量。反应式如下：

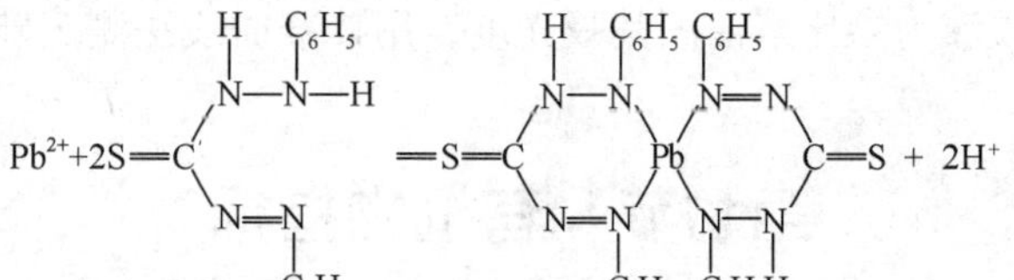

$$Pb^{2+}+2S{=}C\begin{matrix}N(H){-}N(C_6H_5){-}H\\ N{=}N{-}C_6H_5\end{matrix} \;=\; S{=}C\begin{matrix}N(H){-}N(C_6H_5)\\ N{=}N(C_6H_5)\end{matrix}Pb\begin{matrix}N(C_6H_5){=}N\\ N(C_6H_5H){-}N\end{matrix}C{=}S + 2H^{+}$$

双硫棕(绿色)　　铅-双硫腙螯合物(淡红色)

（三）原子吸收分光光度法

详见镉的测定方法。

八、砷

砷是人体非必需元素，元素砷毒性极低，而砷的化合物均有剧毒，三价砷化合物比其他砷化物毒性更强。砷的毒性作用主要是三价砷离子（As^{3+}）与人体细胞中酶系统的巯基结合，使细胞代谢失调，营养发生障碍。砷通过呼吸道、消化道及皮肤接触进入人体，在摄入量大于排泄量的情况下，砷可在骨骼、肌肉等部位，特别是在毛发、指甲中蓄积，从而引起慢性砷中毒，潜伏期可长达几年甚至几十年。慢性砷中毒有消化系统症状、神经系统症状、皮肤病变等。砷还有致癌作用，能引起皮肤癌。

水体中砷的污染主要来自冶金、化工、化学制药、农药、玻璃、染料和制革等排放的工业废水，以及采矿和冶炼中的含砷废渣等，其中以冶金、化工行业排放的砷含量较高。

（一）测定方法选择

砷的测定常用的方法见表 2—33。

表 2—33　　砷的测定方法

测定方法	适用范围
二乙基二硫代氨基甲酸银分光光度法（总砷）GB 7485—1987	适用于地表水和废水中砷的测定。取 50 mL 水样测定，最低检出浓度为 0.007 mg/L，测定上限为 0.50 mg/L
硼氢化钾-硝酸银分光光度法（痕量砷）GB 11900—1989	适用于地表水、地下水中痕量砷的测定。取 250 mL 水样测定，最低检出浓度为 0.000 4 mg/L，测定上限为 0.012 mg/L

（二）二乙基二硫代氨基甲酸银分光光度法

锌与酸产生新生态氢，在碘化钾和氯化亚锡存在下，五价砷被还原为三价砷，并与新生态氢反应，生成气态砷化氢（胂）。用二乙基二硫代氨基甲酸银（AgDDC）-三乙醇胺的氯仿溶液吸收，生成红色的胶体银，在 530 nm 波长处，以氯仿溶液为参比溶液测定其吸光度，用校准曲线法定量计算水中砷的浓度。

（三）硼氢化钾-硝酸银分光光度法

硼氢化钾在酸性溶液中产生新生态氢，将水样中无机砷还原成砷化氢（AsH_3，即胂）气体，以硝酸-硝酸银-聚乙烯醇-乙醇溶液吸收，砷化氢可将吸收液中的银离子还原成单质胶态银，使溶液呈黄色，其颜色强度与生成氢化物的量成正比。该黄色溶液对 400 nm 光有最大吸收。以空白吸收液为参比溶液测其吸光度，用校准曲线法测定砷的浓度。

第七节　有机物指标

有机污染物的指标主要有挥发酚、石油类、阴离子表面活性剂、苯胺类、硝基苯类、苯系物、甲醛、有机氯农药、有机磷农药、多环芳烃、二噁英类。

一、挥发酚

酚有多种化合物，一般根据酚类能否与水蒸气一起蒸出，分为挥发酚与不挥发酚。通常认为沸点在 230℃以下的为挥发酚（属一元酚），而沸点在 230℃以上的为不挥发酚。

酚类为原生质毒，属高毒物质，可经皮肤、黏膜、呼吸道和口腔等多种途径进入人体。酚及其化合物所引起的病理变化主要取决于浓度，低浓度时能使细胞变性，产生不同程度的头昏、头痛、精神不安等症状，以及食欲不振、吞咽困难、流涎、呕吐和腹泻等慢性消化道症状。高浓度时能使蛋白质凝固，引起急性中毒，甚至造成昏迷和死亡。酚除具有毒作用外，还有恶臭，尤其是当它同水中游离氯结合时，可产生使人厌恶的氯酚臭，其嗅觉阈为 0. 01 mg/L。

环境中的酚主要来自炼焦、炼油、制取煤气、造纸、合成氨、木材防腐和化工等废水。

（一）测定方法选择

挥发酚的测定常用的方法见表 2—34。

表 2—34　　挥发酚的测定方法

测定方法	适用范围
4 -氨基安替比林分光光度法 HJ 503—2009	直接分光光度法适用于工业废水和生活污水中挥发酚的测定，检出限为 0. 01 mg/L，测定下限为 0. 04 mg/L，测定上限为 2. 50 mg/L 萃取分光光度法适用于地表水、地下水和饮用水中挥发酚的测定，检出限为 0. 000 3 mg/L，测定下限为 0. 001 mg/L，测定上限为 0. 04 mg/L
溴化容量法 HJ 502—2009	适用于含高浓度挥发酚工业废水中挥发酚的测定 该方法检出限为 0. 1 mg/L，测定下限为 0. 1 mg/L，测定上限为 45. 0 mg/L
气相色谱-质谱法 HJ 744—2015	适用于地表水、地下水、生活污水和工业废水中 14 种酚类化合物的测定。当取样体积为 250 mL，采用选择离子扫描模式时，14 种酚类化合物的方法检出限为 0. 1~0. 2 μg/L，测定下限为 0. 4~0. 8 μg/L

（二）4 -氨基安替比林分光光度法

1. 直接分光光度法

用蒸馏法使挥发性酚类化合物蒸馏出，并与干扰物质和固定剂分离。由于酚类化合物的挥发速度随馏出液体积而变化，因此，馏出液体积必须与试样体积相等。被蒸馏出的酚类化合物，于 pH 为（10. 0±0. 2）的介质中，在铁氰化钾的存在下，与 4 -氨基安替比林（4 - AAP）反应，生成橙红色的安替比林染料，显色后，在 30 min 内，于 510 nm 波长下测定吸光度。

2. 萃取分光光度法

用蒸馏法使挥发性酚类化合物蒸馏出，并与干扰物质和固定剂分离。馏出液体积必须与试样体积相等。被蒸馏出的酚类化合物，于 pH 为（10. 0±0. 2）的介质中，在铁氰化钾的存在下，与 4 -氨基安替比林（4 - AAP）反应，生成橙红色的安替比林染料，用三氯甲烷萃取后，在 460 nm 波长下测定吸光度。

（三）溴化容量法

用蒸馏法使挥发性酚类化合物蒸馏出，并与干扰物质和固定剂分离。馏出液体积必须与试样体积相等。在含过量溴（由溴酸钾和溴化钾所产生）的溶液中，被蒸馏出的酚类化合物与溴反应生成三溴酚，并进一步生成溴代三溴酚。剩余的溴与碘化钾作用，释放出游离碘的同时，溴代三溴酚与碘化钾反应生成三溴酚和游离碘，用硫代硫酸钠溶液滴定释出的游离碘，并根据其消耗量，计算出挥发酚的含量。

二、油类

《地表水和污水监测技术规范》（HJ/T 91—2002）规定，油类指矿物油和动植物油脂，即在 pH≤2 能够用规定的萃取剂萃取并测定的物质。

矿物油含有多种毒性物质，其中几种化合物，尤其是四环、五环和六环结构的，是公认的致癌和致突变化合物。

水中的矿物油主要来自石油开采和炼制产生的油泥和油脚，矿物油类仓储过程中产生的沉积物，机械、动力、运输等设备的更换油及清洗油（泥），油加工及再生过程中的油渣及过滤介质等。

（一）测定方法选择

石油类的测定常用的方法见表 2—35。

表 2—35　　石油类的测定方法

测定方法	适用范围
重量法	适用于测定 10 mg/L 以上含油废水
红外分光光度法 HJ 637—2012	适用于地表水、地下水、生活污水和工业废水中石油类的测定。水样体积为 500 mL，使用光程为 4 cm 比色皿时，检出限为 0.1 mg/L；水样体积为 5 L 时，检出限为 0.01 mg/L

（二）水样的采集和保存

油类物质要单独采样，不允许在实验室内再分样。采样时，应连同表层水一并采集，并在样品瓶上做标记，用以确定样品体积。每次采样时，应装水样至标线。当只测定水中乳化状态和溶解性油类物质时，应避开漂浮在水体表面的油膜层，在水面下 20～50 cm 处取样。当需要报告一段时间内油类物质的平均浓度时，应在规定的时间间隔分别采样而后分别测定。

样品如不能在 24 h 内测定，采样后应加盐酸酸化至 pH<2，并于 2～5℃下冷藏保存。

（三）重量法

取酸化水样，用石油醚萃取矿物油，然后蒸发除去石油醚，称量残渣质量，计算矿物油含量。该法测定的是酸化样品中可被石油醚萃取的不挥发的物质总量，较重的石油成分不能被萃取。

（四）红外分光光度法

石油类：在该方法规定条件下，用四氯化碳萃取，而不会被硅酸镁吸附，并且在波数为 2 930 cm^{-1}、2 960 cm^{-1}和 3 030 cm^{-1}全部或部分谱带处有特征吸收的物质。

动植物油：在该方法规定的条件下，用四氯化碳萃取，并且能被硅酸镁吸附的物质。当萃取物中含有非动植物油的极性物质时，应在测试备注中加以说明。

用四氯化碳萃取水中的油类物质，测定总萃取物，然后将萃取液用硅酸镁吸附，去除动植物油等极性物质后，测定石油类。总萃取物和石油类的含量均由波数分别为 2 930 cm^{-1}（CH_2 基团中 C－H 键的伸缩振动）、2 960 cm^{-1}（CH_3 基团中 C－H 键的伸缩振动）和 3 030 cm^{-1}（芳香环中 C－H 键的伸缩振动）谱带处的吸光度 $A_{2\,930}$、$A_{2\,960}$ 和 $A_{3\,030}$ 进行计算。

三、阴离子表面活性剂

表面活性剂是一种在低浓度下能降低水和其他溶液体系的表面张力或界面张力的物质。表面活性剂按其在水中电离后离子状态的不同分为阴离子表面活性剂、阳离子表面活性剂、两性表面活性剂和非离子表面活性剂。

阴离子表面活性剂是普通合成洗涤剂的主要活性成分，使用最广泛的阴离子表面活性剂是直链烷基苯磺酸钠（LAS）。

水体中表面活性剂主要来自生产性污染和使用性污染废水，包括洗涤剂生产的工业废水排放，洗衣工厂废水以及大量生活污水的排放。表面活性剂会在水体中产生气泡、乳化和微粒悬浮，隔绝氧气的交换。

（一）测定方法选择

阴离子表面活性剂测定常用的方法见表 2—36。

表 2—36　　阴离子表面活性剂测定方法

测定方法	适用范围
亚甲蓝分光光度法 GB 7494—1987	适于饮用水、地表水、生活污水及工业废水中低浓度阴离子表面活性物质的测定。采用 10 mm 光程的比色皿，试样体积为 100 mL 时，检出限（LAS）为 0.05 mg/L，测定上限（LAS）为 2.0 mg/L

（二）亚甲蓝分光光度法

阳离子染料亚甲蓝与阴离子表面活性剂作用，生成蓝色的盐类，统称亚甲蓝活性物质（MBAS）。再经三氯甲烷、二氯乙烷或苯等有机溶剂萃取，有机相色度与其浓度成正比。用分光光度计在 652 nm 波长处测量氯仿层的吸光度，可求出水中阴离子表面活性剂的浓度。

第八节　细菌学监测指标

细菌能在各种不同的自然环境中生长。地表水、地下水，甚至雨水和雪水都含有多种细菌。天然水域被污染后，污染物质在一定的条件下也影响着水中的各种细菌，使其数量大大增加，从而间接危害人体健康。因此，水的细菌学检验，特别是肠道细菌的检验，在卫生学上具有重要的意义。

从卫生学上来看，天然水的细菌性污染主要由粪便污水的排入而引起，也就是说，水中的病原菌很可能是肠道传染病菌。水中存在病原菌的可能性很小，而水中各种细菌的种类却很多，要排除一切细菌而单独检出某种病原菌，在培养分离技术上较为复杂，需较多的人力和较长的时间。因此，一般不直接检验水中的病原菌，而是测定水中的细菌总数并确定水中是否存在肠道正常细菌。若检出有肠道细菌，则表明水被粪便所污染，也说明有被病原菌污染的可能性。只有在特殊情况下，才直接检验水中的病原菌。

一、细菌总数

细菌总数是指 1 mL 水样在营养琼脂培养基中，于 37℃经 24 h 培养后，所生长的细菌菌落的总数。此法主要作为判定饮水、水源水、地表水等污染程度的标志。其主要测定程序如下：

1. 灭菌

用作细菌检验的器皿如采水容器、玻璃器皿、培养基等均需进行灭菌，以保证所检出的细菌皆属被测水样所有。常用的灭菌方法有干热灭菌、高压蒸汽灭菌等。

2. 样品保存

采集好的水样，应迅速运送到实验室，进行细菌学检验。一般从取样到检验不宜超过 2 h，否则应在 10℃下冷藏保存样品，但不得超过 6 h。

3. 制备营养琼脂培养基

将 10 g 蛋白胨、3 g 牛肉浸膏、5 g 氯化钠、15~20 g 琼脂、1 000 mL 蒸馏水充分混合后，调节 pH 为 7.4~7.6，过滤除去沉淀，分装于玻璃容器中，经 121℃高压蒸汽灭菌 15 min，保存于暗处备用。

4. 水样的稀释

水样中如果细菌总数太高，则需要进行稀释，稀释度要选择适宜，以在平皿上的菌落总数以 30~300 个为宜。

5. 操作方法

以无菌操作方法将充分混匀的水样或 2~3 个适宜浓度的稀释水样 1 mL 注入灭菌平皿中，倾注约 15 mL 已融化并冷却到 45℃左右的营养琼脂培养基，待琼脂冷却凝固后，置于 37℃恒温箱培养 24 h。

6. 菌落计数

培养之后，立即进行平皿菌落计数。如果不能立即计数，平皿需存放于 5~10℃冰箱内，不得超过 24 h。

二、粪大肠菌群

粪大肠菌群是总大肠菌群中的一部分，主要来自粪便。在 44.5℃温度下能生长并发酵乳糖产酸产气的大肠菌群称为粪大肠菌群。用提高培养温度的方法，造成不利于来自自然环境的大肠菌群生长的条件，使培养出来的菌主要为来自粪便中的大肠菌群，从而更准确地反映出水质受粪便污染的情况。粪大肠菌群的测定可以用多管发酵法和滤膜法。

（一）多管发酵法

1. 适用范围

多管发酵法适用于地表水、地下水及废水中粪大肠菌群的测定。

2. 测定步骤

（1）确定水样接种量。将水样充分混匀后，根据水样污染的程度确定水样接种量。每个样品至少用三个不同的水样量接种，同一接种水样量要有五管。

（2）初发酵试验。将水样分别接种到盛有乳糖蛋白胨培养液的发酵管，在（37±0.5）℃下培养（24±2）h。产酸和产气的发酵管表明试验阳性。如产气不明显，可轻拍试管，有小气泡升起的为阳性。

（3）复发酵试验。轻微振荡初发酵试验阳性结果的发酵管，用 3 mm 接种环或灭菌棒将培养物转接到 EC 培养液（大肠杆菌培养液）中。在（44.5±0.5）℃温度下培养（24±2）h（水浴箱的水面应高于试管中培养基液面）。接种后所有发酵管必须在 30 min 内放进水浴。培养后立即观察，发酵管产气则证实为粪大肠菌群阳性。粪大肠菌群检验过程如图 2—19 所示。

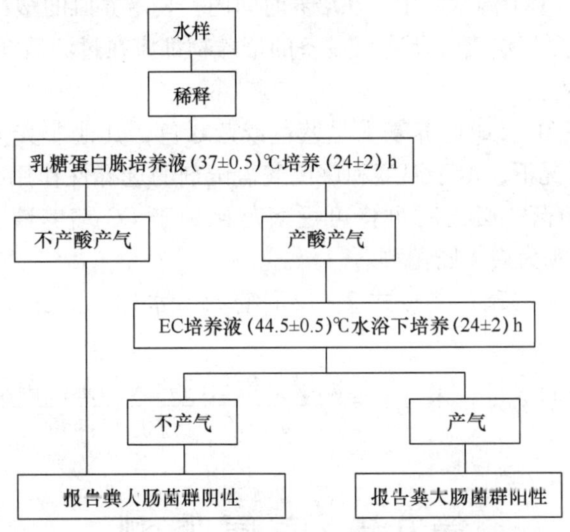

图 2—19　粪大肠菌群检验流程（多管发酵法）

3. 计算和报告结果

根据不同接种量的发酵管所出现阳性结果的数目，从大肠菌群最大可能数（MPN）检索表中查得相应的 MPN 指数，再经式 2—11 换算成每 100 mL 的 MPN 值。我国目前以 1 L 为报告单位，MPN 值再乘 10，即为 1 L 水样中的粪大肠菌群数。

$$MPN = MPN\text{指数} \times \frac{10}{\text{最大接种量}} \qquad (2\text{—}11)$$

（二）滤膜法

1. 适用范围

滤膜法适用于一般地表水、地下水及废水中粪大肠菌群的测定。用于检验加氯消毒后的水样时，在滤膜法之前应先试验，证实所得的数据资料与多管发酵试验所得的数据资料具有可比性。

2. 测定步骤

（1）水样过滤。水样过滤包括以下步骤：

1）水样量的选择：水样量的选择根据细菌受检验的特征和水样中预测的细菌密度而定。理想的水样体积是一片滤膜上生长 20～60 个粪大肠菌群菌落，总菌落数不得超过 200 个。

2）水样的过滤：用无菌镊子夹取灭菌滤膜边缘，将粗糙面向上，贴放在已灭菌的滤床上，稳妥地固定好滤器。将适量水样注入滤器中，加盖，开动真空泵即可抽滤除菌。

（2）培养。使用 M－FC 培养基（M－FC 培养基可用于培养粪大肠杆菌）。培养基可含或不含琼脂，不含琼脂的培养基使用已用 M－FC 培养基饱和的无菌吸收垫。将滤过水样的滤膜置于琼脂或吸收垫表面。将培养皿紧密盖好后，置于能准确恒温于（44.5±0.5）℃的恒温培养箱或恒温水浴中，经（24±2）h 培养。

若用恒温水浴培养，则需用防水胶带贴封每个平皿，将培养皿成叠封入防水塑料袋或容器内，浸没在（44.5±0.5）℃恒温水浴中。在培养时间内，装培养皿的塑料袋必须用重物坠于水面之下，以保持所需的严格温度。所有已制备的培养物都应在过滤后 30 min 内浸入水浴内。

3. 计算及报告结果

粪大肠菌群菌落在 M－FC 培养基上呈蓝色或蓝绿色，其他非粪大肠菌群菌落呈灰色、淡黄色或无色。正常情况下，由于温度和玫瑰酸盐试剂的选择性作用，在 M－FC 培养基上很少见到非粪大肠菌菌落。必要时可将可疑菌落接种于 EC 培养液，（44.5±0.5）℃培养（24±2）h，如产气则证实为粪大肠菌群。

计数呈蓝色或蓝绿色的菌落，按式 2—12 计算每升水样中的粪大肠菌群数（式中过滤水样量以 mL 计）。

$$\text{粪大肠菌群菌落数（个/L）}=\frac{\text{滤膜上生长的粪大肠菌群菌落数}\times 1\,000}{\text{过滤水样量}} \quad (2—12)$$

第九节　底质监测

底质系指江、河、湖、库、海等水体底部表层沉积物质。底质是矿物、岩石、土壤的自然侵蚀产物，生物活动及降解有机质等过程的产物，污水排出物和河（湖）床母质等随水流迁移而沉积在水体底部的堆积物质的统称，一般不包括工厂废水沉积物及污水处理厂污泥。由于底质中所含的腐殖质、微生物、泥沙及土壤微孔表面的作用，底质表面发生的一系列沉淀、吸附、化合、分解、络合等物理、化学及生物转化作用，对水中污染物质的自净、降解、迁移、转化等过程起着重要作用。因此，水体底部沉积物即底质是水体环境中的重要组成部分。

一、底质监测的意义

底质监测是水环境监测的一部分，作为水环境监测的补充，在水环境监测中占据着特别重要的地位。底质监测的意义有以下几点：

（1）通过对底质的监测，不仅可以了解水系污染现状，还可以追溯水系的污染历史，研究污染物的沉积规律、污染物质归宿及其变化规律。

(2) 根据各水文因素，能研究并预测水质变化趋势及沉积污染物质对水体的潜在危害。

(3) 从底质中可检测出因浓度过低而在水中不易被检测出的污染物质，特别是能检测出因形态、价态及微生物转化而生成的某些新的污染物质，为发现、解释和研究某些特殊的污染现象提供科学依据。

因此，底质监测对于研究水系中各种污染物的沉积转化规律，确定水系的纳污能力，研究水体污染对水生生物特别是底栖生物的影响，制定污染物排放标准及环境预测等均具有重要价值。

二、底质样品采集

(一) 采样点位

底质采样点位通常为水质采样点位垂线的正下方。当正下方无法采样时，可略做移动，移动的情况应在采样记录表上详细注明。底质采样点应避开河床冲刷、底质沉积不稳定、水草茂盛表层及底质易受搅动之处。湖（库）底质采样点一般应设在主要河流及污染源排放口与湖（库）水混合均匀处。

(二) 采集沉积物的设备

1. 抓斗式采泥器

用自身重量或杠杆作用设计的深入泥层的抓斗式采泥器。

2. 抓斗式挖斗

抓斗式挖斗是通过一个吊杆操作将其沉降到选定的采样点上，采集较大量的混合样品，所采集到的样品比使用采泥器采集到的样品更能准确地代表所选定的采样地点的情况。

3. 岩芯采样器

岩芯采样器可采集沉积物垂直剖面样品。

(三) 采样量及容器

底质采样量通常为1~2 kg，一次的采样量不够时，可在周围采集几次，并将样品混匀。样品中的砾石、贝壳、动植物残体等杂物应予以剔除。在较深水域一般常用掘式采泥器采样，在浅水区或干涸河段用塑料勺或金属铲等即可采样。样品在尽量沥干水分后，用塑料袋或玻璃瓶盛装。供测定有机物的样品，用金属器具采样，置于棕色磨口玻璃瓶中，瓶口不要沾污，以保证磨口塞能塞紧。所采底质样品的外观性状，如泥质状态、颜色、气味、生物现象等，均应填入采样记录表，一并送交实验室，亦应有交接手续。

(四) 底质采样

底质采样点应尽量与水质采样点一致。水浅时，因船体或采泥器冲击搅动底质，或河床为砂卵石时，应另选采样点重采，采样点不能偏移原设置的断面（点）太远，采样后应对偏移位置做好记录。采样时应装满抓斗。采样器向上提升时，如发现样品流失过多，必须重采。

(五) 采样记录

样品采集后，及时将样品编号，并贴上标签。将底质的外观、性状等情况填入采样记录表，并将样品和记录表一并交实验室，亦应有交接手续，相关表格见表2—37、表2—38和表2—39。

表 2—37 底质样品采样记录表

河流：________ 断面________ 水深：________ 采样工具：________

层次	样品瓶号	底质类型	颜色	底质厚度	气味	生物现象	其他特征	监测项目	备注

采样日期：________ 采样者：________ 记录者：________

表 2—38 底质样品送样单

河流：________ 送样单位：________ 送样人：________ 送样日期：________

序号	断面	层次	瓶号	箱号	采样日期	监测项目	备注
1							
2							
3							
4							

收样单位：________ 收样人：________ 收样日期：________

表 2—39 柱状底质样品采样记录表及送样单

河流：________ 断面：________ 采样点：________ 水深：________ 采样工具：________

采样管入泥深度：________ 样品长度：________ 采样日期：________

层次	柱状剖面	厚度		样品类型	颜色	气味	其他特征	样品处理情况				备注
			分段					监测项目	瓶号	箱号	保存情况	

采样者：________ 记录者：________

（六）样品的保存及运输

底质采样一般与水质采样同时进行，其保存、运输方法与水样的保存、运输方法相同。

三、底质样品制备

底质样品送交实验室后，应在低温冷冻条件下保存，并尽快进行处理和分析。如放置时间较长，则应在约-20℃冷冻保存。处理方法应视待测污染物组分性质而定，处理过程应尽量避免沾污和污染物损失。制备底质样品分为脱水和筛分两个步骤。

（一）底质样品的脱水

底质中含大量的水分，应采用下列方法之一除去，不可直接置于日光下曝晒或高温烘干：

（1）自然风干。待测组分较稳定时，可将样品置于阴凉、通风处晾干。

（2）离心分离。如果待测组分为易挥发或易发生各种变化的污染物（如硫化物、农药及其他有机污染物），可用离心分离脱水后立即取样进行分析，同时另取一份烘干测定水分，对结果加以校正。

（3）真空冷冻干燥。该法适用于各种类型样品，特别适用于含有对光、热、空气不稳定的污染物的样品。

（4）无水硫酸钠脱水。该法适用于油类等有机污染物的测定。

（二）底质样品的筛分

将脱水干燥后的底质样品平铺于硬质白纸板上，用玻璃棒等工具压散（勿破坏自然粒径），剔除砾石及动植物残体等杂物，使其通过 20 目筛。筛下样品用四分法缩分至所需量，用玛瑙研钵（或玛瑙碎样机）研磨至全部通过 80~200 目筛，装入棕色广口瓶中，贴上标签后取样分析或冷冻保存备用。

需注意的是，测定汞、砷等易挥发元素及低价铁、硫化物等时，不能用碎样机粉碎，且仅通过 80 目筛。测定金属元素的试样，使用尼龙材质网筛。测定有机物的试样，使用铜材质网筛。

对于用管式泥芯采样器采集的柱状样品，尽量不要破坏分层状态，经干燥后，用不锈钢小刀刮去样柱表层，然后按上述表层底质方法处理。如想了解各沉积阶段污染物质的成分和含量变化，可沿横断面截取不同部位样品分别处理和测定。

四、底质样品分解

底质样品的分解方法随监测目的和监测项目不同而异。常用的分解方法有以下几种：

（一）全量分解法

全量分解法适用于测定底质中元素含量水平随时间变化和空间分布的样品。分解过程如下：称取一定量样品于聚四氟乙烯烧杯中，加硝酸（或王水）在低温电热板上加热分解有机质，取下稍冷，加适量氢氟酸煮沸（或加高氯酸继续加热分解并蒸发至约剩 0.5 mL 残液），再取下冷却，加入适量高氯酸，继续加热分解并蒸发至近干（或加氢氟酸加热挥发除硅后，再加少量高氯酸蒸发至近干）。最后，用 1% 硝酸煮沸溶解残渣，定容，备用。这样处理得到的试液可测定全量 Cu、Pb、Zn、Cd、Ni、Cr 等。

（二）硝酸浸溶法

硝酸浸溶法能溶解出由于水解和悬浮物吸附而沉淀的大部分重金属，适用于了解底质受污染的状况。其分解过程是称取一定量样品于 50 mL 硼硅玻璃管中，加几粒沸石和适量浓硝酸，徐徐加热至沸并回流 15 min，取下冷却，定容，静置过夜，取上清液分析测定。

（三）水浸取法

水浸取法适用于了解底质中重金属向水体释放情况的样品分解。其过程是称取适量样品，置于磨口锥形瓶中，加水，密塞，放在振荡器上，在室温下振摇 4 h，静置 0.5 h，用干滤纸过滤，滤液供分析测定。

（四）溶剂提取法

该法适用于处理测定有机污染组分的底质样品，如测定六六六、滴滴涕（双对氯苯基三氯乙烷）等。

五、底质样品测定

（一）底质样品含水量的测定

测定底质中其他污染物质时，均以（105±2）℃烘干样品为基准表示测定结果，故底质脱水后，需测定含水量。测定底质样品含水量时，可从风干后的底质样品称出5.00~30.00 g样品2~3份置于已恒重的称量瓶或铝盒中，放入（105±2）℃烘箱中烘4 h后取出，置于干燥器中冷却0.5 h后称重。重复烘干0.5 h，干燥至恒重。按式2—13计算含水量。

$$含水量=\frac{风干样重-烘干样重}{风干样重}\times100\% \quad (2—13)$$

（二）底质样品有机质的测定

底质中有机质含量用重铬酸钾容量法测定。其测定原理：在加热的条件下，以过量$K_2Cr_2O_7-H_2SO_4$溶液氧化底质中的有机碳，过量的$K_2Cr_2O_7$用$FeSO_4$标准溶液滴定。根据$K_2Cr_2O_7$消耗量计算有机碳含量，再乘以经验系数1.724，即为有机质含量。如果有机碳的氧化效率达不到100%，还要乘以校正系数1.08。计算式如下：

$$有机质含量=\frac{(V_0-V)\,c\times0.003\times1.724\times1.08}{W}\times100\% \quad (2—14)$$

式中 V_0——用灼烧过的土壤代替底质样品进行空白试验消耗的$FeSO_4$标准溶液体积，mL；

V——滴定底质样品溶液消耗的$FeSO_4$标准溶液体积，mL；

c——$FeSO_4$标准溶液浓度，mol/L；

0.003——标准溶液中1 moL $FeSO_4$对应碳的质量，g；

1.724——将有机碳换算为有机质的经验系数；

1.08——有机碳氧化率（90%）校正系数；

W——风干底质样品质量，g。

（三）底质样品中金属、重金属的测定

底质中需测定的污染物质视水体污染来源而定，一般测定总汞、有机汞、铜、铅、锌、镉、镍、铬、砷化物、硫化物等。根据监测目的选择全量分解方法或酸浸法制备试样，测定方法参见本章第六节的内容。

（四）底质样品中非金属类无机物的测定

底质样品中非金属类无机物的测定包括非金属类无机污染成分、营养盐和污染综合指标的测定，可用水浸取法制备试样，测定方法参见本章第四节及第五节的内容。

（五）底质样品中有机磷农药的测定

底质中有机磷农药（乐果、敌百虫等）一般用气相色谱法（电子捕获检测器）测定，具体方法可参见国家标准《水质 有机磷农药的测定 气相色谱法》（GB 13192—1991）。

第十节 活性污泥的测定

活性污泥法处理污水是目前工作效率最高的人工生物处理法。处理污水效果好的活性污

泥应具有颗粒松散、易于吸附和氧化有机物的性能，且经曝气后澄清时，泥水能迅速分离，这就要求活性污泥有良好的混凝和沉降性能，常通过控制污泥沉降比和污泥体积指数两项指标来获取最佳效果。

一、活性污泥中的微生物

活性污泥是微生物群体及它们所吸附的有机物和无机物的总称。微生物群体主要包括细菌、原生动物和藻类等。

（一）细菌

细菌是单细胞生物，如球菌、杆菌和螺旋菌等，在活性污泥中种类多、数量大、体积微小，具有较强的吸附和分解有机物的能力，在污水处理中起着关键作用。

在活性污泥培养的初期，细菌大量游离在污水中，但随着污泥的逐步形成，细菌逐渐集合成较大的群体，如菌胶团、丝状菌等。

菌胶团是细菌及其分泌的胶质物质组成的细小颗粒，是活性污泥的主体。污泥的吸附性能、氧化分解能力及凝聚沉降等性能均与菌胶团有关。

球衣细菌对碳元素营养需求量较大，它们常因有大量碳水化合物的存在而快速繁殖，引起污泥膨胀，故分解有机物的能力强。其他细菌如白硫细菌能分解含硫化合物，硫丝细菌大量繁殖时可使污泥松散，甚至引起污泥膨胀。

（二）原生动物

原生动物为单细胞动物，体积小，结构复杂。在污水处理中，原生动物一般将有机物摄入食胞器官加以分解。常见的原生动物有钟虫类、轮虫类、鞭毛虫类、游动纤毛虫类等，它们都具有净化污水的能力。

（三）藻类

藻类是一种单细胞和多细胞的微小植物，细胞内的叶绿素能进行光合作用，利用光能将从空气中吸收的 CO_2 合成细胞物质，并放出氧气，增加水中的溶解氧，对污水中有机物质的分解氧化具有重要意义。

二、活性污泥性质的测定

（一）污泥沉降比

将混匀的曝气池活性污泥混合液迅速倒进 1 000 mL 量筒中至满刻度，静置 30 min，则沉降污泥与所取混合液之体积比为污泥沉降比（%），又称污泥沉降体积（SV_{30}），以 mL/L 表示。

（二）污泥浓度

1 L 曝气池污泥混合液所含丁污泥的质量称为污泥浓度，也称为悬浮物浓度（MLSS），一般用重量法测定，以 g/L 或 mg/L 表示。

（三）污泥体积指数（SVI）

曝气池污泥混合液经 30 min 沉降后，1 g 干污泥所占的体积（以 mL 计）简称污泥指数（SI），以下式计算：

$$SVI=\frac{混合液经 30\ min 污泥沉降体积（mL/L）}{混合液污泥浓度（g/L）} \tag{2—15}$$

SI 反映活性污泥的松散程度和凝聚、沉降性能。SI 过低，表明泥粒细小、紧密，无机物多，缺乏活性和吸附能力。SI 过高，说明污泥将要膨胀，或已膨胀，污泥不易沉淀，影响对污水的处理效果。对一般城市污水，SI 控制在 50～150 为宜。对有机物含量高的废水，SI 可能远超过上述数值。

练 习 题

一、术语解释

背景断面、对照断面、控制断面、消解断面、瞬时水样、混合水样、综合水样、COD、BOD_5、高锰酸盐指数、挥发酚

二、填空题

1. 对于江、河水系或其中某一河段，常设置三种监测断面，即＿＿＿＿＿＿断面、＿＿＿＿＿＿断面和＿＿＿＿＿＿断面。

2. 氨氮常以＿＿＿＿＿＿和＿＿＿＿＿＿形式存在于水体中，二者的组成比取决于水的 pH。

3. 水样的类型一般有＿＿＿＿＿＿、＿＿＿＿＿＿和综合水样。

4. 水的色度分为＿＿＿＿＿＿和＿＿＿＿＿＿，其中水样的色度一般是指＿＿＿＿＿＿。

5. 水污染源监测时，在＿＿＿＿＿＿布点测定一类污染物，在＿＿＿＿＿＿布点测定二类污染物。

6. 河流水质监测断面上采样点设置时主要考虑河流的＿＿＿＿＿＿和＿＿＿＿＿＿来确定。

7. 采集的水样应具有＿＿＿＿＿＿性。水样保存的方法有＿＿＿＿＿＿、＿＿＿＿＿＿和＿＿＿＿＿＿。

8. 如果在湖面上选点，从水面上到水底每隔一段距离采集一瓶水样，将其全部混合，则这瓶水样称为＿＿＿＿＿＿水样。

9. 对一条河流设置监测断面时，削减断面一般应该设在城市最后一个排放口下游距离＿＿＿＿＿＿m 的地方。

10. 写出下列英文符号的中文含义：

BOD_5 ＿＿＿＿＿＿、SS ＿＿＿＿＿＿、COD ＿＿＿＿＿＿、DO ＿＿＿＿＿＿

三、选择题

1. 对于江河水系水样采样点位的确定，下列说法正确的是（　　）。

A. 当水面宽小于 50 m 时，只设一条中泓垂线

B. 水面宽为 50～100 m 时，设两条等距离垂线

C. 水面宽为100~1 000 m时，设三条等距离垂线

D. 水面宽大于1 500 m时，设四条等距离垂线

2. 河流水面宽为50~100 m时，设置（　　）条垂线。

A. 1　　B. 2　　C. 3　　D. 4

3. 关于水样的采样时间和频率的说法，不正确的是（　　）。

A. 较大水系干流全年采样不小于6次

B. 排污渠每年采样不少于3次

C. 采样时应选在丰水期，而不是枯水期

D. 背景断面每年采样1次

4. 测定溶解氧的水样应在现场加入（　　）作保存剂。

A. 磷酸　　B. 硝酸

C. 氯化汞　　D. $MnSO_4$和碱性碘化钾

5. 水样中若亚铁离子含量高，则要采用（　　）法测定溶解氧。

A. 叠氮化钠修正法　　B. 高锰酸钾修正法

C. 明矾絮凝修正法　　D. 硫酸铜-氨基磺酸絮凝修正法

6. 铬的毒性与其存在的状态有极大的关系，（　　）价铬具有强烈的毒性。

A. 二　　B. 三　　C. 六　　D. 零

7. 邻二氮菲分光光度法测定铁实验的显色过程中，按先后次序依次加入（　　）。

A. 邻二氮菲、NaAc、盐酸羟胺　　B. 盐酸羟胺、NaAc、邻二氮菲

C. 盐酸羟胺、邻二氮菲、NaAc　　D. NaAc、盐酸羟胺、邻二氮菲

8. COD是指示水体中（　　）的主要污染指标。

A. 氧含量　　B. 含营养物质量

C. 含有机物及还原性无机物量　　D. 含有机物及氧化物量

9. 目前，国内外普遍规定于（　　）分别测定样品的培养前后的溶解氧，二者之差即为BOD_5值，以氧的mg/L表示。

A. (20±1)℃条件下培养100 d　　B. 常温常压下培养5 d

C. (20±1)℃条件下培养5 d　　D. (20±1)℃条件下培养3 d

10. 测定水中化学需氧量所采用的方法，在化学上称为（　　）反应。

A. 中和　　B. 置换　　C. 络合　　D. 氧化还原

四、简答题

1. 以河流为例，如何设置监测断面和采样点位？

2. 对于工业废水排放源，怎样布设采样点和确定采样类型？

3. 保存水样的基本要求是什么？多采用哪些措施？

4. 水样在分析之前，为什么要进行预处埋？预处理有哪些方法？

5. 什么是真色和表色？如何根据水质污染情况选择适宜的测定颜色的方法？为什么？

6. 用稀释法测定BOD_5时，对稀释水有何要求？稀释倍数是怎样确定的？

7. 说明COD和高锰酸盐指数测定的原理及其适用情形。

8. 说明生化需氧量、化学需氧量和高锰酸盐指数之间的联系和区别。

9. 测定底质有何意义？采样后怎样进行制备？常用的分解底质样品的方法有哪些？

10. 怎样测定污泥沉降比和污泥体积指数？测定它们对控制活性污泥的性能有何意义？

五、计算题

1. 取酸化水样 100.00 mL 于 250 mL 锥形瓶中，用刚标定的 0.011 0 mol/L 硫代硫酸钠溶液滴定，呈淡黄色，加入 1 mL 淀粉溶液继续滴定至蓝色刚好褪去，消耗硫代硫酸钠溶液刚好是 8.00 mL，请计算水样的溶解氧浓度并指出符合地表水几级标准。

2. 测定某水样的高锰酸盐指数，取 50.00 mL 水样，用蒸馏水稀释至 100 mL，回滴时用去高锰酸钾溶液 5.54 mL，测定 100.00 mL 蒸馏水消耗高锰酸钾溶液总量为 1.42 mL。已知草酸钠（$Na_2C_2O_4$）溶液浓度 $c(1/2Na_2C_2O_4)$ = 0.01 mol/L，标定高锰酸钾溶液时，高锰酸钾溶液的消耗量为 10.86 mL，试求水样高锰酸盐指数的值。

3. 取水样 10.00 mL 加入 $c(1/6K_2Cr_2O_7)$ = 0.250 0 mol/L 的 $K_2Cr_2O_7$ 溶液 5.00 mL，回流 2 h 后，用水稀释至 70 mL，用浓度为 0.103 3 mol/L 的硫酸亚铁铵标准溶液滴定。已知空白消耗 $(NH_4)_2Fe(SO_4)_2$（硫酸亚铁铵）溶液 24.10 mL，水样消耗 19.55 mL，计算水样中 COD 的含量。

4. 测定某水样中的 BOD_5，其测定结果列于下表，试计算水样 BOD_5 的值。

编号	稀释倍数	水样体积/ mL	$Na_2S_2O_3$ 标液浓度/(mol/L)	$Na_2S_2O_3$ 标液用量/ mL	
				当天	5 d 后
水样	50	100	0.020 0	9.00	4.00
稀释水	0	100	0.020 0	9.50	8.50

5. 用二苯碳酰二肼分光光度法测定水中六价铬，校准曲线回归方程为 $y = 0.125\ 2x + 0.002$（以六价铬的质量 μg 为横坐标，以校正吸光度为纵坐标）。若取 5 mL 水样进行测定，测定吸光度为 0.088，空白测定吸光度为 0.008，求水样中六价铬的含量。

第三章　空气及废气监测

本章学习目标

1. 了解空气质量监测样品、大气降水监测样品以及废气样品的采集方法。
2. 熟悉空气质量监测以及污染源监测的项目。
3. 掌握二氧化硫、二氧化氮、总悬浮微粒、可吸入颗粒物等常见污染物的标准分析方法。

第一节　空气样品的采集

一、空气质量监测样品的采集

（一）监测点位的布设

1. 环境空气质量监测点的种类

常规环境空气质量监测点可分为以下5类：

（1）环境空气质量评价城市点，简称城市点，是以监测城市建成区的空气质量整体状况和变化趋势为目的而设置的监测点，参与城市环境空气质量评价。其设置的最少数量由城市建成区面积和人口数量确定。每个环境空气质量评价城市点代表范围一般为半径500 m至4 km的区域，有时也可扩大到半径4 km至几十千米（如对于空气污染物浓度较低，其空间变化较小的地区）的范围。

（2）环境空气质量评价区域点，简称区域点，是以监测区域范围空气质量状况和污染物区域传输及影响范围为目的而设置的监测点，参与区域环境空气质量评价。其代表范围一般为半径几十千米。

（3）环境空气质量背景点，简称背景点，是以监测国家或大区域范围的环境空气质量本底水平为目的而设置的监测点。其代表范围一般为半径100 km以上。

（4）污染监控点。为监测本地区主要固定污染源及工业园区等污染源聚集区对当地环境空气质量的影响而设置的监测点，其代表范围一般为半径100~500 m，也可扩大到半径500 m至4 km（如考虑较高的点源对地面浓度的影响时）。

（5）路边交通点。为监测道路交通污染源对环境空气质量影响而设置的监测点，代表范围为人们日常生活和活动场所中受道路交通污染源排放影响的道路两旁及其附近区域。

2. 环境空气质量监测点位布设的原则

（1）代表性。监测点位应能客观反映一定空间范围内的环境空气质量水平和变化规律，客观评价城市、区域环境空气状况及污染源对环境空气质量影响，满足为公众提供环境空气状况健康指引的需求。

（2）可比性。同类型监测点设置条件应尽可能一致，使各个监测点获取的数据具有可比性。

（3）整体性。环境空气质量评价城市点应考虑城市自然地理、气象等综合环境因素，以及工业布局、人口分布等社会经济特点，在布局上应能反映城市主要功能区和主要大气污染源的空气质量现状及变化趋势，从整体出发合理布局，监测点之间应相互协调。

（4）前瞻性。应结合城乡建设规划考虑监测点的布设，使确定的监测点能兼顾未来城乡空间格局变化的趋势。

（5）稳定性。监测点位置一经确定，原则上不应变更，以保证监测资料的连续性和可比性。

3. 环境空气质量监测点位的布设要求

（1）环境空气质量评价城市点的布设要求如下：

1）位于各城市的建成区内，并相对均匀分布，覆盖全部建成区。

2）采用城市加密网格点实测或模式模拟计算的方法，估计所在城市建成区污染物浓度的总体平均值。全部城市点的污染物浓度的算术平均值应能代表所在城市建成区污染物浓度的总体平均值。

城市加密网格点实测是指将城市建成区均匀划分为若干加密网格点，单个网格不大于 2 km×2 km（面积大于 200 km^2 的城市也可适当放宽网格密度），在每个网格中心或网格线的交点上设置监测点，了解所在城市建成区的污染物整体浓度水平和分布规律，监测项目包括二氧化硫、二氧化氮、一氧化碳、臭氧、可吸入颗粒物（空气动力学当量直径小于等于 10 μm 的颗粒物，即 PM_{10}）、细颗粒物（空气动力学当量直径小于等于 2.5 μm 的颗粒物，即 $PM_{2.5}$）6 项基本项目（可根据监测目的增加监测项目），有效监测天数不少于 15 天。

模式模拟计算是通过污染物扩散、迁移及转化规律，预测污染分布状况进而寻找合理的监测点位的方法。

3）拟新建城市点的污染物浓度的平均值与同一时期用城市加密网格点实测或模式模拟计算的城市总体平均值估计值相对误差应在 10%以内。

4）用城市加密网络点实测或模式模拟计算的城市总体平均值计算出 30、50、80 和 90 百分数的估计值，拟新建城市点的污染物浓度平均值计算出的 30、50、80 和 90 百分位数与同一时期城市总体估计值计算的各百分位数的相对误差在 15%以内。

（2）环境空气质量评价区域点、背景点的布设要求如下：

1）区域点和背景点应远离城市建成区和主要污染源，区域点原则上应离开城市建成区和主要污染源 20 km 以上，背景点原则上应离开城市建成区和主要污染源 50 km 以上。

2）区域点应根据我国的大气环流特征设置在区域大气环流路径上，反映区域大气本底状况，并反映区域间和区域内污染物输送的相互影响。

3）背景点应设置在不受人为活动影响的清洁地区，反映国家尺度空气质量本底水平。

4）区域点和背景点的海拔高度应合适。在山区应位于局部高点，避免受到局地空气污染物的干扰和近地面逆温层等局地气象条件的影响。在平缓地区应位于开阔地点的相对高地，避免位于空气污染物沉积的凹地。

（3）污染监控点的布设要求如下：

1）污染监控点原则上应设在可能对人体健康造成影响的污染物高浓度区以及主要固定污染源对环境空气质量产生明显影响的地区。

2）污染监控点依据排放源的强度和主要污染项目布设，应设置在排放源的主导风向和第二主导风向（一般采用污染最重季节的主导风向）的下风向的最大落地浓度区内，以捕捉到最大污染特征为原则进行布设。

3）对于固定污染源较多且比较集中的工业园区等，污染监控点原则上应设置在主导风向和第二主导风向（一般采用污染最重季节的主导风向）的下风向的工业园区边界，兼顾排放强度最大的污染源及污染项目的最大落地浓度。

4）地方生态环境行政主管部门可根据监测目的确定点位布设原则，增设污染监控点，并实时发布监测信息。

（4）路边交通点的布设要求如下：

1）对于路边交通点，一般应在行车道的下风侧，根据车流量的大小、车道两侧的地形、建筑物的分布情况等确定路边交通点的位置，采样口距道路边缘距离不得超过 20 m。

2）由地方生态环境行政主管部门根据监测目的确定点位布设原则，设置路边交通点，并实时发布监测信息。

4. 监测点位数量的确定

（1）环境空气质量评价城市点。各城市环境空气质量评价城市点的最少监测点位数量应符合表 3—1 的要求。按建成区城市人口和建成区面积确定的最少监测点位数不同时，取两者中的较大值。

表 3—1　　环境空气质量评价城市点设置数量要求

建成区城市人口/万人	建成区面积/km^2	最少监测点数
<25	<20	1
25~50	20~50	2
50~100	50~100	4
100~200	100~200	6
200~300	200~400	8
>300	>400	按每 50~60 km^2 建成区面积设 1 个监测点，并且不少于 10 个点

（2）环境空气质量评价区域点、背景点数量确定原则如下：

1）区域点的数量由国家生态环境行政主管部门根据国家规划，兼顾区域面积和人口因素设置。各地方可根据环境管理的需要，申请增加区域点数量。

2）背景点的数量由国家生态环境行政主管部门根据国家规划设置。

3）位于城市建成区之外的自然保护区、风景名胜区和其他需要特殊保护的区域，其区域点和背景点的设置优先考虑监测点代表的面积。

（3）污染监控点。污染监控点的数量由地方生态环境行政主管部门组织各地环境监测机构根据本地区环境管理的需要设置。

（4）路边交通点。路边交通点的数量由地方生态环境行政主管部门组织各地环境监测机构根据本地区环境管理的需要设置。

5. 监测点位的管理

（1）环境空气质量监测点共分为国家、省、市、县四级，分别由同级生态环境主管部门负责管理。国务院生态环境行政主管部门负责国家环境空气质量监测点位的管理，各县级以上地方人民政府生态环境行政主管部门参照相关标准对地方环境空气质量监测点位进行管理。

（2）上级环境空气质量监测点可根据环境管理需要从下级环境空气质量监测点位中选取。

（3）根据地方环境管理工作的需要以及城市发展的实际情况可申请增加、变更和撤销环境空气质量评价城市点，并报点位的生态环境行政主管部门审批。

（4）环境空气质量评价区域点及背景点的增加、变更和撤销由点位的生态环境行政主管部门根据实际情况和管理需要确定。

（二）采样时间和采样频率的确定

我国现行空气质量例行监测有三种方式，其采样时间和采样频率如下：

1. 间断采样

间断采样指在某一时段或 1 h 内采集一个环境空气样品，监测该时段或该小时环境空气中污染物的平均浓度所采用的采样方法。

对环境空气中的 TSP（总悬浮颗粒物）、PM_{10}、Pb、苯并［a］芘（B[a]P）及氟化物，其采样频次及采样时间应根据《环境空气质量标准》（GB 3095—2012）中各污染物监测数据统计的有效性规定确定。对其他污染物的监测，其采样频次及采样时间应根据监测目的、污染物浓度水平及监测分析方法的检出限确定。但要获得 1 h 平均浓度值，样品的采样时间应不少于45 min；要获得日平均浓度值，气态污染物的累计采样时间应不少于 18 h，颗粒物的累计采样时间应不少于 12 h。

2. 24 h 连续采样

24 h 连续采样是指 24 h 连续采集一个环境空气样品，监测污染物日平均浓度，适用于环境空气中 SO_2、NO_2、PM_{10}、TSP、B[a]P、氟化物、铅的采样，其采样频次及采样时间见表 3—2。

表 3—2　　污染物监测数据统计的有效性规定

污染物	取值时间	数据有效性规定
SO_2、NO_x、NO_2	年平均	每年至少有分布均匀的 144 个日均值 每月至少有分布均匀的 12 个日均值
TSP、PM_{10}、Pb	年平均	每年至少有分布均匀的 60 个日均值 每月至少有分布均匀的 5 个日均值
SO_2、NO_x、NO_2、CO	日平均	每日至少有 18 h 的采样时间

续表

污染物	取值时间	数据有效性规定
TSP、PM_{10}、B［a］P、Pb	日平均	每日至少有 12 h 的采样时间
SO_2、NO_x、NO_2、CO、O_3	1 h 平均	每小时至少有 45 min 的采样时间
Pb	季平均	每季至少有分布均匀的 15 个日均值 每月至少有分布均匀的 5 个日均值
F	月平均	每月至少采样 15 天以上
	植物生长季平均	每一个生长季至少有 70%个月平均值
	日平均	每日至少有 12 h 的采样时间
	1 h 平均	每小时至少有 45 min 的采样时间

3. 环境空气质量自动监测

在监测点位采用连续自动监测仪器对环境空气质量进行连续的样品采集、处理、分析的过程。依据《环境空气气态污染物（SO_2、NO_2、O_3、CO）连续自动监测系统安装验收技术规范》（HJ 193—2013）的规定，监测项目的数据采集频率和时间有如下要求：

（1）采集的连续监测数据应能满足每小时的算术平均值计算。在每小时中采集到 75%以上的一次值时，本小时的监测结果有效，用本小时内所有正常输出一次值的算术平均值作为该小时平均值。

（2）每日气态污染物有不少于 18 个有效小时平均值，可吸入颗粒物有不少于 12 个有效小时平均值的算术平均值为有效日均值，日均值的统计时间段为北京时间前日 12:00 至当日 12:00。

（3）每月不少于 21 个有效日均值的算术平均值为有效月均值。

（4）每年不少于 12 个有效月均值的算术平均值为有效年均值。

（三）采样方法

采集空气的方法可归纳为直接采样法和富集（浓缩）采样法两类。

1. 直接采样法

当空气中的被测组分浓度较高，或者选用的监测方法灵敏度高时，可选用直接采集少量气样的方法。此法测得的结果是瞬时浓度或短时间内的平均浓度，能较快地获得分析结果。常用的采样容器有注射器、塑料袋、采气管、真空瓶（管）等。

（1）注射器采样。常用 100 mL 注射器，注射器应气密性良好，同时注射器内应保持干燥，以减少样品储存过程中的损失。采样时，先用现场气体抽洗 3~5 次，然后抽取 100 mL，密封进气口，将注射器进气口朝下，垂直放置，使注射器的内压略大于大气压。注意样品存放时间不宜太长，一般应当天分析完。

（2）塑料袋采样。应选择与气样中污染组分不发生化学反应、不吸附、不渗漏的塑料袋。常用的有聚四氟乙烯袋、聚乙烯袋及聚氯乙烯袋等。为减小对被测组分的吸附，延长样品的保存时间，可在袋的内壁衬银、铝等金属膜。采样时，袋内应保持干燥，先用二联球打进现场气体冲洗 3~5 次，再充满气样，夹封进气口，带回尽快分析。

（3）采气管采样。采气管是两端具有旋塞的管式玻璃容器，其容积为 100~500 mL，如

图 3—1 所示。采样时，打开两端旋塞，将二联球或抽气泵接在管的一端，迅速抽进比采气管容积大 6~10 倍的欲采气体，使采气管中原有气体被完全置换出，关上两端旋塞，采气体积即为采气管的容积。

（4）真空瓶采样。真空瓶是一种用耐压玻璃或不锈钢制成的采气瓶，容积为 500~1 000 mL，如图 3—2 所示。采样前，先用抽真空装置将采气瓶内抽至剩余压力为 1. 33 kPa 左右，如瓶内预先装入吸收液，可抽至溶液冒泡为止，关闭旋塞。采样时，打开旋塞，被采空气即充入瓶内，关闭旋塞，则采样体积为真空采气瓶的容积。如果采气瓶内真空度达不到 1. 33 kPa，实际采样体积应根据剩余压力进行计算。

当用闭口压力计测量剩余压力时，现场状况下的采样体积（V）按下式计算：

$$V=V_0\times\frac{P-P_B}{P} \tag{3—1}$$

式中　V_0——真空采气瓶容积，L；

P——大气压力，kPa；

P_B——闭管压力计读数，kPa。

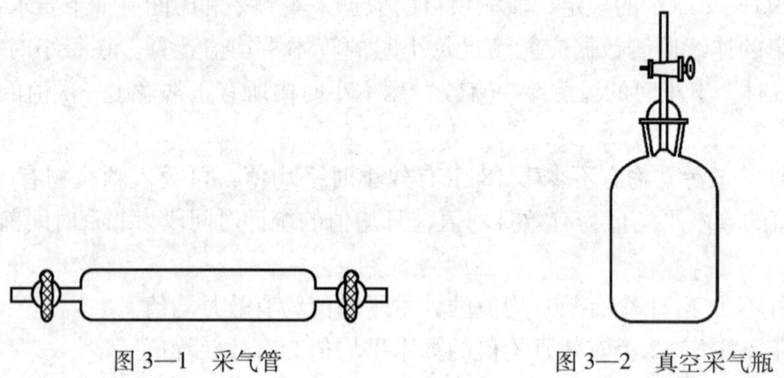

图 3—1　采气管　　　图 3—2　真空采气瓶

2. 富集（浓缩）采样法

当空气中的污染物质浓度比较低时，直接采样法往往不能满足分析方法检出限的要求，故需要用富集采样法对空气中的污染物进行浓缩。富集采样时间一般比较长，测得结果代表采样时段的平均浓度，更能反映空气污染的真实情况。这类采样方法包括有动力采样法和无动力采样法，前者有溶液吸收法、固体阻留法、低温冷凝法等，后者有扩散（或渗透）法、自然沉降法等。

（1）溶液吸收法。该方法是采集空气中气态、蒸气态及某些气溶胶态污染物的常用方法。采样时，用抽气装置将欲测空气以一定流量抽入装有吸收液的吸收管（瓶）。采样结束后，倒出吸收液进行测定，根据测得结果及采样体积，计算空气中污染物的浓度。

溶液吸收法的吸收效率主要决定于吸收速度和样气与吸收液的接触面积。欲提高吸收速度，必须根据被吸收物质的性质选择效能好的吸收液。常用的吸收液有水、水溶液和有机溶剂等。吸收液按其吸收原理可分为两种类型：一种是气体分子溶解于溶液中的物理作用，如用水吸收空气中的氯化氢、甲醛，用 5%的甲醇吸收有机农药，用 10%乙醇吸收硝基苯等；另一种吸收原理是基于发生化学反应，如基于中和反应用氢氧化钠溶液吸收空气中的硫化氢，基于络合反应用四氯汞钾溶液吸收 SO_2 等。

伴有化学反应的吸收液的吸收速度比单靠溶解作用的吸收液吸收速度快得多。因此，除采集溶解度非常大的气态物质外，一般都选用伴有化学反应的吸收液。吸收液的选择原则是：①与被采集的污染物发生化学反应快或对其溶解度大；②污染物被吸收液吸收后，要有足够的稳定时间；③污染物质被吸收后，应有利于下一步分析测定，最好能直接用于测定；④吸收液毒性小、价格低、易于购买，且尽可能回收利用。

增大被采气体与吸收液接触面积的有效措施是选用结构适宜的吸收管（瓶）。几种常用吸收管（瓶）如图 3—3 所示。

1）气泡吸收管。可装 5~10 mL 吸收液，采样流量为 0.5~2.0 L/min，适用于采集气态和蒸气态物质。气溶胶态物质因不能像气态分子那样快速扩散到气液界面上，故吸收效率差。采样时，吸收管要竖直放置，不能有泡沫溢出。使用前应检查吸收管玻璃磨口的气密性，保证严密不漏气。

2）冲击式吸收管。有小型（装 5~10 mL 吸收液，采样流量为 3.0 L/min）和大型（装 50~100 mL 吸收液，采样流量为 30 L/min）两种，适宜采集气溶胶态物质。因为该吸收管的进气管喷嘴孔径小，距瓶底又很近，当被采气样快速从喷嘴喷出冲向管底时，则气溶胶颗粒因惯性作用冲击到管底被分散，从而易被吸收液吸收。冲击式吸收管不适合采集气态和蒸气态物质，因为气体分子的惯性小，在快速抽气的情况下，容易随空气一起跑掉。

3）多孔筛板吸收管（瓶）。吸收瓶有小型（装 10~30 mL 吸收液，采样流量为 0.5~2.0 L/min）和大型（装 50~100 mL 吸收液，采样流量为 30 L/min）两种，适宜采集气态和蒸气态物质，也能采集气溶胶态物质。气样通过吸收管（瓶）的筛板后，被分散成很小的气泡，且阻留时间长，大大增加了气液接触面积，从而提高了吸收效果。

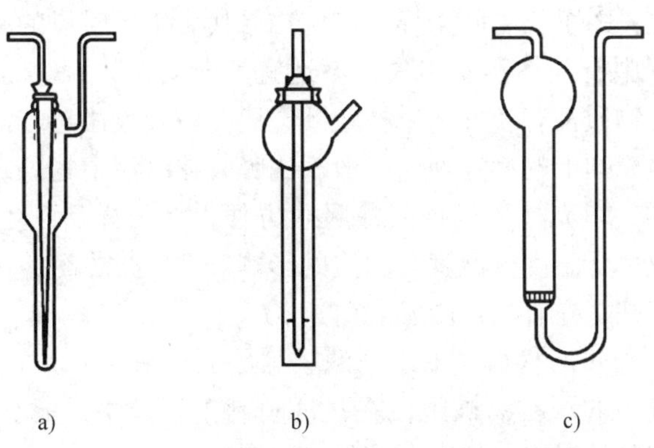

图 3—3　气体吸收管（瓶）

a）气泡吸收管　b）冲击式吸收管　c）多孔筛板吸收管（瓶）

（2）填充柱阻留法。填充柱是一根长 6~10 cm、内径为 3~5 mm 的玻璃管或不锈钢管，内装颗粒状或纤维状填充剂。采样时，气样以一定流速（0.1~0.5 L/min）通过填充柱，则欲测组分因吸附、溶解或化学反应等作用被阻留在填充剂上，达到浓缩采样的目的。采样后，通过加热吹气解吸或溶剂洗脱，使被测组分从填充剂上释放出来进行测定。根据填充剂阻留作用的原理，可将填剂柱分为吸附型、分配型和反应型三种类型。

1）吸附型填充柱。填充剂是颗粒状固体吸附剂，如活性炭、硅胶、分子筛、高分子多孔微球等。这些多孔性物质，比表面积大，对气体和蒸气有较强的吸附能力。其表面吸附作用可分为两种：一种是由于分子间引力引起的物理吸附，吸附力较弱；另一种是由于剩余价键力引起的化学吸附，吸附力较强。极性吸附剂如硅胶等，对极性化合物有较强的吸附能力；非极性吸附剂如活性炭等，对非极性化合物有较强的吸附能力。一般来说，吸附能力越强，采样效率越高，但可能解吸困难。因此，在选择吸附剂时，既要考虑吸附效率，又要考虑易于解吸。

固体吸附剂用量视污染物种类而定。吸附剂的粒度应均匀，在装管前应进行烘干等预处理，以去除其所带的污染物。采样后将两端密封，带回实验室进行分析。采样前必须经实验确定最大采样体积和样品的处理条件。

2）分配型填充柱。填充剂是表面涂高沸点有机溶剂（如异十三烷）的惰性多孔颗粒物（如硅藻土），类似于气液色谱柱中的固定相，只是有机溶剂的用量比色谱固定相大。当被采集气样通过填充柱时，在有机溶剂（固定液）中分配系数大的组分保留在填充剂上而被富集。例如，空气中的有机氯农药（六六六、滴滴涕等）和多氯联苯（PCBs）多以蒸气或气溶胶态存在，用溶液吸收法采样效率低，但用涂渍5%甘油的硅酸铝载体填充剂采样，采集效率为90%～100%。

3）反应型填充柱。填充剂是由惰性多孔颗粒物（如石英砂、玻璃微球等）或纤维状物（如滤纸、玻璃棉等）表面涂渍能与被测组分发生化学反应的试剂制成，也可以用能与被测组分发生化学反应的纯金属（如 Au、Ag、Cu 等）丝毛或细粒作填充剂。气样通过填充柱时，被测组分在填充剂表面因发生化学反应而被阻留。例如，空气中的微量氨可用装有涂渍硫酸的石英砂填充柱富集。反应型填充柱采样量和采样速度都比较大，富集物稳定，对气态、蒸气态和气溶胶态物质都有较高的富集效率。

填充柱采样的特点：①可长时间采样，测定结果代表采样时段的平均浓度，而溶液吸收法因吸收液在采气过程中有液体蒸发损失，不适宜长时间采样；②合适的固体填充剂对气态、蒸气态和气溶胶态物质都有较好的采样效率，而溶液吸收法对气溶胶的采样效率往往不高；③污染物浓缩在填充剂上的稳定性，一般都比吸收在溶液中的稳定性好，可放几天甚至几周不变；④现场采样，填充柱采样比溶液吸收方便得多，样品发生再污染、洒漏的机会少；⑤填充柱的吸附效率受温度、湿度等因素的影响较大，必要时，可在采样管前接一个干燥管。综上所述，填充柱采样有很好的发展前途。

（3）滤料阻留法。将过滤材料（滤纸、滤膜等）放在采样夹（如图3—4所示）上，用抽气装置抽气，则空气中的颗粒物被阻留在过滤材料上，称量过滤材料上富集的颗粒物质量，根据采样体积，即可计算出空气中颗粒物的浓度。

滤料采集空气中气溶胶颗粒物可基于直接阻截、惯性碰撞、扩散沉降、静电引力和重力沉降等作用。滤料的采集效率除与自身性质有关外，还与采样速度、颗粒物的大小等因素有关。低速采样以扩散沉降为主，对细小颗粒物的采集效率高。高速采样以惯性碰撞作用为主，对较大颗粒物的采集效率高。空气中的大小颗粒物是同时并存的，当采样速度一定时，一部分粒径小的颗粒物采集效率可能偏低。此外，在采样过程中还可能发生颗粒物从滤料上弹回或吹走的现象，特别是采样速度大的情况下，颗粒大、质量大的粒子易发生弹回现象；颗粒小的粒子易穿过滤料被吹走，这些情况都是造成采集效率偏低的原因。

常用的滤料有纤维状滤料（滤纸、玻璃纤维滤膜、过氯乙烯滤膜等）、筛孔状滤料（微孔滤膜、核孔滤膜、银薄膜等）。滤纸的孔隙不规则且较少，适用于金属尘粒的采集，因其吸水性较强，不宜用于重量法测定颗粒物浓度。玻璃纤维滤膜吸湿性小，耐高温，耐腐蚀，通气阻力小，采集效率高，常用于采集可吸入颗粒物，但其机械强度差，某些元素含量较高。聚氯乙烯或聚苯乙烯等合成纤维膜通气阻力小，并可用有机溶剂溶解成透明溶液，便于进行颗粒物分散度及颗粒物中化学组分的分析。微孔滤膜是由硝酸（或醋酸）纤维素制成的多孔性有机薄膜，孔径细小、均匀，质量小，金属杂质含量极微，可溶于丙酮等有机溶剂，尤其适用于采集分析金属的气溶胶，不适于进行重量法分析。核孔滤膜是将聚碳酸酯薄膜覆盖在铀箔上，用中子流轰击，使铀核分裂产生的碎片穿过薄膜形成微孔，再经化学腐蚀处理制成。核孔滤膜薄、光滑，机械强度好，孔径均匀，不亲水，适用于精密的重量分析，但因微孔呈圆柱状，采样效率较微孔滤膜低。银薄膜由微细的银粒烧结制成，具有与微孔滤膜相似的结构，它能耐 400℃ 高温，抗化学腐蚀性强，适用于采集酸、碱气溶胶及含煤焦油、沥青等挥发性有机物的气样。

（4）低温冷凝法。空气中某些沸点比较低的气态污染物质，如烯烃类、醛类等，在常温下用固体填充剂等方法富集效果不好，而低温冷凝法可提高采集效率。低温冷凝采样法是将 U 形或蛇形采样管插入冷阱中，当空气流经采样管时，被测组分因冷凝而凝结在采样管底部。如用气相色谱法测定，可将采样管仪器进气口连接，移去冷阱，使被测组分在常温或加热情况下气化而进入仪器测定。低温冷凝采样装置如图 3—5 所示。

制冷的方法有半导体制冷器法和制冷剂法。常用制冷剂有冰（0℃）、冰-盐水（-10℃）、干冰-乙醇（-72℃）、干冰（-78.5℃）、液氧（-183℃）、液氮（-196℃）等。

低温冷凝法具有效果好、采样量大、利于组分稳定等优点，但空气中的水蒸气、二氧化碳甚至氧也会同时冷凝下来，在气化时，这些组分也会气化，增大了气体总体积，从而降低浓缩效果，甚至干扰测定。为此，应在采样管的进气端装置选择性过滤器（内装过氯酸镁、碱石棉、氯化钙等），但所用干燥剂和净化剂不能与被测组分发生反应，以免引起被测组分损失。

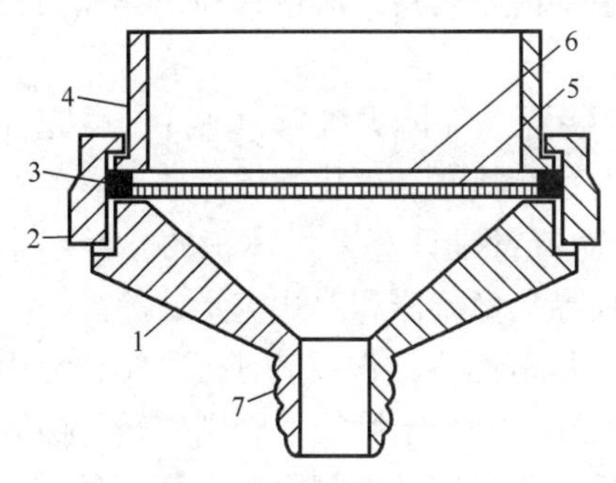

图 3—4　颗粒物采样夹

1—底座　2—紧固圈　3—密封圈　4—接座圈　5—支撑网　6—滤膜　7—抽气接口

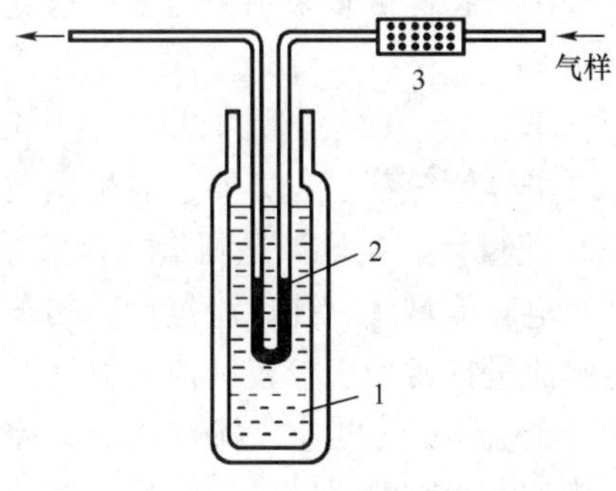

图 3—5　低温冷凝采样

1—制冷剂　2—采样管　3—过滤器

（5）静电沉降法。空气样品通过 12 000~20 000 V 电场时，气体分子电离，所产生的离子附着在气溶胶颗粒上，使颗粒带电，并在电场作用下沉降到收集极上，然后将收集极表面的沉降物洗下，供分析用。该法收集效率高，无阻力，适合气溶胶采样，不能用于易燃、易爆的场合。

（6）无动力采样法。该法利用物质的自重、空气动力和浓差扩散作用采集空气中的被测物质，如自然降尘试样、硫酸盐化速率试样、氟化物等空气样品的采集，以及被动采样等。采样不需动力设备，简单易行，且采样时间长，测定结果能较好地反映空气污染情况。

1）降尘试样采集。自然降尘简称降尘，指在空气环境条件下，靠重力自然沉降在地面上的颗粒物。采集方法分为湿法和干法两种，其中湿法应用更为普遍。

湿法采样是在一定大小的圆筒形玻璃（或塑料、瓷、不锈钢）缸（集尘缸）中加入一定量的水，放置在距地面 5~12 m 高，附近无高大建筑物及局部污染源的地方（如空旷的屋顶上），采样口距基础面 1~1.5 m，以避免扬尘的影响。我国集尘缸的尺寸为内径 15 cm，高 30 cm，一般加水 100~300 mL（视蒸发量和降雨量而定）。为防止冰冻和抑制微生物及藻类的生长，保持缸底湿润，需加入适量乙二醇。采样时间为（30±2）天，多雨季节注意及时更换集尘缸，防止水满溢出。各集尘缸采集的样品合并后测定。

2）硫酸盐化速率试样的采集。硫酸盐化速率是指大气中 SO_2、H_2S、H_2SO_4 蒸气等含硫污染物演变为危害更大的硫酸雾和硫酸盐雾的速度。常用的采样方法为碱片法，即将用碳酸钾溶液浸渍过的玻璃纤维滤膜置于采样点上，则空气中的二氧化硫、硫酸雾等与碳酸反应生成硫酸盐而被采集。

3）被动式采样法。该法用于在个体采样器中采集气态和蒸气态物质。采样时不需要抽气动力，而是利用被测物质分子自身扩散或渗透到达吸收层（吸收剂、吸附剂或反应性材料）被吸附或吸收。这种采样器体积小、轻便，可佩戴在人身上，跟踪人的活动，用作人体接触有害物质量的监测；也可以放在欲测场所，连续采样，如用于室内空气污染的监测等。

（四）采样仪器

1. 组成部分

空气污染物监测多采用动力采样法，其采样器主要由收集器、流量计和采样动力三部分组成。

（1）收集器。收集器是捕集空气中欲测物质的装置。气体吸收管（瓶）、填充柱、滤料、冷凝采样管等都是收集器，需根据被捕集物质的存在状态、理化性质等选用。

（2）流量计。流量计是测量气体流量的仪器，而流量是计算采气体积的参数。常用的流量计有皂膜流量计、孔口流量计、转子流量计、临界孔稳流器和湿式流量计等。

皂膜流量计常用于校正其他流量计，在很宽的流量范围内，误差皆小于 1%。常用的流量计为转子流量计，当空气湿度大时，需在进气口前连接一个干燥管，否则，转子吸附水分后重量增加，影响测量结果。临界孔稳流器是一根长度一定的毛细管，当空气流通过毛细孔时，如果两端维持足够的压力差，则通过小孔的气流能保持恒定，此时为临界状态流量，其大小取决于毛细管孔径大小，这种流量计使用方便，广泛用于空气采样器和自动监测仪器上控制流量。

（3）采样动力。采样动力为抽气装置，要根据所需采样流量、收集器类型及采样点的条件进行选择，并要求其抽气流量稳定，连续运行能力强，噪声小，能满足抽气速度要求。注射器、连续抽气筒、双连球等手动采样动力适用于采气量小、无市电供给的情况。对于采样时间较长和采样速度要求较大的场合，需要使用电动抽气泵，如薄膜泵、电磁泵、刮板泵及真空泵等。

2. 空气采样器

空气采样器用于采集空气中气态和蒸气态物质，采样流量为0.5~2.0 L/min，分为便携式和固定式（恒温恒流）两种。此外，还有气态污染物和TSP（PM_{10}）综合采样器。

3. 颗粒物采样器

颗粒物采样器有总悬浮颗粒物（TSP）采样器和可吸入颗粒物（PM_{10}）采样器。

（1）TSP采样器。TSP采样器按采气流量大小分为大流量（1.1~1.7 m^3/min）、中流量（50~150 L/min）和小流量（10~15 L/min）三种类型。

大流量采样器由滤料采样夹、抽气风机、流量记录仪、计时器及控制系统、壳体等组成，如图3—6所示。滤料夹可安装20 cm×25 cm的玻璃纤维滤膜，采样8~24 h。当采气量达1 500~2 000 m^3时，样品滤膜可用于测定颗粒物中的金属、无机盐及有机污染物等组分。

中流量采样器的工作原理与大流量采样器相似，只是采样夹面积和采样流量比大流量采样器小，如图3—7所示。采样夹有效直径为80 mm或100 mm。当用有效直径为80 mm的滤膜采样时，采气流量控制在7.2~9.6 m^3/ h；用有效直径为100 mm的滤膜采样时，流量控制在11.3~15 m^3/ h。

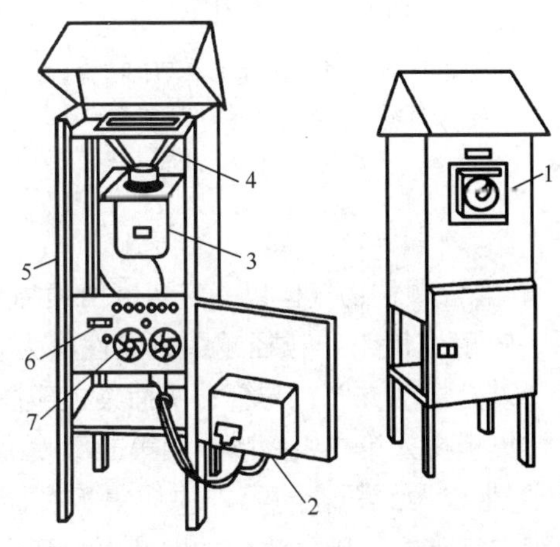

图3—6　大流量TSP采样器结构

1—流量记录仪　2—流量控制器　3—抽气风机
4—滤膜夹　5—铝壳　6—工作计时器　7—计时器程序控制器

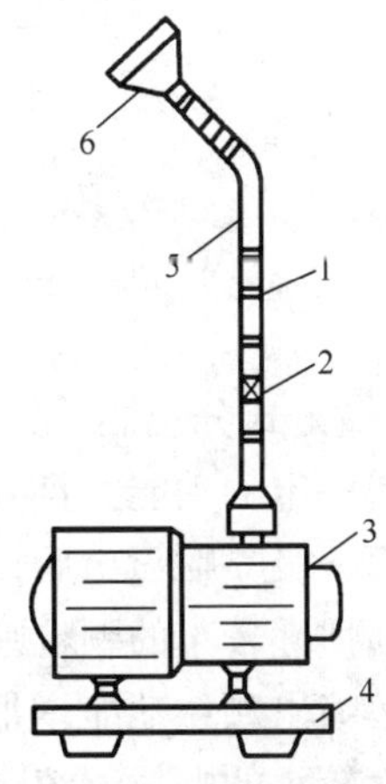

图3—7　中流量TSP采样器结构

1—流量计　2—调节阀　3—采样泵
4—消声器　5—采样管　6—采样头

（2）PM_{10}采样器。PM_{10}采样器广泛使用大流量采样器。采样器装有分离粒径大于10 μm颗粒物的装置，称为分尘器或切割器。根据工作原理，分尘器可分为旋风式、向心式、撞击式等。它们又分为二级式和多级式。前者用于采集粒径10 μm以下的颗粒物，后者可分级采集不同粒径的颗粒物，用于测定颗粒物的粒度分布。

1）二级旋风分尘器。其结构如图3—8所示。空气沿180°渐开线以高速进入分尘器的圆筒内，形成旋转气流，在离心力的作用下，大于 10 μm 颗粒物被甩到筒壁上并继续向下运动，粗颗粒在不断与筒壁撞击中失去前进的能量而落入大颗粒物收集器内，细颗粒随气流沿气体排出管上升，被过滤器的滤膜捕集，从而将粗、细颗粒物分开。

2）向心式分尘器。其结构如图 3—9 所示。当气流从小孔高速喷出时，因所携带的颗粒物大小不同，惯性也不同。颗粒物质量越大，惯性越大，其运动轨线越接近中心轴线，最后进入锥形收集器被底部的滤膜收集。小颗粒物惯性小，离中心轴线较远，偏离锥形收集器入口，随气流进入下一级。第二级的喷嘴直径和锥形收集器的入口孔径变小，二者之间距离缩短，使小一些的颗粒物被收集。第三级的喷嘴直径和锥形收集器的入口孔径又比第二级小，其间距离更短，所收集的颗粒物更细。如此经过多级分离，剩下的极细颗粒物到达最底部，被夹持的滤膜收集。三级向心式分尘器如图 3—10 所示。

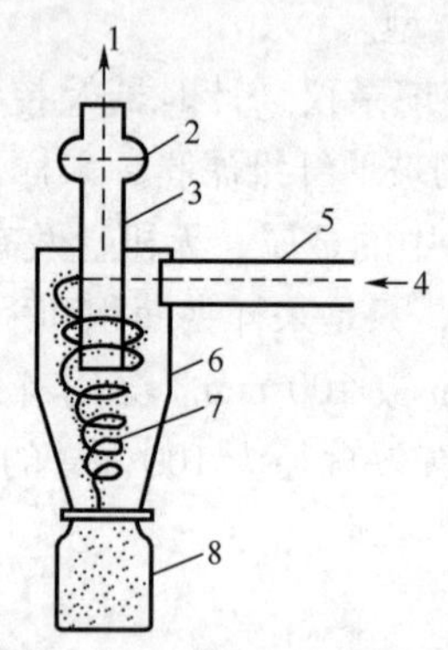

图 3—8　旋风分尘器结构

1—空气出口　2—滤膜　3—气体排出管
4—空气入口　5—气体导管　6—圆筒体
7—旋转气流轨线　8—大粒子收集器

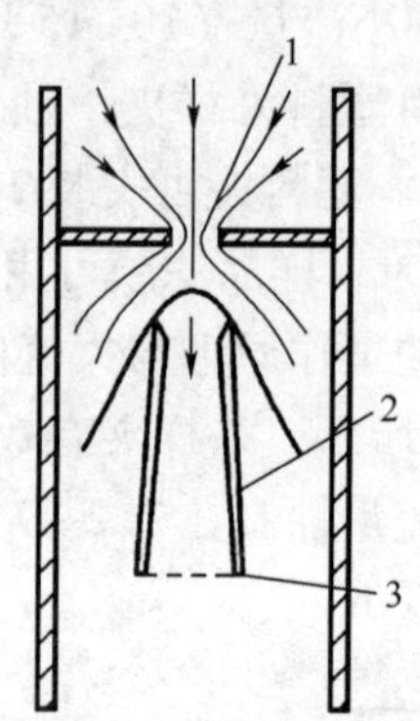

图 3—9　向心式分尘器结构

1—空气喷孔　2—收集器　3—滤膜

3）撞击式分尘器。其结构如图 3—11 所示。当含颗粒物气体以一定速度由喷嘴喷出后，颗粒获得一定的动能并且有一定的惯性。在同一喷射速度下，粒径越大，惯性越大。因此，气流从第一级喷嘴喷出后，惯性大的大颗粒难于改变运动方向，与第一块捕集板碰撞被沉积下来，而惯性较小的颗粒则随气流绕过第一块捕集板进入第二级喷嘴。因第二级喷嘴较第一级小，故喷出颗粒动能增加，速度增大，其中惯性较大的颗粒与第二块捕集板碰撞而被沉积，惯性较小的颗粒继续向下级运动。如此逐级进行下去，则气流中的颗粒由大到小地被分开，沉积在不同的捕集板上，最末级捕集板用玻璃纤维滤膜代替，捕集更小的颗粒。这种采样器可以设计为 3~6 级或 8 级，称为多级撞击式采样器。例如，安德森采样器由 8 级组成，每级有 200~400 个喷嘴，捕集面积大，捕集颗粒物粒径范围为 0. 34~11 μm。

可吸入颗粒物采样器必须用标准粒子发生器制备的标准粒子进行校准，要求在一定采样流量时，采样器的捕集效率在 50%以上，截留点的粒径（D_{50}）为（10±1）μm。

（五）采样效率的评价

采样方法或采样器的采样效率是指在规定的采样条件（如采样流量、污染物浓度范围、采样时间等）下所采集到的污染物量占其总量的百分数。不同存在状态的污染物，评价方法也不同。

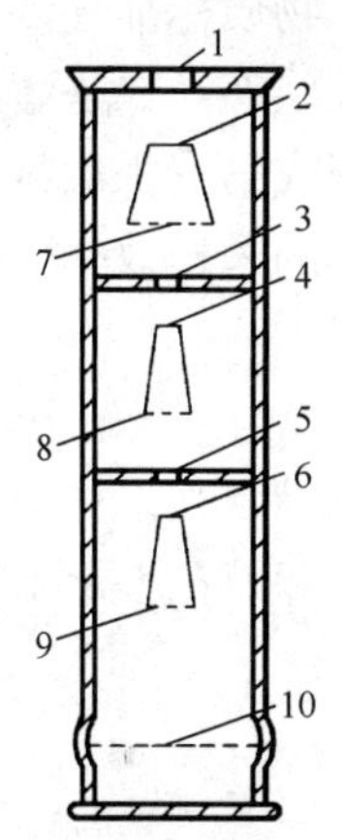

图 3—10　三级向心式分尘器结构

1、3、5—气流喷孔　2、4、6—锥形收集器

7、8、9、10—滤膜

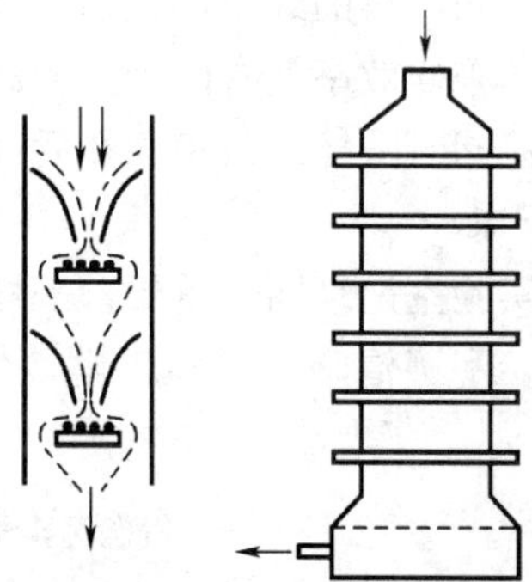

图 3—11　多段撞击式分尘器

1. 采集气态和蒸气态污染物质效率的评价方法

（1）绝对比较法。精确配制一个已知浓度为ρ_0的标准气体，用所选用的采样方法采集，测定该气体的浓度（ρ_1），其采样效率（K）为：

$$K=\frac{\rho_1}{\rho_0}\times 100\% \tag{3—2}$$

用这种方法评价采样效率虽然比较理想，但因配制已知浓度的标准气有一定困难，往往在实际应用时受到限制。

（2）相对比较法。配制一个恒定的、但不要求知道待测污染物准确浓度的气体样品，将 2~3 个装有相同体积吸收液的采样管串联起来，采集所配制的样品。采样结束后，分别测定各采样管中污染物的浓度，其采样效率（K）为：

$$K=\frac{\rho_1}{\rho_1+\rho_2+\rho_3}\times 100\% \tag{3—3}$$

式中，ρ_1、ρ_2、ρ_3分别为第一、第二和第三个采样管中污染物的实测浓度。

第二、三管的污染物浓度越小，采样效率越高。一般要求 K 值在 90%以上，若采样效率过低，应更换采样管吸收剂或采样方法。

2. 采集颗粒物效率的评价方法

颗粒物的采集效率有两种表示方法：一种是颗粒数采样效率，即所采集到的颗粒物粒数占总颗粒物粒数的百分数；另一种是质量采样效率，即所采集到的颗粒物质量占颗粒物总质量的百分数。只有全部颗粒物的大小相同时，这两种采样效率在数值上才相等，但这种情况实际上是不存在的。粒径几微米以下的小颗粒粒数总是占大部分，而质量却只占很小部分，故质量采样效率总是大于颗粒数采样效率。在空气监测中，多用质量采样效率评价颗粒物的采样效率。

评价采集颗粒物效率的方法与评价采集气态和蒸气态物质采样效率的方法有很大不同。

一是配制已知颗粒物浓度的气体在技术上比配制气态和蒸气态物质标准气体要复杂得多，而且颗粒物粒度范围很大，很难在实验室模拟现场存在的气溶胶状态。二是滤料采样就像滤筛一样，能漏过第一张滤料的细小颗粒物，也有可能漏过第二张或第三张滤料，因此用相对比较法评价颗粒物的采样效率就有困难。为此，评价滤纸或滤膜的采样效率一般用另一个已知采样效率高的方法同时采样，或串联在后面进行比较分析。

（六）采样记录

采样记录与实验室记录同等重要，采样人员应及时准确记录各项采样条件及参数，采样记录内容应完整，字迹清晰、书写工整、数据更正规范。常用采样记录的内容及格式见表3—3和表3—4。

表3—3　　气态污染物现场采样记录表

采样地点：________ 污染物名称：________ 采样方法：________ 采样仪器型号：________

采样日期	样品编号	采样时间		累积采样时间/min	气温/℃	大气压/kPa	采样流量/(L/min)	采样体积 V_n/L	天气状况
		开始	结束						

采样人：________ 审核人：________

表3—4　　TSP（PM_{10}）现场采样记录表

采样地点：________ 采样日期：________

采样器编号	滤膜编号	采样时间		累积采样时间/min	气温/℃	大气压/kPa	采样流量/(L/min)#	采样体积 V_n/L	天气状况
		开始	结束						

采样人：________ 审核人：________

#：中流量采样器流量单位为L/min，大流量采样器流量单位为m^3/min。

二、大气降水监测样品的采集

大气降水监测的目的是了解在降雨（雪）过程中，从大气中沉降到地球表面的沉降物的主要组成、性质及有关组分的含量，特别是研究酸雨对土壤、森林、河流等生态系统的潜在危害及对建筑物、材料的腐蚀作用，为分析大气污染状况和提出控制污染途径、方法提供基础资料和依据。

（一）采样点的布设

1. 采样点数目

降水采样点的设置数目应根据研究的目的来确定。对于常规监测，人口在50万以上的城市布设三个采样点，人口在50万以下的城市布设两个采样点，一般的县城可只设一个采样点。采样点的布设要兼顾城市、郊区和清洁对照点（远郊）。如果只设两个点，则设置城区和郊区点。宜以省为单位考虑清洁对照点。

2. 采样点位的选择

采样点的设置位置应考虑区域的气象、地形、地貌、工农业分布等。采样点应位于开阔、平坦的地区，测点周围的下垫面应无裸露土壤，以免风沙扬尘的影响。采样点应尽可能避开排放酸碱物质的烟尘、粉尘及生活排放源、废物堆积场、交通干线等局地污染源的影响。采样点四周应无遮挡雨、雪的高大树木或建筑物。

（二）采样

1. 采样容器及清洗

（1）采集大气降水可用降水自动采样器采样，或用聚乙烯塑料桶（上口直径 30 cm，高度不小于 30 cm）采样。采集雪水可用聚乙烯塑料容器（上口直径 50 cm 以上，高度不小于 50 cm）。

（2）采样器具在第一次使用前，用 10%（*V/V*）盐酸或硝酸浸泡一昼夜，用自来水洗至中性，再用去离子水冲洗多次。然后加少量去离子水振摇，用离子色谱法检查水中的 Cl^- 含量，若与去离子水相同，即为合格。晾干，加盖保存在清洁的橱柜内。

（3）采样器每次使用后，先用去离子水冲洗干净，晾干，然后加盖保存。

2. 采样方法

（1）采样器应高于基础面 1.2 m 以上。

（2）每次降雨（雪）开始（原则上逢雨必采），立即将清洁的采样器放置在预定的采样点支架上，采集全过程雨（雪）样品（自降水开始至结束）。

（3）若一天中有几次降水过程，可合并为一个样品测定。若遇连续几天降雨，可每隔 24 h 收集一次样品（每天上午 9:00 至次日上午 9:00）进行测定。

3. 采样记录

采样后应立即对样品进行编号和记录，记录的内容包括采样点名称，样品编号，采样开始日期、结束日期、开始时间、结束时间，样品体积或者质量，湿沉降类型（雨、雪、冻雨、冰雹），降雨（雪）量，样品污染情况（明显的悬浮物、鸟粪、昆虫），采样设备情况（运转正常/不正常），当时的气温、风向，采样人员临时观察到的情况（意外的环境问题、车辆活动），监测点状况（监测点周围是否有异常，是否有新增的局地污染源等）及其他情况（不寻常情况、问题、观测等），采样人员应签名。

样品记录应连同样品一起送到分析实验室。

4. 样品保存

采集的样品应移入洁净干燥、专用的聚乙烯塑料瓶中，在 3~5℃ 条件下密封冷藏保存。用于测定电导率和 pH 的降水样品，不需过滤。在测定时，要先测电导率，再测 pH。其余样品应尽快用 0.45 μm 的有机微孔滤膜过滤，除去降水样品中的颗粒物，将滤液装入干燥清洁的聚乙烯塑料瓶中，立即进行离子成分测定或在 3~5℃ 条件下冷藏密封保存。测定雪样时，应在实验室内待其自然融化完全后，再进行测定，其余步骤同降水样品的处理。

三、废气样品的采集

废气污染源包括固定污染源和流动污染源。固定污染源又分为有组织排放源和无组织排放源。有组织排放源指烟道、烟囱及排气筒等，无组织排放源指设在露天环境中的无组织排放设施或无组织排放的车间、工棚等。流动污染源指汽车、摩托车、火车、飞机、轮船等交通运输工具排放的废气。下面介绍的是固定污染源排放的废气样品的采集。

（一）采样点的布设

有组织排放源的废气样品的采集，通常是用采样管从烟道中抽取一定体积的烟气。若要获得有代表性的废气样品和尽可能地节约人力、物力，需要正确地选择采样位置和确定合适的采样点数目。

1. 采样断面位置

采样位置应避开对测试人员操作有危险的场所。

（1）烟道颗粒物采样。采样位置应优先选择在垂直管段，应避开烟道弯头和断面急剧变化的部位。采样位置应设置在距弯头、阀门、变径管等阻力构件下游方向不小于 6 倍直径，和距上述部件上游方向不小于 3 倍直径处。测试现场空间位置有限，很难满足上述要求时，可选择比较适宜的管段采样，但采样断面与弯头等阻力构件的距离至少是烟道直径的 1.5 倍，并应适当增加测点的数量和采样频次。采样断面的气流速度最好在 5 m/s 以上。对矩形烟道，其当量直径 $D=2AB/(A+B)$，式中 A、B 为边长。

（2）气态污染物采样。由于气态污染物混合较均匀，采样位置可不受上述规定限制，但应避开涡流区。如果同时测定排气流量，采样位置仍按烟道颗粒物采样的规定选取。

2. 采样点数目

采样点的位置和数目主要根据烟道断面的形状、尺寸大小和流速分布情况确定。烟道的形状一般有圆形、矩形（或方形）、拱形，采样点的布设方法如下：

（1）圆形烟道。在选定的采样断面上两个垂直方向分别开采样孔，根据烟道的内径大小划分适当数量的等面积同心圆环，沿着两个采样孔中心线设采样点，例如，图 3—12 中共设 8 个采样点。若采样断面上气流速度较均匀，可设一个采样孔，采样点数减半。当烟道直径小于 0.3 m、流速分布均匀时，可在烟道中心设一个采样点。不同直径圆形烟道的等面积环数、采样点数及采样点距烟道内壁的距离见表 3—5，原则上测点不超过 20 个。

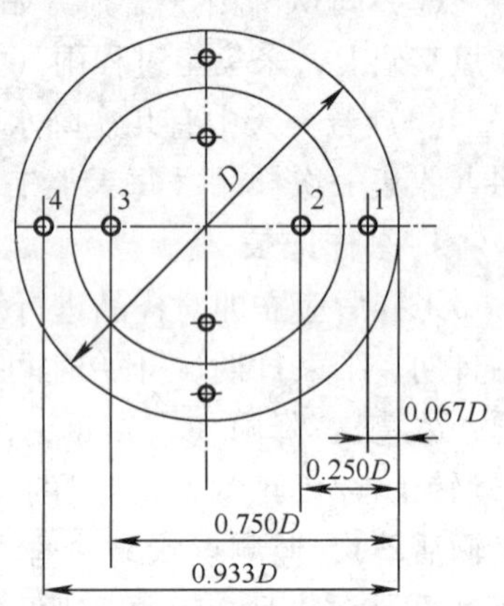

图 3—12　圆形烟道采样点设置

表 3—5　圆形烟道的分环和各测点距烟道内壁的距离

烟道直径 /m	分环数 /个	各测点距烟道内壁的距离与烟道直径的比值									
		1	2	3	4	5	6	7	8	9	10
0.3~0.6	1	0.146	0.854								
0.6~1.0	2	0.067	0.250	0.750	0.933						
1.0~2.0	3	0.044	0.146	0.296	0.704	0.854	0.956				
2.0~4.0	4	0.033	0.105	0.194	0.323	0.677	0.806	0.895	0.967		
>4.0	5	0.026	0.082	0.146	0.226	0.342	0.658	0.774	0.854	0.918	0.974

（2）矩形（或方形）烟道。将烟道断面划分为适当数量的等面积矩形小块，以各个矩形小块的中心为采样点。划分矩形小块的数量和大小按照表 3—6 确定，原则上测点不超过 20 个。

表 3—6　　矩（方）形烟道的分块和测点数

烟道断面积/m^2	等面积小块长边长度/m	测点总数
<0.1	<0.32	1
0.1~0.5	<0.35	1~4
0.5~1.0	<0.50	4~6
1.0~4.0	<0.67	6~9
4.0~9.0	<0.75	9~16
>9.0	≤1.0	16~20

（3）拱形烟道。圆形部分按圆形烟道布点，方形部分按方形烟道布点。在能满足测压管和采样管达到各采样点位置的情况下，尽可能少开采样孔，一般开两个互成 90°的孔。采样孔的内径应不小于 80 mm，采样孔管长应不大于 50 mm。不使用时应用盖板、管堵或管帽封闭。当采样孔仅用于采集气态污染物时，其内径应不小于 40 mm。对正压下输送高温或有毒气体的烟道，应采用带有闸板阀的密封采样孔。

（二）采样方法

1. 颗粒物的采集

（1）颗粒物的采集分等速采样和多点采样两类，其采样原则如下：

1）等速采样。颗粒物具有一定的质量，在烟道中由于本身运动的惯性作用，不能完全随气流改变方向，为了从烟道中取得有代表性的烟尘样品，需等速采样，即烟气进入采样嘴的速度应与采样点的烟气速度相等。

采气流速大于或小于采样点烟气流速都将使采样结果产生偏差。不同采样速度下烟尘运动情况如图 3—13 所示。当采样速度（v_n）大于采样点的烟气流速（v_s）时，如图 3—13a 所示，由于气体分子的惯性小，容易改变方向，而尘粒惯性大，不容易改变方向，所以采样嘴边缘以外的部分气流被抽入采样嘴，而其中的尘粒按原方向前进，不进入采样嘴，从而导致测量结果偏低。当采样速度（v_n）小于采样点的烟气流速（v_s）时，如图 3—13b 所示，情况正好相反，使测定结果偏高。只有 $v_n=v_s$ 时，如图 3—13c 所示，气体和烟尘才会按照它们在采样点的实际比例进入采样嘴，采集的烟气样品中烟尘浓度才与烟气实际浓度相同。维持等速采样的方法见本章第三节相关内容。

2）多点采样。由于颗粒物在烟道中的分布是不均匀的，要取得有代表性的烟尘样品，必须在烟道断面按一定的规则多点采样。

（2）采样方法。采样方法主要有移动采样、定点采样、间断采样。

1）移动采样。用同一个滤筒在已确定的各采样点上移动采样，各采样点的采样时间相同，计算烟道断面上颗粒物的平均浓度。

2）定点采样。在每个测点上采样，求出采样断面的颗粒物平均浓度，还可了解烟道断面上颗粒物浓度变化情况。

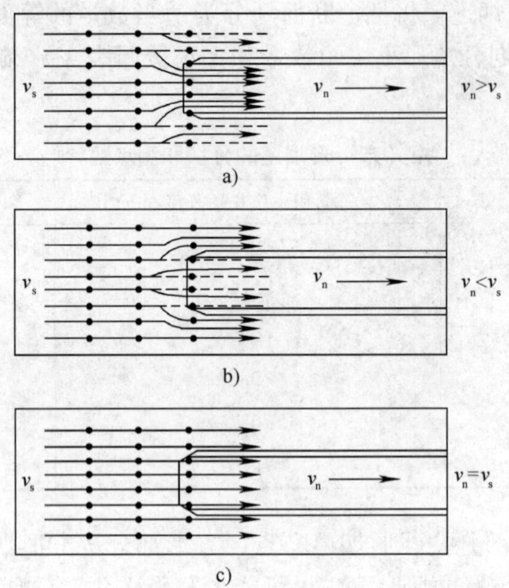

图 3—13　不同采样速度时颗粒物运动状况

3）间断采样。间断采样适用于周期性变化的排放源，根据工况变化及其延续时间，分时段采样，按时间平均加权计算断面的颗粒物平均浓度。

2. 气态污染物的采集

由于气态污染物在采样断面内分布比较均匀，不需要多点采样，在靠近烟道中心的任何一点都可采集到具有代表性的气样。同时，气体分子质量极小，可不考虑惯性作用，故也不需要等速采样。其采样方法有化学法采样和仪器直接测试法采样。

（1）化学法采样。通过采样管将样品抽入到装有吸收液的吸收瓶或装有固体吸附剂的吸附管、真空瓶、注射器或气袋中，样品溶液或气态样品经化学分析或仪器分析得出污染物含量。图 3—14 为使用吸收瓶的采样装置，若需气样量较少时，可使用图 3—15 所示装置，即用适当容积的注射器采样，或者在注射器接口处通过双连球将气样压入塑料袋中。

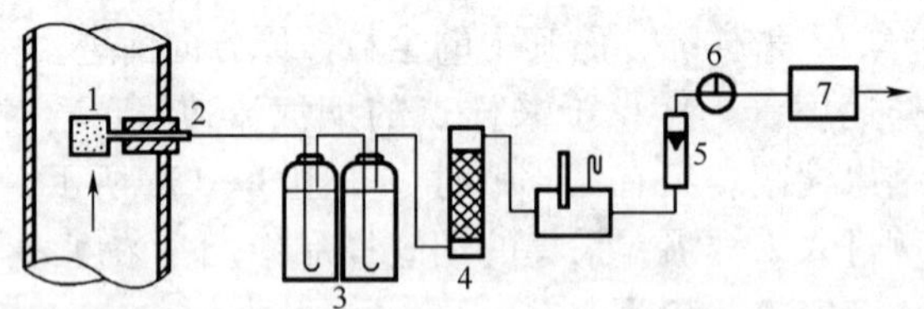

图 3—14　吸收法采样装置

1—滤料　2—加热（保温）采样导管　3—吸收瓶　4—干燥器

5—流量计　6—三通阀　7—抽气泵

（2）仪器直接测试法采样。通过采样管、颗粒物过滤器和除湿器，用抽气泵将样气送入分析仪器中，直接指示被测气态污染物的含量。因为烟气湿度大、温度高、烟尘及有害气体浓度大，并具有腐蚀性，故在采样管头部装有烟尘滤器，采样管需要加热或保温并且耐腐蚀，防止水蒸气冷凝而导致被测组分损失。

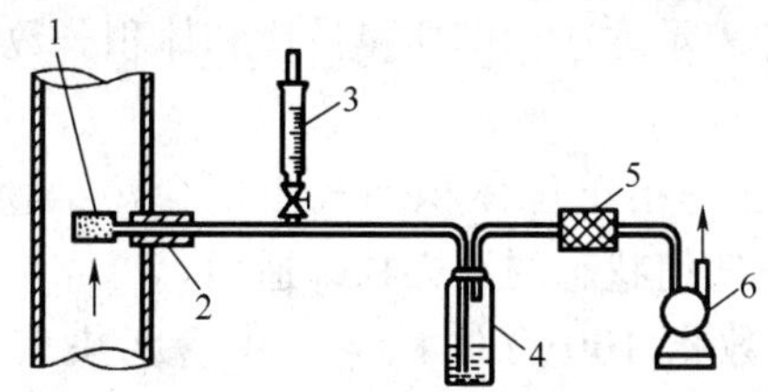

图 3—15　注射器采样装置

1—滤料　2—加热（保温）采样导管

3—采样注射器　4—洗涤瓶　5—干燥器　6—抽气泵

第二节　空气质量的监测项目

环境空气质量常规监测项目应从环境空气质量标准规定的污染物中选取。国家环境空气质量监测网的测点，须开展必测项目的监测，国家环境空气质量监测网监测项目见表 3—7。国家环境空气质量背景点以及区域环境空气质量对照点，还应开展部分或全部选测项目的监测。地方环境空气质量监测网的测点，可根据各地环境管理工作的实际需要及具体情况，参照表 3—7 和表 3—8 确定其必测和选测项目。

表 3—7　　国家环境空气质量监测网监测项目

必测项目	选测项目
二氧化硫（SO_2）、二氧化氮（NO_2）、可吸入颗粒物（PM_{10}）、一氧化碳（CO）、臭氧（O_3）	总悬浮颗粒物（TSP）、铅（Pb）、氟化物（F）、苯并［a］芘（B［a］P）、有毒有害有机物

表 3—8　　国家环境空气质量监测网必测项目监测分析方法

必测项目	自动监测	连续采样-实验室分析
SO_2	（1）紫外荧光法（ISO/CD 10498） （2）差分吸收光谱分析法（DOAS）	（1）甲醛吸收-副玫瑰苯胺分光光度法（HJ 482—2009） （2）四氯汞盐吸收-副玫瑰苯胺分光光度法（HJ 483—2009）
NO_2	（1）化学发光法（ISO 7996） （2）差分吸收光谱分析法（DOAS）	Saltzman 法（GB/T 15435—95）
PM_{10}	微量振荡天平法（TEOM）、β 射线法	重量法（GB/T 15432—95）
CO	（1）气体滤波相关红外吸收法 （2）非分散红外吸收法（GB 9801—1988）	非分散红外法（GB 9801—88）
O_3	（1）紫外分光光度法（HJ 590—2010） （2）差分吸收光谱分析法（DOAS）	靛蓝二磺酸钠分光光度法（HJ 504—2009）

一、气态污染物

（一）空气污染物浓度的表示方法及气体体积换算

1. 空气中污染物浓度的表示方法

空气中污染物浓度有两种表示方法，即质量浓度和体积分数，根据污染物存在状态选择使用。

（1）质量浓度。质量浓度是指单位体积空气中所含污染物的质量数，常用 mg/m^3 或 μg/m^3 表示。这种表示方法对任何状态的污染物都适用。

（2）体积分数。体积分数指 100 万体积空气中含污染气体或蒸气的体积数，常用 mL/m^3 和 μL/m^3 表示。这种表示方法仅适用于气态或蒸气态物质，它不受空气温度和压力变化的影响。两种浓度单位可按下式进行换算：

$$\varphi=\frac{22.4}{M}\times\rho \tag{3—4}$$

式中 φ——以 mL/m^3 为单位表示的气体体积分数（标准状况下）；

ρ——以 mg/m^3 为单位表示的气体质量浓度；

M——气态物质的摩尔质量，g/moL；

22.4——标准状况下气体的摩尔体积，L/mol。

2. 气体体积换算

单位体积质量浓度易受温度和压力变化的影响，为使计算出的浓度具有可比性，我国空气质量标准采用标准状况（0℃，101.325 kPa）时的体积。非标准状况下的气体体积可用气态方程式换算成标准状况下的体积，换算式如下：

$$V_{n}=V_{t}\times\frac{273}{273+t}\times\frac{p}{101.325} \tag{3—5}$$

式中 V_n——标准状况下的采样体积，L 或 m^3；

V_t——现场状况下的采样体积，L 或 m^3；

t——采样时的温度，℃；

p——采样时的大气压力，kPa。

（二）二氧化硫（SO_2）

SO_2 来源于煤和石油等燃料的燃烧、含硫矿石的冶炼、硫酸等化工产品生产排放的废气。SO_2 是一种无色、易溶于水、有刺激性气味的气体，能通过呼吸进入气管，对局部组织产生刺激和腐蚀作用，是诱发支气管炎等疾病的原因之一，特别是当它与烟尘等气溶胶共存时，可加重对呼吸道黏膜的损害。

环境空气中 SO_2 的测定方法见表 3—9。

表 3—9　SO_2 测定方法

测定方法	适用范围
甲醛吸收-副玫瑰苯胺分光光度法 HJ 482—2009	适用于环境空气中 SO_2 的测定 当使用 10 mL 吸收液，采样体积为 30 L 时，测定空气中 SO_2 的检出限为 0.007 mg/m^3，测定下限为 0.028 mg/m^3，测定上限为 0.667 mg/m^3。当使用 50 mL 吸收液，采样体积为 288 L，试份为 10 mL 时，测定空气中 SO_2 的检出限为 0.004 mg/m^3，测定下限为 0.014 mg/m^3，测定上限为 0.347 mg/m^3

续表

测定方法	适用范围
四氯汞盐吸收-副玫瑰苯胺比色法 HJ 483—2009	适用于环境空气中 SO_2 的测定 当使用 5 mL 吸收液，采样体积为 30 L 时，测定空气中 SO_2 的检出限为 0.005 mg/m^3，测定下限为 0.020 mg/m^3，测定上限为 0.18 mg/m^3。当使用 50 mL 吸收液，采样体积为 288 L 时，测定空气中 SO_2 的检出限为 0.005 mg/m^3，测定下限为 0.020 mg/m^3，测定上限为 0.19 mg/m^3
紫外荧光法 ISO/CD 10498	适用于空气地面自动监测系统
钍试剂分光光度法	适合于测定 SO_2 日平均浓度。当用 50 mL 吸收液采气 2 m^3 时，测定下限为 0.01 mg/m^3

1. 甲醛吸收-副玫瑰苯胺分光光度法

（1）原理。SO_2 被甲醛缓冲溶液吸收后，生成稳定的羟甲基磺酸加成化合物。在样品溶液中加入氢氧化钠使加成化合物分解，释放出 SO_2 与盐酸副玫瑰苯胺（简称 PRA，即副品红、对品红），与甲醛作用，生成紫红色化合物，用分光光度计在 577 nm 波长处测定。

（2）干扰及消除。SO_2 气体中存在下列物质时，可对测定造成干扰，应予以消除：

1）氮氧化物。加入氨磺酸钠可消除氮氧化物的干扰。

2）臭氧。采样后放置一段时间（20 min），臭氧可自行分解。

3）某些金属离子。加入磷酸和环己二胺四乙酸二钠盐（CDTA）可消除或减小某些金属离子的干扰。在 10 mL 样品中存在 50 μg 钙、镁、铁、镍、镉、铜等离子及 5 μg 二价锰离子时不干扰测定。

（3）采样。具体采样方法如下：

1）短时间采样。采用内装 10 mL 吸收液的 U 形多孔玻板吸收瓶，以 0.5 L/min 的流量采气 45~60 min，采样时吸收液温度应保持在 23~29℃范围内。

2）24 h 连续采样。用内装 50 mL 吸收液的多孔玻板吸收瓶，以 0.2 L/min 的流量连续采样 24 h，采样时吸收液温度应保持在 23~29℃范围内。

3）现场空白。将装有吸收液的采样管带到采样现场，除了不采气之外，其他环境条件与样品相同。样品采集、运输和保存过程中应避免阳光照射。

（4）按下式计算空气中 SO_2 浓度：

$$c=\frac{A-A_0-a}{V_n b}\times\frac{V_t}{V_a} \tag{3—6}$$

式中 c——空气中 SO_2 质量浓度，mg/m^3；

A——样品溶液的吸光度；

A_0——试剂空白溶液的吸光度；

b——回归方程的斜率；

a——校准曲线的截距（一般要求小于 0.005）；

V_t——样品溶液总体积，mL；

V_a——测定时所取样品溶液体积，mL；

V_n——换算成标准状况下（0℃，101.325 kPa）的采样体积，L。

SO_2 质量浓度计算结果应精确到小数点后第三位。

（5）出现 SO_2 负值原因分析。采用该法测定环境空气中的 SO_2，测定结果有时为负值，除分析采样效率的影响因素外，分析过程的原因可归纳为：

1）当环境空气中 SO_2 浓度很低，试剂空白溶液和样品溶液的吸光度测定值有波动，致使（$A-A_0$）为负值，此负值一般在 0.005 以下，大多数在 0.003 以下。

2）当环境空气中 SO_2 浓度较低，校准曲线的截距 a 略大且为正值时，会使 $[(A-A_0)-a]$ 为负值，若截距 a 不超过 0.008，可建立无截距经验方程式计算低浓度结果。

3）装入吸收瓶的吸收液未受污染，而在测定样品时，实验室吸收液受 SO_2 污染而使试剂空白值 A_0' 上升，高于样品溶液中的 A_0，当样品浓度较低时，（$A-A_0'$）可能出现负值。

4）测定低浓度样品时，副反应（褪色反应）使测定结果偏低，甚至为负值。当试液中 SO_2 浓度低时，在显色时，有部分仍以四价硫形态（二氯亚硫酸盐络合物）存在，其可与 PRA 发生褪色反应。

5）当环境空气中存在强氧化剂如高浓度臭氧、氯气等时，不但会氧化 SO_2，还可能氧化 PRA，即将该试剂颜色漂白，样品溶液显色后吸光度几乎为零，再扣除试剂空白值，即得负值。

2. 四氯汞盐吸收-副玫瑰苯胺分光光度法

SO_2 被四氯汞钾溶液吸收后，生成稳定的二氯亚硫酸盐络合物，该络合物再与甲醛和盐酸副玫瑰苯胺作用，生成紫色络合物，其颜色深浅与 SO_2 含量成正比，用分光光度法测定。该方法具有灵敏度高、选择性好等优点，但四氯汞盐溶液为剧毒试剂。

3. 紫外荧光法

紫外荧光法测定空气中的 SO_2，具有选择性好、灵敏度高、不消耗化学试剂，适用于连续自动监测等特点，被世界卫生组织（WHO）推荐在全球监测系统采用。

（1）测定原理。用波长 190~230 nm 紫外光照射空气样品，则空气中的 SO_2 分子吸收紫外光，被激发至激发态，即：

$$SO_2 + h\nu_1 \rightarrow SO_2^*$$

激发态 SO_2^* 分子不稳定，瞬间返回基态，发射出波峰为 330 nm 的荧光，即：

$$SO_2^* \rightarrow SO_2 + h\nu_2$$

当 SO_2 浓度很低，吸收光程很短时，发射的荧光强度和 SO_2 浓度成正比，用光电倍增管及电子测量系统测量荧光强度，并与标准气体发射的荧光强度比较，即可得知空气中 SO_2 的浓度。

（2）干扰及消除。荧光法测定 SO_2 的主要干扰物质是水分和芳香烃化合物。水分的影响一方面是由于 SO_2 可溶于水造成损失，另一方面由于 SO_2 遇水产生荧光猝灭而造成负误差，可用半透膜渗透法或反应室加热法除去水的干扰。芳香烃化合物在 190~230 nm 紫外光激发下也能发射荧光而造成正误差，可用装有特殊吸附剂的过滤器预先除去。

4. 钍试剂比色法

该方法是国际标准化组织（ISO）推荐的测定 SO_2 的标准方法。所用吸收液无毒，采集样品后稳定，但灵敏度较低，所需气样体积大，适合于测定SO_2日平均浓度。原理基于空气中SO_2用过氧化氢溶液吸收并氧化成硫酸，硫酸根离子与定量加入的过量高氯酸钡反应，生成硫酸钡沉淀，剩余钡离子与钍试剂作用生成紫红色的钍试剂-钡络合物，据其颜色深浅，用分光光度计在520 nm波长处，间接进行定量测定。

（三）二氧化氮（NO_2）

空气中的氮氧化物主要来源于化石燃料高温燃烧和硝酸、化肥等生产排放的废气及汽车尾气等。氮氧化物包括NO、NO_2、N_2O、N_2O_3、N_2O_4、N_2O_5等，其中NO、NO_2是主要存在形态，为通常所指的氮氧化物（NO_x）。

NO为无色、无臭、微溶于水的气体，在空气中易被氧化成NO_2。NO_2为棕红色具有强刺激性臭味的气体，毒性比NO高四倍，是引起支气管炎、肺损害等疾病的有害物质。环境空气中氮氧化物的测定方法见表3—10。

表3—10　　氮氧化物测定方法

测定方法	适用范围
Saltzman法 GB 15435—1995	适用于环境空气中NO_2的测定 当采样体积为4~24 L时，测定范围为0.015~2.0 mg/m^3
盐酸萘乙二胺分光光度法 HJ 479—2009	适用于环境空气中NO_x、NO_2、NO的测定 该方法的检出限为0.36 μg/10 mL吸收液。当吸收液总体积为10 mL，采样体积为24 L时，空气中NO_x的检出限为0.015 mg/m^3。当吸收液总体积为50 mL，采样体积288 L时，空气中NO_x的检出限为0.006 mg/m^3。环境空气中NO_x的测定范围为0.024~2.0 mg/m^3

1. Saltzman法

（1）原理。空气中的NO_2与吸收液中的对氨基苯磺酸发生重氮化反应，再与N-（1-萘基）乙二胺盐酸盐作用，生成粉红色的偶氮染料，其颜色深浅与气样中NO_2浓度成正比，于波长540~545 nm处测定吸光度。

（2）干扰及消除。空气中臭氧浓度超过0.25 mg/m^{3}时，使吸收液略显红色，对NO_2的测定产生负干扰。采样时在吸收瓶入口端串接一段15~20 cm长的硅胶管，即可将臭氧浓度降低到不干扰NO_2测定的水平。

（3）采样。具体采样方法如下：

1）短时间采样（1 h以内）。取一支多孔玻板吸收瓶，内装10.0 mL吸收液，以0.4 L/min流量采气6~24 L。

2）长时间采样（24 h以内）。用大型多孔玻板吸收瓶，内装25.0 mL或50.0 mL吸收液，液柱不低于80 mm，使吸收液温度保持在（20±4）℃，从9：00到次日9：00，以0.2 L/min流量采气288 L。

3）现场空白。将装有吸收液的采样管带到采样现场，除了不采气之外，其他环境条件与样品相同。

采样、样品运输及存放过程中应避免阳光照射。气温超过25℃时，长时间运输及存放样品应采取降温措施。采样后应尽快测定样品的吸光度，若不能及时分析，应将样品于低温暗处存放。样品于30℃暗处存放，可稳定8 h；20℃暗处存放，可稳定24 h；于0~4℃冷藏，至少可稳定 3 d。

（4）NO_2 浓度的计算公式如下：

$$c=\frac{(A-A_0-a)\times V\times D}{b\times V_n\times f} \tag{3—7}$$

式中 c——NO_2 的质量浓度，mg/m^3；

A——样品溶液的吸光度；

A_0——空白溶液的吸光度；

a、b——回归方程式的截距和斜率；

V——采样用吸收液体积，mL；

V_n——标准状态下的采样体积，mL；

D——样品的稀释倍数；

f——Saltzman 实验系数，0.88（当空气中 NO_2 浓度高于 0.720 mg/m^3 时，f 值为 0.77）。

Saltzman 实验系数：用渗透法制备的 NO_2 校准用混合气体，在采气过程中被吸收液吸收，生成的偶氮染料相当于亚硝酸根的量与通过采样系统的 NO_2 总量的比值。该系数为多次重复实验测定的平均值，测定方法见《环境空气　二氧化氮的测定　Saltzman 法》（GB/T 15435—1995）附录 B。

2. 盐酸萘乙二胺分光光度法

（1）测定原理。大气中的 NO_2 被串联的第一支吸收瓶中的吸收液吸收生成粉红色的偶氮化合物。NO 不与吸收液反应，通过酸性高锰酸钾溶液氧化瓶被氧化成 NO_2 后，被串联的第二支吸收瓶中的吸收液吸收生成粉红色的偶氮化合物。生成的偶氮染料在波长 540 nm 处的吸光度与 NO_2 的含量成正比。分别测定第一支和第二支吸收瓶中样品的吸光度，计算两支吸收瓶内 NO_2 和 NO 的质量浓度，二者之和即为氮氧化物的质量浓度（以 NO_2 计）。

（2）NO_x 浓度的计算公式如下：

$$c_1=\frac{(A_1-A_0-a)\times V\times D}{b\times V_0\times f} \tag{3—8}$$

$$c_2=\frac{(A_2-A_0-a)\times V\times D}{b\times V_0\times f\times k} \tag{3—9}$$

$$c_3=c_1+c_2 \tag{3—10}$$

式中 c_1——NO_2 的质量分数，mg/m^3；

c_2——NO 的质量分数，mg/m^3；

c_3——氮氧化物的质量分数，mg/m^3；

A_1、A_2——分别为串联的第一支和第二支吸收瓶中样品的吸光度；

k——NO 转化为 NO_2 的氧化系数，0.68。（空气中的 NO 通过酸性高锰酸钾溶液氧化管后，被氧化为 NO_2 且被吸收液吸收生成偶氮染料的量与通过采样系统的 NO 的总量之比。）

其他符号意义同 Saltzman 法中 NO_2 浓度的计算公式。

（四）一氧化碳（CO）

CO 主要来源于石油、煤炭燃烧不充分的产物和汽车排气，一些自然灾害如火山爆发、森林火灾等也是一氧化碳来源之一。

测定空气中 CO 的方法有非分散红外吸收法、定电位电解法、汞置换法等，其中非分散红外法为空气连续采样-实验室分析和自动监测的国家标准分析方法。

1. 原理

CO 对以 4.5 μm 为中心波段的红外辐射具有选择性吸收，引起分子振动能级和转动能级的跃迁，产生红外吸收光谱。在一定的浓度范围内，吸光度与 CO 浓度之间的关系符合朗伯-比尔定律，因此，测其吸光度即可确定样品中 CO 的含量。由于红外波谱一般在 1~25 μm，测定时无须用分辨率高的分光系统，而是用一定带宽的非色散红外光源与窄带滤光片及选择性检测器，故称为非色散红外法。

2. 干扰及消除

CO 的红外吸收峰在 4.5 μm 附近，CO_2 在 4.3 μm 附近，水蒸气在 3 μm 和 6 μm 附近。因为空气中 CO_2 和水蒸气的浓度远大于 CO 的浓度，故 CO_2 和水蒸气会干扰 CO 的测定。在测定前用制冷或通过干燥剂的方法可除去水蒸气，用窄带光学滤光片或气体滤波室将红外辐射限制在 CO 吸收的窄带光范围内，可消除 CO_2 的干扰。

3. 非分散红外吸收法 CO 监测仪

非分散红外线气体监测仪由红外光源、切光器、气室、光检测器，及相应的供电、放大、显示和记录用的电子线路和部件组成，工作原理如图 3—16 所示。

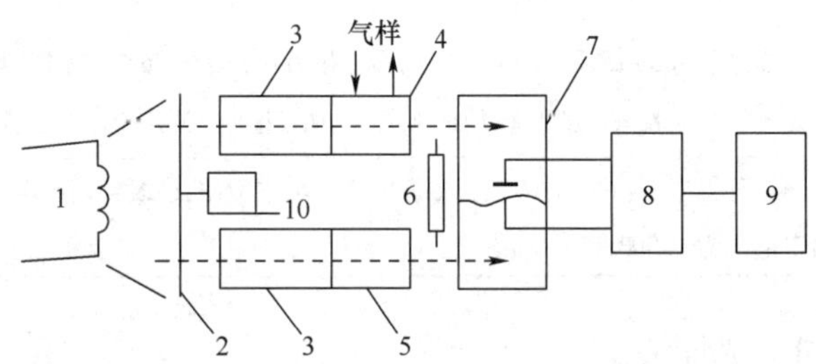

图 3—16　非分散红外吸收法 CO 监测仪工作原理

1—红外光源　2—切光片　3—滤波室　4—测量室　5—参比室　6—调零挡板
7—检测室　8—放大及信号处理系统　9—指示表及记录仪　10—同步电机

从红外光源射出能量相等的两束平行光，被同步电机带动的切光片交替切断。一束光作为参比光束通过滤波室（内充 CO_2 和水蒸气，用以消除干扰光）、参比室（内充不吸收红外光的气体，如氮气）射入检测室，其 CO 特征吸收波长光强度不变。另一束光作为测量光束，通过滤波室、测量室射入检测室。由于测量室内有气样通过，则气样中的 CO 吸收了部分特征波长的红外光，使射入检测室的光束强度减弱，且 CO 含量越高，光强减弱越多。检测室用一金属薄膜（厚 5~10 μm）分隔为上、下两室，均充等浓度 CO 气体，在金属薄膜一侧还固定一圆形金属片，距薄膜 0.05~0.08 mm，二者组成一个电容器，这种检测器称为电容检测器或薄膜微音器。由于射入检测室的参比光束强度大于测量光束强度，使两室中气体的温度产生差异，导致下室中的气体膨胀压力大于上室，使金属薄膜偏向固定金属片一方，从而改变了电容器两极间的距离，也就改变了电容量，由其变化值即可得出气样中 CO 的浓度值。

4. 测定

测定时，先通入纯氮气进行零点校正，再用标准 CO 气体校正，然后通入气样，便可直接显示、记录气样中 CO 的体积分数。

5. 换算

按下式将仪器读数换算为标准状态下 CO 的质量浓度 c：

$$c = 1.25\varphi \tag{3—11}$$

式中 φ——仪器显示的 CO 读数，μL/L；

1.25——标准状态下由 μL/L 换算成 mg/m³ 换算的系数。

（五）臭氧（O_3）

O_3是强氧化剂之一，具有强烈的刺激性，在紫外线的作用下，参与烃类和 NO_x 的光化学反应。同时，O_3又是高空大气的正常组分，能强烈吸收紫外光，保护人和其他生物免受太阳紫外光的辐射。但是，O_3超过一定浓度，对人体和某些植物生长会产生一定危害。近地面层空气中 O_3 的测定范围为 0.04~0.1 mg/m³。

环境空气中 O_3 的测定方法见表 3—11。

表 3—11　O_3 的测定方法

测定方法	适用范围
靛蓝二磺酸钠分光光度法 HJ 504—2009	适用于环境空气中 O_3 的测定 当采样体积为 30 L 时，空气中 O_3 的检出限为 0.010 mg/m³，测定下限为 0.040 mg/m³。当采样体积为 30 L，吸收液浓度为 2.5 μg/L 或 5.0 μg/L 时，测定上限分别为 0.50 mg/m³、1.00 mg/m³
紫外分光光度法 HJ 590—2010	适用于环境中 O_3 的瞬时测定，也适用于环境中 O_3 的连续自动测定 测定范围为 0.003~2 mg/m³

1. 靛蓝二磺酸钠分光光度法

（1）原理。空气中的 O_3，在磷酸盐缓冲溶液存在下，与吸收液中蓝色的靛蓝二磺酸钠（简称 IDS）等摩尔反应，褪色生成靛红二磺酸钠。在 610 nm 处测定吸光度，根据蓝色减退的程度确定空气中 O_3 的浓度。

（2）干扰。O_3 测定的干扰因素如下：

1）NO_2 对 O_3 的测定产生正干扰，约为其质量浓度的 6%。

2）空气中 SO_2、H_2S、过氧乙酰硝酸酯（PAN）和氟化氢的浓度高于 750 μg/m³、110 μg/m³、1 800 μg/m³ 和 2.5 μg/m³ 时，干扰 O_3 的测定。

3）空气中氯气、二氧化氯的存在使 O_3 的测定结果偏高。但在一般情况下，这些气体的浓度很低，不会造成显著误差。

（3）采样。具体采样方法如下：

1）样品采样。用内装（10.00±0.02）mL 靛蓝二磺酸钠（IDS）吸收液的多孔玻板吸收管，罩上黑色避光套，以 0.5 L/min 流量采气 5～30 L。当吸收液褪色约 60%时（与现场空白样品比较），应立即停止采样。样品在运输及存放过程中应严格避光。当确信空气中臭氧的浓度较低，不会穿透时，可以用棕色玻板吸收管采样。

样品于室温暗处存放至少可稳定 3 d。

2）现场空白样品的采集。将同一批配制的 IDS 吸收液装入多孔玻板吸收管中，带到采样现场。除了不采集空气样品外，其他环境条件保持与采集空气的采样管相同。每批样品至少带两个现场空白样品。

（4）按下式计算空气中 O_3 的浓度：

$$c=\frac{(A_0-A-a)\times V}{b\times V_n} \tag{3—12}$$

式中　c——O_3 的质量浓度，mg/m^3；

A_0——现场空白样品吸光度的平均值；

A——样品的吸光度；

a——标准曲线的截距；

V——样品溶液的总体积，mL；

b——标准曲线的斜率；

V_n——换算为标准状态的采样体积，L。

2. 紫外分光光度法

（1）原理。当样品空气以恒定的流速通过除湿器和颗粒物过滤器进入仪器的气路系统时，将分成两路，一路为样品空气，另一路通过选择性臭氧洗涤器成为零空气。样品空气和零空气在电磁阀的控制下交替进入样品吸收池（或分别进入样品吸收池和参比池），O_3 对 253.7 nm 波长的紫外光有特征吸收。设零空气通过吸收池时检测的光强度为 I_0，样品空气通过吸收池时检测的光强度为 I，则 I/I_0 为透光率。仪器的微处理系统根据朗伯-比尔定律可由透光率计算出 O_3 浓度。

（2）干扰。该方法的干扰因素如下：

1）一般环境空气中常见的浓度低于 0.2 mg/m^3 的污染物不会干扰 O_3 的测定。但当空气中 NO_2 和 SO_2 的浓度分别为 0.94 mg/m^3 和 1.3 mg/m^3 时，对 O_3 的测定分别产生约为 2 $\mu g/m^3$ 和 8 $\mu g/m^3$ 的正干扰。

2）空气中的颗粒物如果未被去除，可能会在采样管路中累积而破坏 O_3 测定，使得测定结果偏低，加颗粒物过滤器可去除。

（六）氟化物

空气中的气态氟化物主要是氟化氢、氟气、氟化硅（SiF_4）等。含氟粉尘主要是冰晶石（Na_3ALF_6）、萤石（CaF_2）、氟化铝（AlF_3）、氟化钠（NaF）及磷灰石［$3Ca_3(PO_4)_2\cdot CaF_2$］等。氟化物污染主要来源于铝厂、冰晶石和磷肥厂，硫酸处理萤石及制造和使用氟化物、氢氟酸等工业排放或逸散的气体和粉尘。氟化物属高毒类物质，由呼吸道进入人体，会引起黏膜刺激、中毒等症状，并能影响各组织和器官的正常生理功能。氟化物对于植物的影响比 SO_2 大 10～100 倍，对人体的危害比 SO_2 大 20 倍。

空气中氟化物的测定方法见表 3—12。

表 3—12　　氟化物的测定方法

测定方法	适用范围
滤膜采样氟离子选择电极法 HJ 480—2009	适用于环境空气中氟化物的小时浓度和日平均浓度的测定。当采样体积为 6 m^3 时，测定下限为 0.9 μg/m^3
石灰滤纸采样氟离子选择电极法 HJ 481—2009	适用于环境空气中氟化物长期平均污染水平的测定。当采样时间为一个月时，该方法的测定下限为 0.18 μg/(dm^2 · d)

1. 滤膜采样氟离子选择电极法

（1）原理。已知体积的空气通过磷酸氢二钾浸渍的滤膜时，氟化物被固定或阻留在滤膜上，滤膜上的氟化物用盐酸溶液浸溶后，用氟离子选择电极法测定。

（2）干扰及消除。当测定体系中有 Fe^{3+}、Al^{3+}、Si^{4+}存在时会对测定产生干扰，可加入总离子强度调节缓冲液（TISAB）来消除。若上述离子浓度高于 20 mg/L，则需要用蒸馏法消除干扰。

（3）采样。具体采样方法如下：

1）样品采集。采样时，在滤膜夹中装入两张磷酸氢二钾浸渍滤膜，中间隔 2~3 mm，以 100~120 L/min 流量（气流线速为 0.3~0.4 m/s），采气 10 m^3 以上，做好采样记录。采样后，用干净镊子将样品膜取出，对折放入塑料袋（盒）中，密封好，保存在空干燥器中，须在 40 d 内完成分析。

2）现场空白。以浸渍后的空白滤膜代替样品，带到现场，与样品在相同的条件下保存、运输，直至送交实验室分析，运输过程中应注意防止其被污染。

（4）样品测定。将样品膜剪成小碎块（约 5 mm×5 mm），放入 50 mL 聚乙烯塑料杯中，加入 0.25 mol/L 盐酸溶液 20.00 mL，在超声波清洗器中提取 30 min 后，取出，冷却至室温，再加入 1.0 mL/L 氢氧化钠溶液 5.00 mL，TISAB 溶液 10.00 mL，水 5.00 mL，总体积 40.00 mL，然后放置 3~5 h，用氟离子活度计进行测定。

（5）按下式计算氟化物的含量：

$$c=\frac{W_1+W_2-2W_0}{V_n} \tag{3—13}$$

式中　c——氟化物的含量，mg/m^3；

W_1——上层浸渍膜样品中的氟含量，μg；

W_2——下层浸渍膜样品中的氟含量，μg；

W_0——空白浸渍膜平均氟含量，μg；

V_n——标准状态下的采样体积，L。

2. 石灰滤纸采样氟离子选择电极法

用浸渍氢氧化钙溶液的滤纸采样，则大气中的氟化物与氢氧化钙反应而被固定，用总离子强度调节缓冲液浸取后，以氟离子选择电极法测定。

该方法将浸渍吸收液的滤纸自然暴露于大气中采样，对比前一种方法，不需要抽气动力，采样时间长，适用于大气中氟化物长期平均浓度的测定。可按下式计算氟化物含量：

$$c=\frac{W-W_0}{n\times S} \tag{3—14}$$

式中　c——氟化物含量，$\mu g/(dm^2 \cdot d)$；

W——石灰滤纸样品中氟含量，μg；

W_0——空白石灰滤纸平均氟含量，μg；

S——采样滤纸暴露在空气中的面积，dm^2；

n——样品滤纸在空气中放置天数，准确至 0.1 d。

（七）硫酸盐化速率

碱片法测定硫酸盐化速率，不需采样动力，简单易行，试剂毒性低。由于采样时间长，测定结果能较好地反映空气中含硫污染物（主要是 SO_2）的污染状况和污染趋势。

空气中硫酸盐化速率的测定方法见表 3—13。

表 3—13　　碱片法测定硫酸盐化速率

测定方法	适用范围
碱片-重量法	测定下限（以 SO_3 计）为 0.05 $mg/(100\ cm^2 \cdot d)$
碱片-铬酸钡分光光度法	测定下限为 10 μg/10 mL（按与吸光度 0.01 相对应的 SO_3 浓度计）和 0.03 $mg/(100\ cm^2 \cdot d)$
碱片-离子色谱法	测定下限为 0.2 μg/10 mL（以 SO_4^{2-} 计）和 0.03 $mg/(100\ cm^2 \cdot d)$（以 SO_3 计）

1. 碱片-重量法

（1）原理。将用碳酸钾溶液浸渍过的玻璃纤维滤膜暴露于空气中，使其与空气中的 SO_2、硫酸雾、硫化氢等发生反应生成硫酸盐。测定生成的硫酸盐含量，计算硫酸盐化速率。其结果以每日在 100 cm^2 碱片上所含三氧化硫质量表示。反应式如下：

$$2K_2CO_3+2SO_2+O_2 = 2K_2SO_4+2CO_2$$

（2）采样。采样方法如下：

1）碱片的制备。将玻璃纤维滤膜剪成直径为 7.0 cm 的圆片，毛面向上，平放在 150 mL 烧杯口上。用刻度吸管均匀滴加 30%碳酸钾溶液 1.0 mL 于每片滤膜上，使溶液在滤膜上扩散直径为 5 cm。滤膜在 60℃烘干，储于干燥器内备用。

2）放样。将碱片毛面向外放入塑料皿，用塑料垫圈压好边缘，装在塑料袋中携至采样现场。使滤膜面向下固定在塑料皿支架上。采样点除考虑气象因素的影响及采样地点之间的合理布局外，还应注意不要接近烟囱等含硫气体污染源，并尽量避免受人的干扰。采样高度为 5~10 m，如可放置在屋顶上，应距屋顶 1~1.5 m，放置时间为（30±2）d。放样和收样时，记录和核对放样地点、滤膜编号及时间（月、日、时）。

（3）按下式计算硫酸盐化速率：

$$\text{硫酸盐化速率}[mg/(100\ cm^2 \cdot d)]=\frac{W_s-W_0}{nS}\times\frac{M_{SO_3}}{M_{BaSO_4}}\times100=\frac{W_s-W_0}{nS}\times34.3 \tag{3—15}$$

式中　W_s——样品碱片中测得的 $BaSO_4$ 质量，mg；

W_0——空白碱片中测得的 $BaSO_4$ 质量，mg；

S——样品碱片有效采样面积，cm^2；

n——碱片采样放置天数，准确至 0.1 d；

M_{SO_3}/M_{BaSO_4}——表示 SO_3 与 $BaSO_4$ 摩尔质量之比，0.343。

2. 碱片-铬酸钡分光光度法

在弱酸性溶液中，碱片样品溶液中的硫酸根离子（SO_4^{2-}）与铬酸钡（$BaCrO_4$）悬浊液发生以下交换反应：

$$SO_4^{2-} + BaCrO_4 = BaSO_4\downarrow + CrO_4^{2-}\text{（黄色）}$$

在氨-乙醇溶液中，分离除去硫酸钡及过量的铬酸钡，反应释放出的黄色铬酸根离子与硫酸根浓度成正比，根据颜色深浅，在 420 nm 波长处，采用 3 cm 比色皿，用分光光度计测定。

3. 碱片-离子色谱法

采样碱片经碳酸钠-碳酸氢钠稀溶液浸取后，获得样品溶液，注入离子色谱仪测定。

二、颗粒物

空气中颗粒物质的测定项目有总悬浮颗粒物的测定、可吸入颗粒物（飘尘）浓度的测定、自然降尘量的测定、颗粒物中化学组分的测定。

（一）总悬浮颗粒物

总悬浮颗粒物指悬浮在空气中，空气动力学当量直径小于 100 μm 的颗粒物，以 TSP（total suspended particulate）表示。测定方法采用重量法。采气流量为 1.05 m^3/min（大流量采样器）或 100 L/min（中流量采样器），采样口的抽气速度为 0.3 m/s，测定下限为 0.001 mg/m^3。

1. 原理

通过具有一定切割特性的采样器，以恒速抽取一定体积的空气，则空气中粒径小于 100 μm 的悬浮颗粒物被截留在已恒重的滤膜上，根据采样前后滤膜质量之差及采样体积，即可计算 TSP 的质量浓度。滤膜经处理后，可进行化学组分测定。TSP 含量过高或雾天采样使滤膜阻力大于 10 kPa 时，该方法不适用。

2. 空气中 TSP 计算

空气中的 TSP 可按下式计算：

$$c=\frac{W_1-W_0}{V_n}\times 1\,000 \tag{3—16}$$

式中 c——TSP 质量浓度，mg/m^3；

W_1——尘膜质量，g；

W_0——空白滤膜的质量，g；

V_n——标准状态下的采样体积，m^3。

3. 注意事项

（1）称量好的滤膜平展地放在滤膜保存盒中，采样前不得弯曲或折叠。

（2）安装滤膜时，绒面向上，放在滤膜支持网上，对正，拧紧，不能漏气。

（3）采样完毕，用镊子轻取滤膜，采样面向里对折。

（4）取膜时，若发现滤膜损坏，或尘膜的边缘轮廓不清晰、滤膜安装倾斜，则采样作废。

（二）可吸入颗粒物

可吸入颗粒物指空气动力学当量直径小于 10 μm 的颗粒物，可长期飘浮在空气中，通过呼吸进入人体的上、下呼吸道，亦称为飘尘，以 PM_{10}（inhalable particulate matter）表示。

空气中 PM_{10}的手动测定方法采用重量法，即用切割粒径 D=(10±1) μm、δ_g(几何标准差)=(1.5±0.1) 的切割器将大颗粒物分离，PM_{10}被截留在已恒重的滤膜上，根据采样前后滤膜质量之差及采样体积，即可计算 PM_{10}的质量浓度。计算公式可参照 TSP 含量的计算公式。在连续自动监测仪器中，可采用静电捕集法、β 射线吸收法或光散射法直接测定 PM_{10}浓度。

（三）细颗粒物

细颗粒物指空气动力学当量直径小于 2.5 μm 的颗粒物，以 $PM_{2.5}$（inhalable particulate matter）表示。

空气中 $PM_{2.5}$的手动测定方法采用重量法，方法原理是采样器以恒定采样流量抽取环境空气，使环境空气中 $PM_{2.5}$被截留在已知质量的滤膜上，根据采样前后滤膜的质量变化和累积采样体积，计算出 $PM_{2.5}$浓度。$PM_{2.5}$采样器由切割器、滤膜夹、流量测量及控制部件、抽气泵等组成。

（四）自然降尘量

1. 降尘总量的测定

降尘的监测采用重量法，即空气中可沉降的颗粒物沉降在装有乙二醇水溶液的集尘缸内，样品经蒸发、干燥、称量后，计算降尘量。测定结果以每个月（30 d 计）沉降于单位面积上的颗粒物质量，即 t/(km² · 30 d) 表示，测定下限为 0.2 t/(km² · 30 d)。

按照前述的布点原则和采样方法进行布点采样。采样结束后，剔除缸内的树叶、昆虫等异物（附着在异物上面的细小尘粒应冲洗下来），将缸内溶液和尘粒全部转入 500 mL 烧杯中，加热蒸发浓缩至 10~20 mL，将杯中溶液和尘粒全部转移入已恒重的瓷坩埚中，在电热板上蒸干后，于烘箱内（105±5)℃烘至恒重。

在每批降尘总量样品测定的同时，取与采样操作等量的乙二醇水溶液，作为试剂空白，按上述方法烘至恒重。按下式计算降尘量：

$$\text{降尘总量}\ [\mathrm{t/(km^2 \cdot 30\ d)}] = \frac{W_1 - W_0 - W_e}{nS} \times 30 \times 10^4 \qquad (3\text{—}17)$$

式中　W_1——降尘、瓷坩埚、乙二醇水溶液蒸干，并在（105±5)℃恒重后的质量，g；

W_0——瓷坩埚于（105±5)℃恒重后的质量，g；

W_e——与采样操作等量的乙二醇水溶液蒸干，并在（105±5)℃恒重后的质量，g；

S——集尘缸缸口面积，cm²；

n——采样天数（准确至 0.1 d)。

2. 降尘中可燃物的测定

将上述已测过降尘总量的瓷坩埚放入 600℃的马福炉内灼烧至恒重，减去经 600℃灼烧至恒重的该坩埚的质量及等量乙二醇水溶液蒸干并在600℃灼烧后的质量，即为降尘中可燃物燃烧后剩余残渣量，根据它与降尘总量之差和集尘缸面积、采样天数，便可计算出可燃物量，以 $t/(km^2 \cdot 30\ d)$ 计。

（五）颗粒物中污染物含量的测定

测定颗粒物中污染物的组成主要是探讨污染的原因及对健康的危害，特别是可吸入颗粒物，比表面大，吸附能力强，能随人的呼吸进入肺泡而对人体造成伤害。用超细玻璃纤维滤膜采样，样品滤膜可用于测定无机盐（如硫酸盐、硝酸盐及氯化物等）和有机化合物（如苯并[a]芘等）。若要测定金属元素（如铅、镉、铜、锌、镍、铬、铁、锰、铍、锑、硒等），则用聚氯乙烯等有机滤膜。

1. 某些金属元素和非金属化合物的测定

颗粒物常需测定金属元素和非金属化合物，它们多以气溶胶形式存在，其测定方法分为不需要样品预处理和需要样品预处理两类。不需样品预处理的方法如中子活化法、X 射线荧光光谱法、等离子体发射光谱法等。需要对样品进行预处理的方法如分光光度法、原子吸收分光光度法、荧光分光光度法、催化极谱法等。样品预处理方法有湿式分解法、干式灰化法、水浸取法等。

下面介绍用火焰原子吸收分光光度法测定环境空气中的铅。现行《环境空气质量标准》（GB 3095—2012）中 Pb 指存在于 TSP 中的铅及其化合物。

用 TSP 采样器、聚氯乙烯滤膜采样 80～150 m^3，采尘滤膜经微波消解法或硝酸-过氧化氢溶液浸出法制备成样品溶液，用火焰原子吸收分光光度计测定，其特征吸收波长为 283.3 nm。当采样体积为 100 m^3，测定下限为 2.5×10^{-4} mg/m^3。

空气中的铅浓度按下式计算：

$$c_1=\frac{(c-c_0)\times V}{V_n\times 1\,000}\times\frac{S_t}{S_a} \tag{3—18}$$

式中 c_1——空气中的铅质量浓度，mg/m^3；

c——样品溶液中铅浓度，μg/ mL；

c_0——空白溶液中铅浓度，μg/ mL；

V——样品溶液体积，mL；

V_n——标准状态下的采样体积，m^3；

S_t——样品滤膜总面积，cm^2；

S_a——测定时所取滤膜面积，cm^2。

当铅含量低时，可用石墨炉原子吸收法测定，但须注意样品空白。

2. 有机化合物的测定

颗粒物中的有机组分种类多，多数具有毒性，如有机氯和有机磷农药、芳烃类和酯类化合物等。其中，受到普遍重视的是多环芳烃（PAHs），如菲、蒽、芘等数百种，不少具有致癌作用。苯并[a]芘（B[a]P）就是其中一种强致癌物质，它主要来自含碳燃料及有机物热解过程。煤炭、石油等在无氧加热裂解过程中，产生的烷烃、烯烃等经过脱氢、聚合，可产生一定数量的苯并[a]芘，并吸附在烟气可吸入颗粒物上，散布于空气中；香烟烟雾中也含苯并[a]芘。

苯并[a]芘（B[a]P）的测定，通常采用高效液相色谱法。

（1）原理。将采集在超细玻璃纤维滤膜上的 PM_{10} 中的苯并[a]芘（B[a]P）在乙腈/水或甲醇/水的溶剂中超声提取，提取液注入高效液相色谱仪，通过色谱柱的 B[a]P 与其他化合物分离，然后用紫外检测器对 B[a]P 进行定量测定。用大流量采样器（流量为 1.13 m^3/min）连续采集 24 h，乙腈/水为流动相，B[a]P 测定下限为 6×10^{-5} μg/m^3；甲醇/水为流动相，测定下限为 1.8×10^{-4} μg/m^3。

（2）采样。采样前将超细玻璃纤维滤膜不重叠放在马福炉内，350℃灼烧 2 h，置于干燥器中保存。然后按照气溶胶的采样方法，连续采样 24 h。采样完毕后，将玻璃纤维滤膜取下，尘面朝里折叠，用黑纸包好，再用塑料袋密封后迅速送回实验室，于-20℃以下保存，7 d 内萃取，萃取液 30 d 内分析完毕。

在样品运输、保存和分析过程中，应避免可引起样品性质改变的热、臭氧、二氧化氮、紫外线等因素的影响。

（3）按下式计算环境空气中 B[a]P 浓度：

$$c=\frac{n\times W\times V_t\times10^{-3}}{V_i\times V_s} \tag{3—19}$$

式中　c——苯并[a]芘的质量浓度，μg/m^3；

W——注入色谱仪样品中 B[a]P 量，ng；

V_t——提取液总体积，μL；

V_i——进样体积，μL；

V_s——标准状况下采气体积，m^3；

n——分析用滤膜在整张滤膜中所占比例。

（4）注意事项

苯并[a]芘是强致癌物，操作时应保持最低限度接触，必要时应戴口罩和乳胶手套。实验废液应收集起来，统一处理。实验所用玻璃仪器用重铬酸钾洗液浸泡洗涤。

三、空气污染指数（API）与环境空气质量指数（AQI）

（一）空气污染指数（API）

空气污染指数（air pollution index，即 API）是一种反映和评价空气质量状况的指标。API 分级计算参考的标准是《环境空气质量标准》（GB 3095—2012），评价的污染物仅为 SO_2、NO_2 和 PM_{10} 3 项，并确定 API 为 50、100、200 时，分别对应于我国空气质量标准中日均值的一、二、三级标准的污染浓度限值，500 则对应于对人体健康产生明显危害的污染水平。即将常规监测的几种主要空气污染物浓度经过处理简化为单一的概念性数值形式，分级表征空气质量状况和污染程度，具有简明、直观和使用方便的优点。API 每天发布一次，而灰霾的主因——$PM_{2.5}$ 并未纳入其中。

API 的计算方法是根据各种污染物的实测浓度和其污染指数分级浓度限值（见表 3—16）计算各污染分指数。当某种污染物浓度（ρ_i）处于 $\rho_{i,j}\leqslant\rho_i\leqslant\rho_{i,j+1}$ 时，其污染分指数（I_i）按下式计算：

$$I_i=\frac{\rho_i-\rho_{i,j}}{\rho_{i,j+1}-\rho_{i,j}\ (I_{i,j+1}-I_{i,j})}+I_{i,j} \tag{3—20}$$

式中　ρ_i，I_i——分别为第 i 种污染物的浓度值和污染分指数值；

$\rho_{i,j}$，$I_{i,j}$——分别为第 i 种污染物在 j 转折点的极限浓度值和污染分指数值（见表3—15）；

$\rho_{i,j+1}$，$I_{i,j+1}$——分别为第 i 种污染物在 j+1 转折点的浓度极限值和污染分指数值，见表 3—14。

各种污染物的污染分指数都计算出以后，取最大者为该区域或城市的空气污染指数API，则该项污染物即为该区域或城市空气中的首要污染物。当污染指数 API 值小于 50 时，不报告首要污染物。

表 3—14　　空气污染指数分级浓度限值（标准状况）　　mg/m^3

API	SO_2	NO_2	NO_x	PM_{10}	TSP
50	0. 050	0. 040	0. 050	0. 050	0. 120
100	0. 150	0. 080	0. 100	0. 150	0. 300
200	0. 250	0. 120	0. 150	0. 250	0. 500
300	1. 600	0. 565	0. 565	0. 420	0. 625
400	2. 100	0. 750	0. 750	0. 500	0. 850
500	2. 620	0. 940	0. 940	0. 600	1. 000

（二）环境空气质量指数（AQI）

环境空气质量指数（air quality index，即 AQI）是定量描述空气质量状况的无量纲指数。AQI 的数值越大、级别越高，说明空气污染状况越严重，对人体的健康危害也就越大。

在实际应用中，不需要记住 AQI 的具体数值和级别，只需要注意优（绿色）、良（黄色）、轻度污染（橙色）、中度污染（红色）、重度污染（紫色）、严重污染（褐红色）6 种评价类别和表征颜色。

AQI 分级计算参考的标准是《环境空气质量标准》（GB 3095—2012）和《环境空气质量指数（AQI）技术规定（试行）》（HJ 633—2012），参与评价的污染物为细颗粒物（$PM_{2.5}$）、可吸入颗粒物（PM_{10}）、二氧化硫（SO_2）、二氧化氮（NO_2）、臭氧（O_3）、一氧化碳（CO）6 项，每小时发布一次。

对于 AQI 的计算，可根据表 3—15 计算各空气质量分指数 IAQI，然后按各污染物项目中 IAQI 的最大值确定环境空气质量指数。

污染物项目 P 的空气质量分指数：

$$IAQI_P=\frac{(IAQI_{Hi}-IAQI_{Lo})\ (C_P-BP_{Lo})}{BP_{Hi}-BP_{Lo}}+IAQI_{Lo} \tag{3—21}$$

式中　$IAQI_P$——污染物项目 P 的空气质量分指数；

C_P——污染特项目 P 的质量浓度值；

BP_{Hi}——表 3—15 中与 C_P 相近的污染物浓度限值的高位值；

BP_{Lo}——表 3—15 中与 C_P 相近的污染物浓度限值的低位值；

$IAQI_{Hi}$——表 3—17 中与 BP_{Hi} 对应的空气质量分指数；

$IAQI_{Lo}$——表 3—17 中与 BP_{Lo} 对应的空气质量分指数。

空气质量指数按下式计算：

$$AQI=\max\{IAQI_1, IAQI_2, IAQI_3, \cdots, IAQI_n\} \tag{3—22}$$

式中 IAQI——空气质量分指数；

n——污染物项目。

表 3—15 空气质量分指数及对应的污染物项目浓度限值

IAQI	SO_2 24 小时平均/（μg/m³）	SO_2 1 小时平均/（μg/m³）(1)	NO_2 24 小时平均/（μg/m³）	NO_2 1 小时平均/（μg/m³）(1)	PM_{10} 24 小时平均/（μg/m³）	CO 24 小时平均/（mg/m³）	CO 1 小时平均/（mg/m³）(1)	O_3 1 小时平均/（μg/m³）	O_3 8 小时滑动平均/（μg/m³）	$PM_{2.5}$ 24 小时平均/（μg/m³）
0	0	0	0	0	0	0	0	0	0	0
50	50	150	40	100	50	2	5	160	100	35
100	150	500	80	200	150	4	10	200	160	75
150	475	650	180	700	250	14	35	300	215	115
200	800	800	280	1 200	350	24	60	400	265	150
300	1 600	(2)	565	2 340	420	36	90	800	800	250
400	2 100	(2)	750	3 090	500	48	120	1 000	(3)	350
500	2 620	(2)	940	3 840	600	60	150	1 200	(3)	500

说明：

（1）SO_2、NO_2、CO 的 1 h 平均浓度限值仅用于实时报，在日报中需使用相应污染物的 24 h 平均浓度限值。

（2）$SO_2$1 h 平均浓度值高于 800 μg/m³ 的，不再进行其空气质量分指数计算，SO_2 空气质量分指数按 24 h 平均浓度计算的分指数报告。

（3）$O_3$8 h 平均浓度值高于 800 μg/m³ 的，不再进行其空气质量分指数计算，O_3 空气质量分指数按 1 h 平均浓度计算的分指数报告。

四、降水监测

（一）降水监测的测定项目

测定项目有降水（雪）量、pH、电导率、K^+、Na^+、Ca^{2+}、Mg^{2+}、NH_4^+、SO_4^{2-}、NO_3^-、F^-、Cl^-。各级测点对 pH、电导率两个项目，应做到逢雨（雪）必测，同时记录当次降水（雪）量。对其他监测项目，在当月有降雨（雪）的情况下，国家酸雨监测网监测点应对每次降雨（雪）进行全部离子项目的测定，尚不具备条件的监测网站每月应至少选一个或几个降水量较大的样品进行全部项目的测定。各测点可根据需要选测 HCO_3（碳酸氢根离子）、Br^-、$HCOO^-$（甲酸根离子）、CH_3COO^-（醋酸根离子）、PO_4^{3-}、NO_2^-、SO_3^{2-} 等。

（二）降水监测的测定方法

监测方法首选国家标准方法（见表 3—16），亦可根据实际情况选用与国家标准方法具有可比性的等效方法。阴离子的分析建议用离子色谱法，金属阳离子的分析建议用离子色谱法或原子吸收分光光度法，NH_4^+ 的分析建议用离子色谱法或纳氏试剂光度法。

表 3—16　降水监测项目分析方法

监测项目	保存时间	分析方法	标准编号
EC（电导率）	24 h	电极法	GB 13580. 3—1992
pH	24 h	电极法	GB 13580. 4—1992
SO_4^{2-}	一个月	离子色谱法 硫酸钡比浊法 铬酸钡-二苯碳酰二肼光度法	GB 13580. 5—1992 GB 13580. 6—1992 GB 13580. 6—1992
NO_3^-	24 h	离子色谱法 紫外光度法 镉柱还原光度法	GB 13580. 5—1992 GB 13580. 8—1992 GB 13580. 8—1992
Cl^-	一个月	离子色谱法 硫氰酸汞高铁光度法	GB 13580. 5—1992 GB 13580. 9—1992
F^-	24 h	离子色谱法 新氟试剂光度法	GB 13580. 5—1992 GB 13580. 10—1992
K^+、Na^+	一个月	原子吸收分光光度法 离子色谱法	GB 13580. 12—1992 HJ/T 165—2004 附录 B
Ca^{2+}、Mg^{2+}	一个月	原子吸收分光光度法 离子色谱法	GB 13580. 13—1992 HJ/T 165—2004 附录 B
NH_4^+	24 h	纳氏试剂光度法 次氯酸钠-水杨酸光度法 离子色谱法	GB 13580. 11—1992 GB 13580. 11—1992 HJ/T 165—2004 附录 B

第三节　污染源监测的项目

一、大气固定源污染物的监测

固定污染源的监测目的：检查排放的废气有害物质含量是否符合国家或地方的排放标准和总量控制指标；评价净化装置及污染防治设施的性能和运行情况，为空气质量评价和管理提供依据。其监测内容包括废气排放量、污染物质排放浓度及排放速率(kg/h)。在计算废气排放量和污染物质排放浓度时，都使用标准状况下的干气体体积。

进行监测时，要求生产设备处于正常运转状态。对因生产过程而引起排放情况变化的污染源，应根据其变化特点和周期进行系统监测。

（一）烟气参数的测定

烟道排气的体积、温度和压力是烟气的基本状态常数，也是计算烟气流速、颗粒物及有害物质浓度的依据。

1. 温度的测量

测量设备主要有玻璃水银温度计、热电偶温度计和电阻温度计。

对于直径小、温度不高的烟道，可使用长杆水银温度计。测量时，应将温度计球部放在靠近烟道中心位置，注意读数时不要将温度计抽出烟道外。

对于直径大、温度高的烟道，要用热电偶温度计，如图3—17所示。其原理是将两根不同的金属导线连成闭合回路，当两接点处于不同温度环境时，便产生热电势，两接点的温差越大，热电势越大。如果热电偶一个接点的温度保持恒定（称为自由端），则热电偶的热电势大小便完全决定于另一个接点的温度（称为工作端），用测温毫伏计或数字式温度计测出热电偶的热电势，便可得知工作端处的烟气温度。热电偶材料有镍铬-康铜，用于800℃以下烟气；镍铬-镍铝，用于1 300℃以下烟气；铂-铂铑，用于1 600℃以下烟气。要求热电偶温度计的示值误差在±3℃以内。

电阻温度计是利用某些导体或半导体的电阻值随温度变化的性质来测量温度的，如铂电阻温度计等。

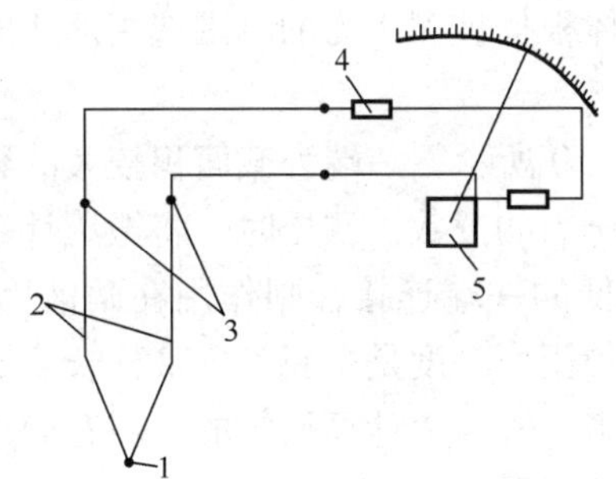

图3—17 热电偶测温毫伏计

1—工作端 2—热电偶 3—自由端 4—调整电阻 5—高温毫伏计

2. 压力的测量

烟气的压力分为全压、动压和静压。静压是单位体积气体所具有的势能，表现为气体在各个方向上作用于器壁的压力。动压是单位体积气体所具有的动能，是使气体流动的压力。全压是气体在管道中流动所具有的总能量。三者的关系：全压=动压+静压。常用的测压设备有皮托管和压力计。

（1）测压皮托管。常用的皮托管有标准皮托管和S形皮托管。

标准皮托管的结构如图3—18所示。它是一根弯成90°的双层同心圆管，前端呈半圆形，正前方有一开孔，与内管相通，用来测量全压。在靠近前端的外管壁上开有一圈小孔，通至后端的侧出口，用来测量静压。标准皮托管具有较高的测量精度，但测孔很小，当烟道中颗粒物浓度大时，易被堵塞，适用于测量烟尘含量低的烟气。

S形皮托管的结构如图3—19所示。它由两根相同的金属管并联组成，其测量端有两个大小相等、方向相反的开口，测量烟气压力时，一个开口面向气流，测量全压，另一个开口背向气流，测量静压。由于气体绕流的影响，测得的静压比实际值小，因此，在使用前必须用标准皮托管进行校正。因S形皮托管测压孔开口较大，适用于测量烟尘含量较高的烟气，且便于在厚壁烟道中使用。

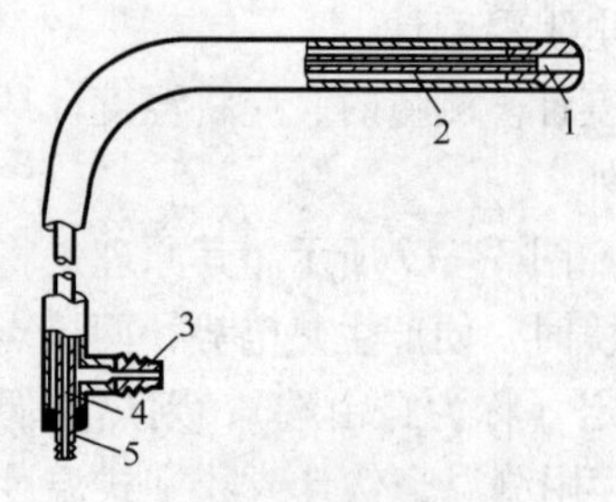

图 3—18　标准皮托管

1—全压测孔　2—静压测孔

3—静压管接口　4—全压管　5—全压管接口

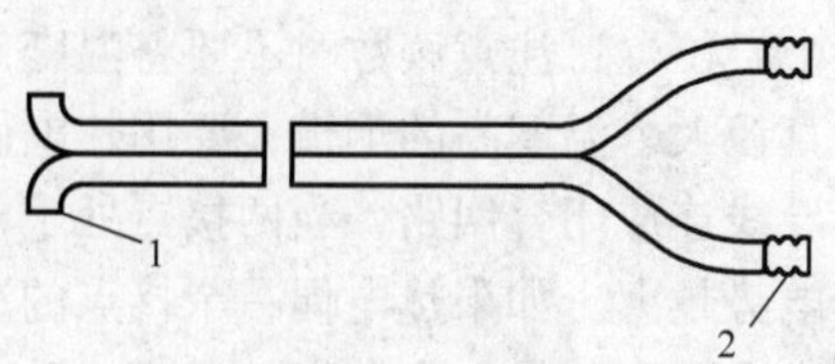

图 3—19　S 形皮托管

1—测口　2—连接嘴

（2）压力计。常用的压力计有 U 形压力计和斜管微压计。

U 形压力计是一个内装测压液体的 U 形玻璃管，用于测量烟气的全压和静压。常用的测压液体有水、乙醇、汞，具体根据被测压力的范围选用。U 形压力计的误差较大，不适宜测量微小压力。

斜管微压计的结构如图 3—20 所示，一端为截面积较大的容器，另一端为可调角度的倾斜玻璃管，玻璃管上刻度表示压力的读数。测压时，将微压计容器开口与测定系统中压力较高的一端连接，斜管与压力较低的一端连接，则作用在两液面上的压力差使液柱沿斜管上升，指示出所测压力。斜管上的压力刻度是由斜管内液柱长度、斜管截面积、斜管与水平面夹角及容器截面积、测压液体密度等参数计算得知的。斜管微压计用于测量烟气的动压。

（3）测量方法。先检查压力计液柱内有无气泡，微压计和皮托管是否漏气，然后按照图 3—21a 和图 3—21b 所示的连接方法，分别测量烟气的动压和静压。其中，使用 S 形皮托管测量静压时，只用一路测压管，将其测量口插入测点，使其测量端开口平面平行于气流方向，出口端与 U 形压力计一端连接。

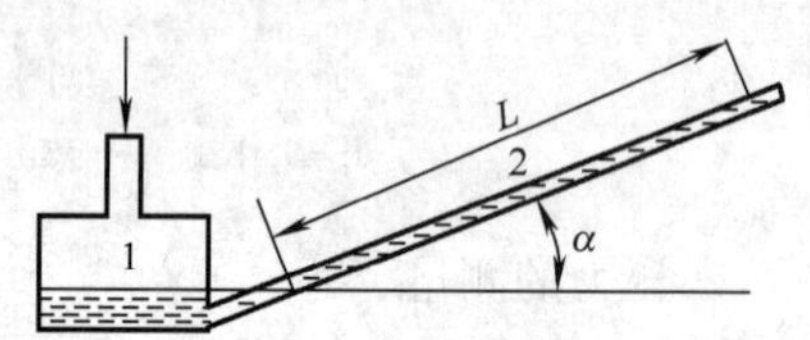

图 3—20　斜管微压计

1—容器　2—斜玻璃管

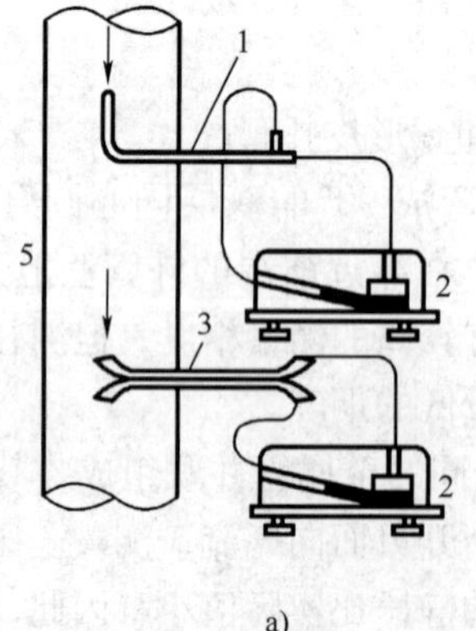

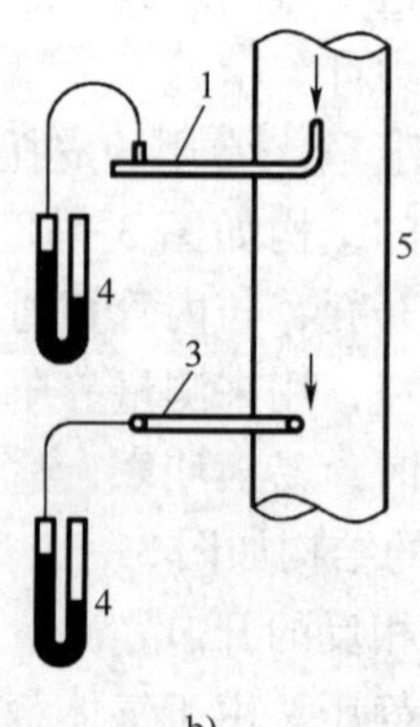

图 3—21　动压和静压测量方法

1—标准皮托管　2—斜管微压计　3—S 形皮托管　4—U 形压力计　5—烟道

3. 流速的计算

（1）在测出烟气的温度、压力等参数后，按下式计算各测点的烟气流速（v_s）：

$$v_s = K_p\sqrt{\frac{2p_v}{\rho}} \tag{3—23}$$

式中　v_s——烟气流速，m/s；

K_p——皮托管校正系数；

p_v——烟气动压，Pa；

ρ——烟气密度，kg/m^3。

标准状况下的烟气密度（ρ_n）和测量状态下的烟气密度（ρ_s）分别按下式计算：

$$\rho_n = \frac{M_s}{22.4} \tag{3—24}$$

$$\rho_s = \rho_n \frac{273}{273+t_s} \times \frac{B_a+p_s}{101\ 325} \tag{3—25}$$

将 ρ_s 代入烟气流速（v_s）计算式得下式：

$$v_s = 128.9K_p\sqrt{\frac{(273+t_s)\ p_v}{M_s(B_a+p_s)}} \tag{3—26}$$

式中　M_s——烟气的摩尔质量，kg/kmol；

t_s——烟气温度，℃；

B_a——大气压力，Pa；

p_s——烟气静压，Pa。

当干烟气组分与空气近似，烟气露点温度在35~55℃，烟气绝对压力在97~103 kPa时，v_s 可按下列简化式计算：

$$v_s = 0.076K_p\sqrt{(273+t_s)\ p_v} \tag{3—27}$$

（2）烟道断面上各测点烟气平均流速按下式计算：

$$\overline{v_s} = \frac{v_1+v_2+\cdots+v_n}{n} \tag{3—28}$$

或

$$\overline{v_s} = 128.9K_p\sqrt{\frac{(273+t_s)}{M_s(B_a+p_s)}} \times \overline{\sqrt{p_v}} \tag{3—29}$$

式中　$\overline{v_s}$——烟气平均流速，m/s；

v_n——断面上各测点烟气流速，m/s；

n——测点数；

$\overline{\sqrt{p_v}}$——各测点动压平方根的平均值。

4. 流量的计算

烟气流量按下式计算：

$$Q_s = 3\ 600\ \overline{v_s} \times S \tag{3—30}$$

式中 Q_s——烟气流量，m^3/h；

S——测定断面面积，m^2。

标准状态下干烟气流量按下式计算：

$$Q_{nd}=Q_s\times(1-X_w)\times\frac{B_a+B_s}{101\ 325}\times\frac{273}{273+t_s} \tag{3—31}$$

式中 Q_{nd}——标准状态下烟气流量，m^3/h；

B_s——烟气静压，Pa；

B_a——大气压力，Pa；

X_w——烟气含湿量体积分数,%。

5. 烟气含湿量测定

与环境空气相比，烟气中的水蒸气含量较高，变化范围较大，为便于比较，监测技术规范要求以除去水蒸气后标准状态下的干烟气为基准表示烟气中有害物质的测定结果。含湿量的测定方法有干湿球法、重量法、冷凝法等。

（1）干湿球法。干湿球法是依据湿球中水分蒸发速度与被测气体湿度相关的原理建立的一种测量方法。其原理是烟气以一定的速度流经干、湿球温度计，根据干、湿球温度计的读数和测点处的烟气绝对压力，计算出烟气的水分含量。

仪器结构如图 3—22 所示。

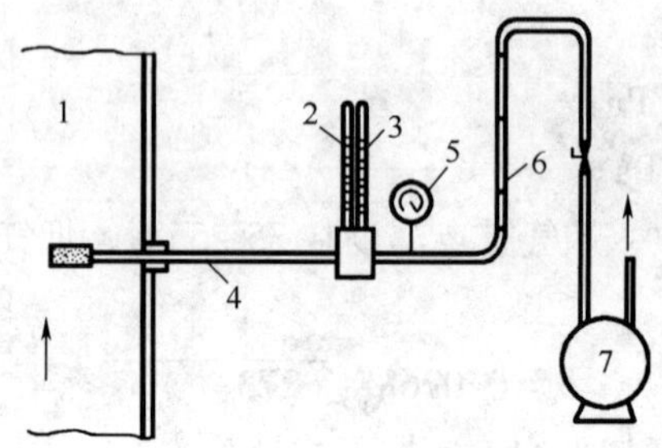

图 3—22　干湿球法测定烟气含湿量装置

1—烟道　2—干球温度计　3—湿球温度计　4—保温采样管

5—真空压力表　6—转子流量计　7—抽气泵

烟气中水分含量按下式计算：

$$X_{sw}=\frac{P_{bv}-0.000\ 67\ (t_c-t_b)\ (B_a+P_b)}{B_a+P_s}\times100 \tag{3—32}$$

式中 X_{sw}——排气中水分含量体积百分数,%；

P_{bv}——温度为 t_b 时饱和水蒸气压力，Pa；

t_b、t_c——湿球温度和干球温度,℃；

P_b——通过湿球温度计表面的气体压力，Pa；

B_a——大气压力，Pa；

P_s——测点处排气静压，Pa。

测量时的注意事项如下：

1）在下列条件下不能用干湿球法测量烟气的含湿量：被测气体处于饱和状态，湿球水分不再蒸发；被测气体温度过高，导致湿球温度升至 100℃，这时湿球温度不再受气体湿度的影响，须给湿球补充水后再进行测量。

2）此法不适合于连续测量烟气的含湿量。连续对多个污染源进行测量时，需要待湿球温度与环境平衡后再进行下一个污染源的测量。

（2）重量法。从烟道采样点抽取一定体积的烟气，使之通过装有吸湿剂的吸收管，则烟气中的水蒸气被吸湿剂吸收，吸收管的增重即为所采烟气中的水蒸气质量。常用的吸湿剂有氯化钙、氧化钙、硅胶、氧化铝、五氧化二磷、过氯酸镁等。

（3）冷凝法。由烟道中抽取一定体积的烟气，使其通过冷凝器，根据获得的冷凝水量和从冷凝器排出烟气中的饱和水蒸气量，计算烟气的含湿量。

6. 烟气成分分析

烟气成分分析主要是测定烟气中的 CO_2、O_2、CO，目的是考察燃料燃烧情况，为烟尘测定提供计算烟气密度、相对分子质量等参数的数据。测定方法有奥氏气体分析仪法和仪器分析法。

奥氏气体分析仪法的原理是利用不同的吸收液分别对烟气中各组分逐一进行吸收，根据吸收前后烟气体积的变化，计算该组分在烟气中所占体积的百分数。用奥氏气体分析仪测定烟气成分时，必须按 CO_2、O_2、CO 的顺序进行测定，操作过程应防止吸收液和封闭液窜入梳形管中。奥式气体分析仪如图 3—23 所示。

仪器分析法如用非色散红外分析仪或定电位电解仪测定 CO，用氧化锆氧分仪、热磁式氧分仪测定 O_2 等。

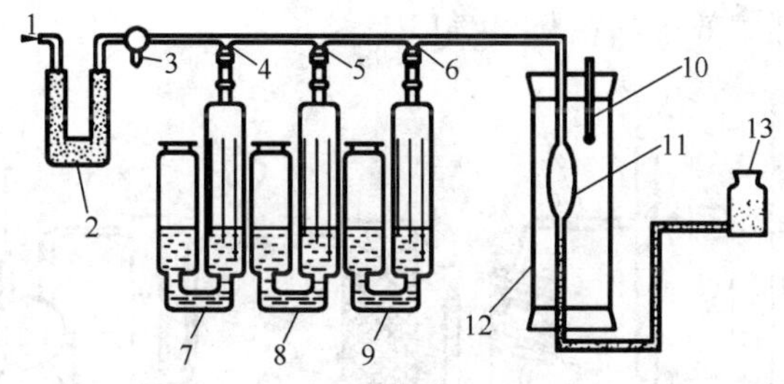

图 3—23 奥氏气体分析仪

1—进气管 2—干燥管 3、4、5、6—三通旋塞 7、8、9—吸收瓶
10—温度计 11—量气管 12—水套管 13—水准瓶

（二）颗粒物的测定

1. 颗粒物浓度的测定

（1）原理。从烟道中抽取一定体积的烟气，通过已称至恒重的滤筒，根据采样前后滤筒的质量变化及烟气的采样体积计算颗粒物的浓度。颗粒物的采样需等速采样。

（2）维持等速采样的方法。维持颗粒物等速采样的方法有预测流速法（普通型采样管法）、皮托管平行测速采样法、动压平衡型采样管法和静压平衡型采样管法四种。可根据不同测量对象状况，选用其中的一种方法。有条件的，应尽可能采用自动调节流量烟尘采样仪，以减少采样误差，提高工作效率。

1）预测流速法（普通型采样管法）。采样前先测出采样点的烟气温度、压力、含湿量，计算出流速，再结合所选用的采样嘴直径，计算出等速采样条件下各采样点的采样流量。采样时，通过调节流量调节阀按照计算出的流量进行采样。在流量计前装有冷凝器和干燥器的等速采样流量按下式计算：

$$Q_r'=0.00047d^2v_s\left(\frac{B_a+P_s}{273+t_s}\right)\left[\frac{M_{sd}\times(273+t_s)}{B_a+P_r}\right]^{\frac{1}{2}}(1-X_w) \qquad (3—33)$$

式中 Q_r'——等速采样所需转子流量计指示流量，L/min；

d——采样嘴内径，mm；

v_s——采样点烟气流速，m/s；

B_a——大气压力，Pa；

P_r——转子流量计前烟气的表压，Pa；

P_s——烟气静压，Pa；

t_s——烟气温度，℃；

M_{sd}——干烟气的摩尔质量，kg/kmol；

X_w——烟气含湿量体积百分数，%。

预测流速法适用于工况比较稳定的污染源采样，对烟气流速低、高温、高湿、高烟尘浓度的情况，均有较好的适应性。

预测流速法烟尘采样装置如图 3—24 所示。常见的采样管有超细玻璃纤维滤筒采样管和刚玉滤筒采样管，它们由采样嘴、滤筒夹及滤筒、连接管组成。超细玻璃纤维滤筒适用于500℃以下的烟气；刚玉滤筒由刚玉砂等烧结制成，适用于 1 000℃以下的烟气。这两种滤筒对 0.5 μm 以上的烟尘捕集效率都在 99.9%以上。

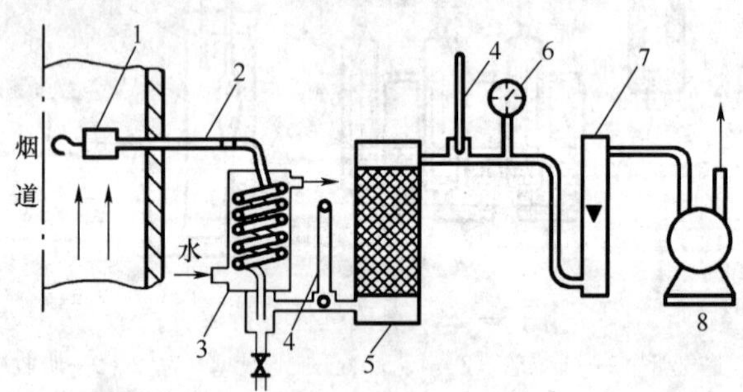

图 3—24　预测流速法烟尘采样装置

1、2—滤筒采样管　3—冷凝器　4—温度计　5—干燥器

6—压力表　7—转子流量计　8—抽气泵

2）皮托管平行测速采样法。将采样管、S 形皮托管和热电偶温度计固定在一起插入同一采样点，根据预先测得的烟气静压、含湿量和当时测得的动压、温度等参数，结合选用的采样嘴直径，用与预测流速法计算相同的公式，由微机计算出等速采样流量，手动或自动调节采样流量至等速采样流量。此法与预测流速采样法不同之处在于，测定流量和采样几乎同时进行，适用于工况易发生变化的烟气。

3）动压平衡型采样管法。利用装置采样管中的孔板在采样抽气时产生的压差与采样管平行放置的皮托管所测出的烟气动压相等来实现等速采样。当工况发生变化时，通过双联斜管微压计的指示，可及时调整采样流量，随时保持等速采样条件。

4）静压平衡型采样管法。在采样管入口安装专用的采样嘴，在采样嘴的内外壁上分别开有测量静压的条缝，手动或自动调节采样流量使采样嘴内、外条缝处静压相等，实现等速采样。因静压孔易堵塞，此法适用于颗粒物浓度较低的烟气，具有操作简单、方便的特点。

（3）颗粒物浓度的计算过程如下：

1）计算出采样滤筒采样前后质量之差 m（颗粒物质量）。

2）计算出标准状况下的采样体积。在采样装置的流量计前装有冷凝器和干燥器的情况下，干烟气的采样体积按下式计算：

$$V_{nd}=0.27Q'_r\sqrt{\frac{B_a+P_r}{M_{sd}(273+t_r)}}\times t \tag{3—34}$$

式中 V_{nd}——标准状况下干烟气体积，L；

Q'_r——采样流量，L/min；

M_{sd}——干烟气气体摩尔质量，kg/kmol；

t_r——转子流量计前气体温度，℃；

t——采样时间，min。

当干烟气的相对分子质量近似于空气时，V_{nd}计算式可简化为：

$$V_{nd}=0.05Q'_r\sqrt{\frac{B_a+P_r}{273+t_r}}\times t \tag{3—35}$$

3）颗粒物浓度的计算。根据颗粒物采样类型的不同，用不同的公式计算。

移动采样时：

$$\rho=\frac{m}{V_{nd}}\times 10^6 \tag{3—36}$$

式中 ρ——烟气中颗粒物的浓度，mg/m^3；

m——测得烟尘质量，g；

V_{nd}——标准状态下干烟气体积，L。

定点采样时：

$$\bar{\rho}=\frac{\rho_1 v_1 S_1+\rho_2 v_2 S_2+\cdots+\rho_n v_n S_n}{v_1 S_1+v_2 S_2+\cdots+v_n S_n} \tag{3—37}$$

式中 $\bar{\rho}$——烟气中颗粒物的平均浓度，mg/m^3；

v_1，v_2，…，v_n——各采样点烟气流速，m/s；

ρ_1，ρ_2，…，ρ_n——各采样点烟气中颗粒物浓度，mg/m^3；

S_1，S_2，…，S_n——各采样点所代表的截面积，m^2。

2. 颗粒物（或气态污染物）排放速率的计算

$$排放速率(kg/h)=\rho\times Q_{sn}\times 10^{-6} \tag{3—38}$$

式中 ρ——颗粒物（或气态污染物）的浓度，mg/m^3；

Q_{sn}——标准状况下干烟气流量，m^3/h。

3. 烟气黑度的测定

烟气黑度是以人的视觉反应强弱判断烟气污染的指标，其测定方法简便易行，成本低廉，适合反映燃煤类烟气中有害物质的排放情况。但这一指标难以确定与烟气中有害物质含量之间的精确对应关系，因此不能取代污染物排放量和排放浓度的实际监测。测定烟气黑度的方法有林格曼烟气黑度图法、测烟望远镜法和光电测烟仪法等。

（1）林格曼烟气黑度图法。把林格曼烟气黑度图放在适当的位置上，将烟气的黑度与图上的黑度相比较，由具有资质的观察者用目视观察来测定固定污染源排放烟气的黑度。

标准的林格曼烟气黑度图如图 3—25 所示。它是由 14 cm×21 cm 的不同黑度的图片组成，除全白与全黑分别代表林格曼黑度 0 级和 5 级外，其余 4 个级别是根据黑色条格占整块面积的百分数来确定的，黑色条格的面积占 20%为 1 级，占 40%为 2 级，占 60%为 3 级，占 80%为 4 级。

观测应在白天进行。固定支架时应使图片面向观察者，尽可能使图位于观察者至烟囱顶部的连线上，并使图与烟气有相似的天空背景，如图 3—26 所示。观测刚离开排气筒的黑度最大部位的烟气。连续观测时间不少于 30 min，记下烟气的林格曼级数及持续时间。

计算林格曼黑度的方法如下：①林格曼黑度 2 级：30 min 内出现 2 级林格曼黑度的累计时间超过 2 min；②林格曼黑度 3 级：30 min 内出现 3 级林格曼黑度的累计时间超过 2 min；③林格曼黑度 4 级：30 min 内出现 4 级林格曼黑度的累计时间超过 2 min；④林格曼黑度 5 级：30 min 内出现 5 级林格曼黑度时。如果烟气黑度处于两个林格曼级数之间，可估计一个 0.5 或 0.25 林格曼级数。

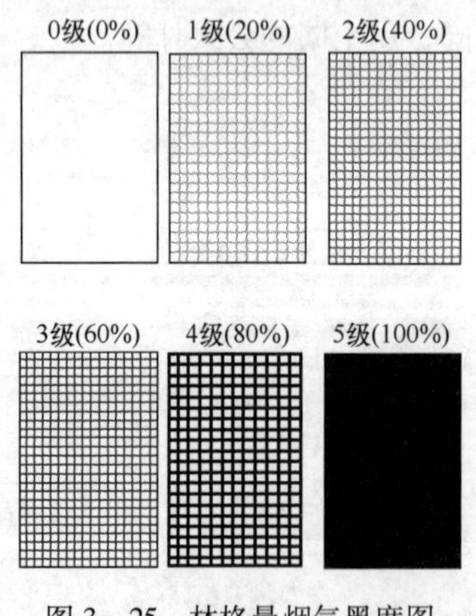

图 3—25　林格曼烟气黑度图

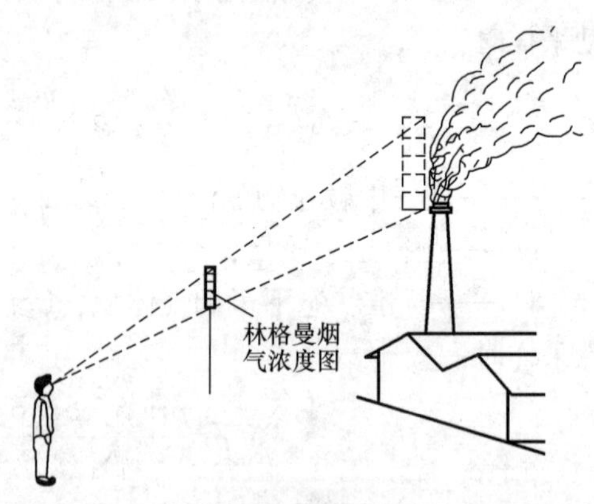

图 3—26　林格曼烟气黑度图法观测烟气

（2）测烟望远镜法。测烟望远镜是在望远镜筒内安装一个一半是透明玻璃、另一半是 0~5 级林格曼黑度标准图的圆形光屏板。观测时，透过光屏的透明玻璃部分，观看烟囱出口的烟色。在同一天空背景下，与光屏另一半的黑度比较，对烟气的黑度进行评价。

观测时调节目镜的焦距，观察者可在离烟囱 50~300 m 远处进行观察。计算黑度级别的方法同林格曼烟气黑度图法。

（3）光电测烟仪法。利用光学系统搜集烟的图像，将烟的透光率与仪器内部的标准黑度板透光率比较（黑度板透光率是根据林格曼分级定义确定的），通过光学系统处理，把光信号变成电信号输出，由显示系统显示出烟气的黑度。

（三）气态污染物的测定

常测项目有 SO_2、NO_x、CO。有时需测定一些特定的污染物，如化工行业烟气中的 HCl、Cl_2、H_2S、氟、氨，石化行业烟气中的 VOCs、苯、丙酮等。测定方法主要有化学分析法和仪器直接分析法，固定源部分气态污染物监测分析方法见表 3—17。

表 3—17 固定源部分气态污染物监测分析方法

监测项目	标准名称	标准编号
铅	固定污染源废气 铅的测定 火焰原子吸收分光光度法	HJ 685—2014
二氧化硫	固定污染源排气中二氧化硫的测定 碘量法	HJ/T 56—2000
	固定污染源废气 二氧化硫的测定 定电位电解法	HJ 57—2017
	固定污染源废气 二氧化硫的测定 非分散红外吸收法	HJ 629—2011
氮氧化物	固定污染源排气中氮氧化物的测定 紫外分光光度法	HJ/T 42—1999
	固定污染源排气中氮氧化物的测定 盐酸萘乙二胺分光光度法	HJ/T 43—1999
氯化氢	固定污染源排气中氯化氢的测定 硫氰酸汞分光光度法	HJ/T 27—1999
硫酸雾	固定污染源废气 硫酸雾的测定 离子色谱法	HJ 544—2016
氟化物	大气固定污染源 氟化物的测定 离子选择电极法	HJ/T 67—2001
氯气	固定污染源排气中氯气的测定 甲基橙分光光度法	HJ/T 30—1999
氰化氢	固定污染源排气中氰化氢的测定 异烟酸-吡唑啉酮分光光度法	HJ/T 28—1999
光气	固定污染源排气中光气的测定 苯胺紫外分光光度法	HJ/T 31—1999
沥青烟	固定污染源排气中沥青烟的测定 重量法	HJ/T 45—1999
一氧化碳	固定污染源排气中一氧化碳的测定 非色散红外吸收法	HJ/T 44—1999
	固定污染源排气中颗粒物测定与气态污染物采样方法（奥氏气体分析仪法）	GB/T 16157—1996

二、大气流动污染源监测

汽车、摩托车、火车、飞机、轮船等流动污染源排放的废气主要是汽（柴）油燃烧后排出的尾气，特别是汽车，数量大，排放的有害气体是造成空气污染的主要来源之一。废气中主要含有 CO、NO_x、碳氢化合物、烟尘和少量 SO_2、醛类、3，4-苯并芘等有害物质。汽车排气中污染物含量与其运转工况（怠速、高怠速、加速、定速、减速）有关。

（一）烟度

汽车排气中的碳烟是汽车燃料不完全燃烧的产物，主要由直径为 0.1~10 μm 的多孔性碳粒构成。由于燃料混合及燃烧机理不同，柴油机产生的碳烟要比汽油机多。《车用压燃式发动机和压燃式发动机汽车排气烟度排放限值及测量方法》（GB 3847—2005）规定了不同工况下汽车排气烟度的测量方法，如其附录 I（在用汽车自由加速试验 不透光烟度法）、附录 J（在用汽车加载减速试验 不透光烟度法）、附录 K（在用汽车自由加速试验 滤纸烟度法）等分别介绍了不同的方法。下面对附录 K（在用汽车自由加速试验 滤纸烟度法）进行介绍，该规范性附录规定了道路用柴油车在自由加速工况下排气中烟度的测量仪器和测量方法。

1. 原理

在规定时间内，用活塞式抽气泵从柴油机排气管中抽取一定体积的排气，使其通过一定面积的白色滤纸，则排气中的碳粒被附着在滤纸上，并将滤纸染黑，其烟度与滤纸被染黑的强度相关。用光电测量装置测量滤纸的染黑度，指示器显示的读数即为排气的烟度值，其单位以 R_b（波许）表示。规定洁白滤纸的烟度为 0，全黑滤纸的烟度为 10。

2. 滤纸式烟度计

滤纸式烟度计的工作原理如图 3—27 所示，其由取样探头、抽气装置及光电检测系统组成。当抽气泵活塞受脚踏开关的控制而上行时，排气管中的排气依次通过取样探头、取样软管及一定面积的滤纸被抽入抽气泵，排气中的黑烟被阻留在滤纸上，然后用步进电机（或手控）将已抽取黑烟的滤纸送到光电检测系统测量，由仪表直接指示烟度值。规程中要求按照一定时间间隔测量 3 次，取其平均值。

使用烟度计时，应在取样前用空气清扫取样管路，用烟度卡或其他方法标定刻度。

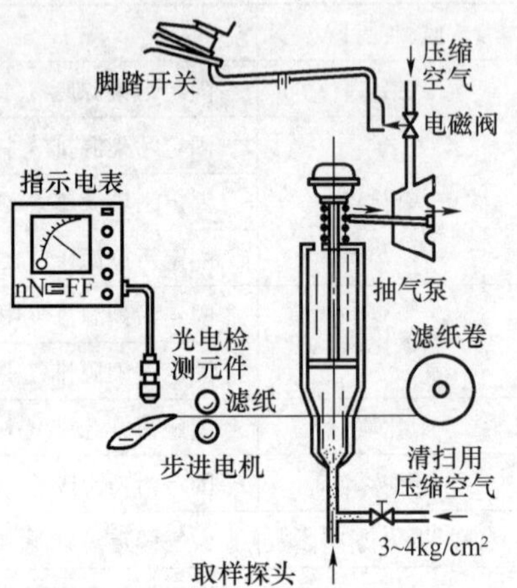

图 3—27　滤纸式烟度计工作原理

（二）一氧化碳、碳氢化合物

自 2005 年 7 月 1 日起，全国点燃式发动机在用汽车排放监控，采用《点燃式发动机汽车排气污染物排放限值及测量方法（双怠速法及简易工况法）》（GB 18285—2005）规定的双怠速法排气污染物排放限值及测量方法。在机动车保有量大、污染严重的地区，也可按规定采用稳态工况法（附录 B）、瞬态工况法（附录 C）和简易瞬态工况法（附录 D）三种简易工况法。下面对双怠速法进行介绍。

1. 怠速与高怠速工况

怠速工况指发动机无负载运转状态。即离合器处于接合位置，变速器处于空挡位置（对于自动变速箱的车应处于“停车”或“P”挡位）；采用化油器供油系统的车，阻风门应处于全开位置；油门踏板处于完全松开位置。高怠速工况指满足上述（除最后一项）条件，用油门踏板将发动机转速稳定控制在 50% 额定转速或制造厂技术文件中规定的高怠速转速时的工况。

2. 测定仪器

测定仪器可使用不分光红外线吸收型（NDIR）监测仪。原理：具有极性的气体分子受到红外线照射时，吸收一部分对应频率的红外线，外层电子产生振动能级的跃迁，从而在红外光谱上形成吸收峰带，不同气体分子具有不同的红外吸收波长，利用这一特征对气体进行定性分析。红外线通过气体层时，被吸收的某一特征波长的红外线辐射能量与气体浓度、气体层厚度之间的关系符合朗伯-比尔定律，据此定量。

3. 测定方法

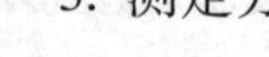

发动机从怠速状态加速至70%额定转速，运转30 s后降至高怠速状态。将取样探头插入排气管中，深度不少于400 mm，并固定在排气管上。维持15 s后，由具有平均值功能的仪器读取30 s内的平均值，或者人工读取30 s内的最高值和最低值，其平均值即为高怠速污染物测量结果。

发动机从高怠速降至怠速状态15 s后，由具有平均值功能的仪器读取30 s内的平均值，或者人工读取30 s内的最高值和最低值，其平均值即为怠速污染物测量结果。

4. 结果与判定

排气中CO的体积分数以“%”表示。HC（碳氢化合物）的体积分数以“10^{-6}”表示，体积分数值按正己烷当量。高怠速排放测量值应低于怠速排放测量值，如果检测污染物有一项超过规定的限值，则认为排放不合格。2005年7月1日起生产的装用点燃式发动机的在用汽车，排气污染物排放限值见表3—18。

表3—18　在用汽车排气污染物排放限值（体积分数）

车型	类别			
	怠速		高怠速	
	CO排放限值/%	HC排放限值/10^{-6}	CO排放限值/%	HC排放限值/10^{-6}
2005年7月1日起生产的第一类轻型汽车	0.5	100	0.3	100
2005年7月1日起生产的第二类轻型汽车	0.8	150	0.5	150
2005年7月1日起生产的重型汽车	1.0	200	0.7	200

第四节　标准气体的配制

在空气和废气监测中，标准气体与标准溶液、标准物质同样重要，是检验监测方法、评价采样效率、绘制标准曲线、校准分析仪器及进行监测质量控制的依据。配制标准气的方法分为静态配气法和动态配气法。

1. 静态配气法

静态配气法是把一定量的原料气（纯气或已知浓度的混合气）加入已知容积的容器中，再充入稀释气体混合均匀制得。根据加入原料气、稀释气量和容器容积，计算所配标准气体的浓度。

静态配气方法的优点是所用设备简单，操作容易。缺点是所配气体与容器壁接触可能发生化学反应或吸附作用，特别是配制低浓度和放置时间长的标准气时，常引起较大的误差。该法常用于配制活泼性较差、用量不大的标准气。常用的静态配气法有注射器配气法、配气瓶配气法、塑料袋配气法及高压钢瓶配气法。

2. 动态配气法

动态配气法是使已知浓度的原料气与稀释气按恒定比例连续不断地进入混合器混合，从而可以连续不断地配制并供给一定浓度的标准气，两股气流的流量比即稀释倍数，根据稀释倍数计算出标准气的浓度。

动态配气法不但能提供大量标准气，而且可通过调节原料气和稀释气的流量比获得所需浓度的标准气，尤其适用于配制低浓度的标准气。但是，这种方法所用仪器设备较静态配气法复杂，不适合配制高浓度的标准气。常用的动态配气法有连续稀释法、负压喷射法、渗透管法、气体扩散法、电解法等。

练 习 题

一、解释术语

空气质量评价点、硫酸盐化速率、等速采样、Saltzman 实验系数、TSP、PM_{10}、空气污染指数、环境空气质量指数、烟气的静压和动压、怠速工况、静态配气法、动态配气法

二、填空题

1. 常规环境空气质量监测点有________、________、________、________。

2. 空气质量监测点布设方法有________、________、________、________。

3. 《环境空气质量标准》规定，SO_2、NO_2 的一小时浓度采样不得少于________ min，其日平均浓度采样，每天不得少于________ h。PM_{10} 的日平均浓度采样，每天不得少于________ h。

4. 大气采样方法可分为两类，即________和________。

5. 富集采样法使用的采样仪器由三个部分组成，即________、________和________。

6. 降水常规监测的布点原则，人口在 50 万以上的城市布________个点，人口在 50 万以下的城市布________个点。采样点的布设要兼顾________、________和清洁对照区。

7. 固定污染源排放的废气样品中颗粒物的采样方法有________、________、________。

8. 测定总悬浮颗粒物常采用________法。采样器按采样流量可分为________、________、________采样器。

9. 空气中气态污染物采样器流量一般以________计量。流量计的计数受________和________的影响，常以________校准流量刻度。

10. 空气动力学当量直径________的颗粒物，称为总悬浮颗粒物，简称________；空气动力学当量直径________的颗粒物，称为可吸入颗粒物，简称________。

11. 我国的空气质量标准是以标准状态________℃、________ kPa 时的体积为依据。

12. 甲醛法测定 SO_2 时，为消除氮氧化物的干扰可加入________。

13. 为了防止集尘缸中微生物、藻类的生长，可加入________溶液。

14. 降尘的测定结果以________表示。

15. 《环境空气质量标准》规定环境空气中铅指存在于________中的铅及其化合物。

16. 标准气体配制的方法通常分为________法和________法两种。

三、选择题

1. 有多个污染源，且污染源分布较均匀的地区，常采用（　　）布点方法。

A. 同心圆法　　B. 网格法　　C. 扇形法　　D. 功能区法

2. 为验证大气扩散模式，应采用的布点几何图形是（　　）。

A. 同心圆　　B. 螺线　　C. 扇形　　D. 网格

3. 下列不属于直接采样法的是（　　）。

A. 采气管采样　　B. 真空瓶采样

C. 塑料袋采样　　D. 溶液吸收法

4. 空气采样时，多孔筛板吸收管气样入口应是（　　）。

A. 球形旁边的长导管口　　B. 球形上部的导管口

C. 上述两个导管口均可

5. TSP 的空气动力学当量直径为（　　）μm。

A. 0~10　　B. 0~50　　C. 0~100　　D. 10~100

6. PM_{10}采样法属于（　　）。

A. 直接采样法　　B. 滤料阻留法

C. 填充柱阻留法　　D. 自然积集法

7. 大气降水样品测定电导率和 pH 时，下列说法正确的是（　　）。

A. 需要过滤，先测电导率，再测 pH

B. 需要过滤，先测 pH，再测电导率

C. 不须过滤，先测电导率，再测 pH

D. 不须过滤，先测 pH，再测电导率

8. 采集烟道气中的颗粒物时，若采气流速大于采样点烟气流速，则测定结果（　　）。

A. 偏高　　B. 偏低　　C. 无影响　　D. 不确定

9. 甲醛法测定 SO_2 时，其显色反应的介质条件为（　　）。

A. 酸性　　B. 中性　　C. 碱性　　D. 任何条件均可

10. Saltzman 系数为（　　）。

A. 理论值　　B. 经验值　　C. 实验值　　D. 其他

11. 靛蓝二磺酸钠分光光度法测定臭氧时，样品溶液的蓝色程度越深，表示样品中的臭氧浓度越（　　）。

A. 高　　B. 低　　C. 不确定

12. 滤膜采样氟离子选择电极法测定空气中的氟化物，所测氟化物代表的是（　　）。

A. 气态氟化物

B. 溶于盐酸溶液的颗粒态氟化物

C. 气态氟化物和溶于盐酸溶液的颗粒态氟化物

D. 氟化氢

13. 存放降水样品的容器最好是（　　）。

A. 带颜色的塑料瓶　　B. 无色的聚乙烯塑料瓶

C. 玻璃瓶　　D. 瓷瓶

四、简答题

1. 简述常规环境空气质量监测点位布设的原则和要求。

2. 如何确定我国空气质量评价点的设置数量？

3. 进行空气质量常规监测时，怎样结合监测区域实际情况，选择和优化布点方法？

4. 说明采样时间和采样频率对获得具有代表性的结果有何意义？

5. 直接采样法和富集采样法各适用于什么情况？如何提高溶液吸收法的吸收效率？富集采样有哪些方法？各种采集方法适用于采集哪些污染样品？

6. 如何评价采样效率？

7. 降水监测点设置原则和对环境的要求有哪些？采集的降水样品如何保存？

8. 在烟道气监测中，如何布设采样断面和确定采样点数？固定污染源监测时，颗粒物采样为何必须等速采样？气态污染物有哪些采样方法？

9. 分析大气中的 SO_2 时，为何要提纯对品红？

10. 甲醛缓冲溶液吸收-盐酸副玫瑰苯胺分光光度法测定空气中 SO_2，主要干扰物质有哪些？可用什么方法消除？加入盐酸副玫瑰苯胺（PRA）时，在操作上有何要求？影响显色反应的因素有哪些？SO_2 测定结果出现负值的原因有哪些？

11. 简述 Stalzman 法测定空气中 NO_2 的原理。NO_2 吸收液在采样、运送及存放过程中，为何要采取避光措施？

12. 简述非色散红外法测定空气中 CO 的原理、干扰物质及消除方法。

13. 简述碱片-重量法的测定原理，其测定结果如何表示。

14. 如何用重量法测定空气中的可吸入颗粒物（PM_{10}）？为提高准确度，应注意控制哪些因素？

15. 用国家标准分析方法测定空气污染物过程中，可能遇到的干扰及消除方法。

16. 对双怠速法测定汽车排气中一氧化碳和碳氢化合物的结果如何判定？

17. 用林格曼烟气黑度图法测定烟气黑度时，如何观测烟气及计算林格曼黑度？

18. 影响大气采样效率的因素有哪几个方面？

19. 静态配气法和动态配气法各有何优缺点？

五、计算题

1. 已知处于 100.30 kPa、20℃状况下空气中 SO_2 的体积分数为 20 mL/m^3，换算成标准状况下以 mg/m^3 为单位表示的质量浓度值。

2. 采用重量法测定某采样点中的 TSP 时，用中流量采样器进行采样，采样温度 25℃，大气压 101.3 kPa，采样流量 100 L/min，采样时间 2 h，测得空白滤膜质量 0.281 4 g，样品滤膜质量 0.282 6 g，求空气中 TSP 的含量。

3. 用溶液吸收法采样测定空气中 SO_2 的浓度，已知采样点的气温为 25℃，大气压力为 100.00 kPa，以 0.5 L/min 的流量采样 1 h。将样品溶液用吸收液稀释 4 倍后，测定其空白溶液吸光度为 0.050，样品溶液吸光度为 0.349，若空白校正后的校准曲线方程为 $y=0.047x-0.005$，[A-μg]。试计算此采样点空气中 SO_2 的浓度。

第四章 土壤及固体废物监测

本章学习目标

1. 熟悉土壤样品的预处理方法、固体废物的定义和分类、危险废物的定义和鉴别等内容。

2. 掌握土壤样品的采集方法、土壤常规监测项目、生活垃圾特性分析、垃圾堆场蝇类滋生密度的测定、固体废物样品的采集和制备、危险废物的浸出毒性识别等内容。

第一节 土壤污染监测

一、土壤样品的采集

2004 年 12 月 9 日实施的《土壤环境监测技术规范》(HJ/T 166—2004)对布点、采样、样品处理、样品测定、环境质量评价、质量保证等方面的具体步骤和技术要求进行了规范。

(一)采样准备工作

1. 资料收集

需要收集的资料包括监测区域的交通图、土壤图、地质图、大比例尺地形图等资料(供制作采样工作图和标注采样点位用)监测区域土类、成土母质等土壤信息资料，工程建设或生产过程对土壤造成影响的环境研究资料，造成土壤污染事故的主要污染物的毒性、稳定性以及消除方法等资料，土壤历史资料和相应的法律(法规)，监测区域工农业生产及排污、污灌、化肥农药施用情况资料和气候资料(温度、降水量和蒸发量)、水文资料、遥感与土壤利用及其演变过程方面的资料等。

2. 现场调查

现场踏勘，将调查得到的信息进行整理和利用，丰富采样工作图的内容。

3. 采样器具准备

(1)工具类：铁锹、铁铲、圆状取土钻、螺旋取土钻、竹片以及适合特殊采样要求的工具等。

(2)器材类：全球空位系统(GPS)、罗盘、照相机、胶卷、卷尺、铝盒、样品袋、样品箱等。

(3)文具类：样品标签、采样记录表、铅笔、资料夹等。

（4）安全防护用品：工作服、工作鞋、安全帽、药品箱等。

（二）采样点的布设

1. 布点方法

（1）简单随机。将监测单元分成网格，每个网格编上号码，决定采样点、样品数后，随机抽取规定的样品数的样品，其样本号码对应的网格号即为采样点，如图 4—1 所示。随机数的获得可以利用掷骰子、抽签、查随机数表的方法。关于随机数的使用方法可见《随机数的产生及其在产品质量抽样检验中的应用程序》（GB/T 10111—2008）。简单随机布点是一种完全不带主观限制条件的布点方法。

（2）分块随机。根据收集的资料，如果监测区域内的土壤有明显的几种类型，则可将区域分成几块，每块内污染物较均匀，块间的差异较明显。将每块作为一个监测单元，在每个监测单元内再随机布点，如图 4—1b 所示。在正确分块的前提下，分块布点的代表性比简单随机布点好，如果分块不正确，分块布点的效果可能会适得其反。

（3）系统随机。将监测区域分成面积相等的几部分（网格划分），每网格内布设一采样点，这种布点称为系统随机布点，如图 4—1c 所示。如果区域内土壤污染物含量变化较大，系统随机布点比简单随机布点所采样品的代表性要好。

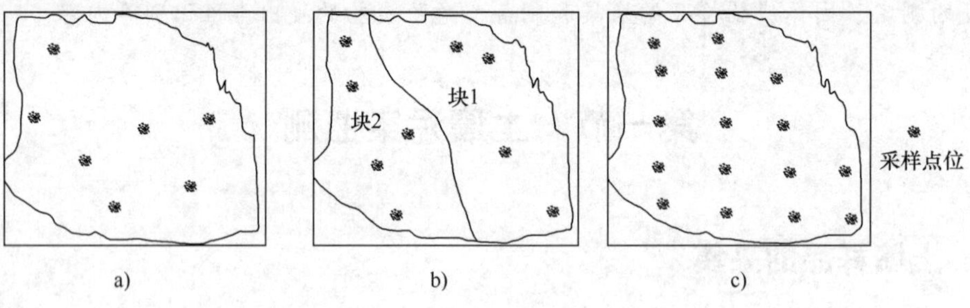

图 4—1　布点方式示意图

a）简单随机布点　b）分块随机布点　c）系统随机布点

2. 布点数量

土壤监测的布点数量要满足样本容量的基本要求，由均方差和绝对偏差、变异系数和相对偏差计算的样品数是样品数的下限数值，实际工作中土壤布点数量还要根据调查目的、调查精度和调查区域环境状况等因素确定。一般要求每个监测单元最少设 3 个点。

区域土壤环境调查按调查的精度不同可从 2. 5 km、5 km、10 km、20 km、40 km 中选择网格网距进行布点，区域内的网格结点数即为土壤采样点数量。

农田采集混合样时根据调查目的、调查精度和调查区域环境状况等因素确定监测单元。部分专项农业产品生产土壤环境监测布点按其专项监测要求进行。

大气污染型土壤监测单元和固体废物堆污染型土壤监测单元以污染源为中心放射状布点，在主导风向和地表水的径流方向适当增加采样点（离污染源的距离远于其他点）。灌溉水污染监测单元、农用固体废物污染型土壤监测单元和农用化学物质污染型土壤监测单元采用均匀布点。灌溉水污染监测单元也可采用按水流方向带状布点，采样点自纳污口起由密渐疏。综合污染型土壤监测单元布点采用综合放射状、均匀、带状布点法。

建设项目土壤环境评价监测采样，每 100 公顷占地采样点不少于 5 个，且总数不少于 5

个。其中，小型建设项目设 1 个柱状样采样点，大中型建设项目柱状样采样点不少于 3 个，特大型建设项目或对土壤环境影响敏感的建设项目柱状样采样点不少于 5 个。

城市土壤监测点以网距 2 000 m 的网格布设为主，功能区布点为辅，每个网格设一个采样点，对于专项研究和调查的采样点可适当加密。

对于污染事故监测土壤采样，如果是固体污染物抛洒污染型，待打扫后采集表层 5 cm 的土样，采样点数不少于 3 个。如果是液体倾覆污染型，污染物向低洼处流动，同时向深度方向渗透并向两侧横向方向扩散的，每个点分层采样，事故发生点样品点较密，采样深度较深，离事故发生点相对远处样品点较疏，采样深度较浅，采样点不少于 5 个。如果是爆炸污染型，以放射性同心圆方式布点，采样点不少于 5 个，爆炸中心分层采样，周围采集表层土样（0~20 cm）。事故土壤监测要设定 2~3 个背景对照点，各点（层）取 1 kg 土样装入样品袋，有腐蚀性或要测定挥发性化合物时，改用广口瓶装样。含易分解有机物的待测定样品，采集后置于低温（冰箱）中，直至运送、移交到分析室。

（三）土壤样品的采集

1. 区域环境背景土壤采样

采样点可采表层样或土壤剖面。一般监测采集表层土，采样深度为 0~20 cm，特殊要求的监测（土壤背景、环评、污染事故等）必要时选择部分采样点采集剖面样品。剖面的规格一般为长 1.5 m，宽 0.8 m，深 1.2 m。挖掘土壤剖面要使观察面向阳，表土和底土分两侧放置，如图 4—2 所示。

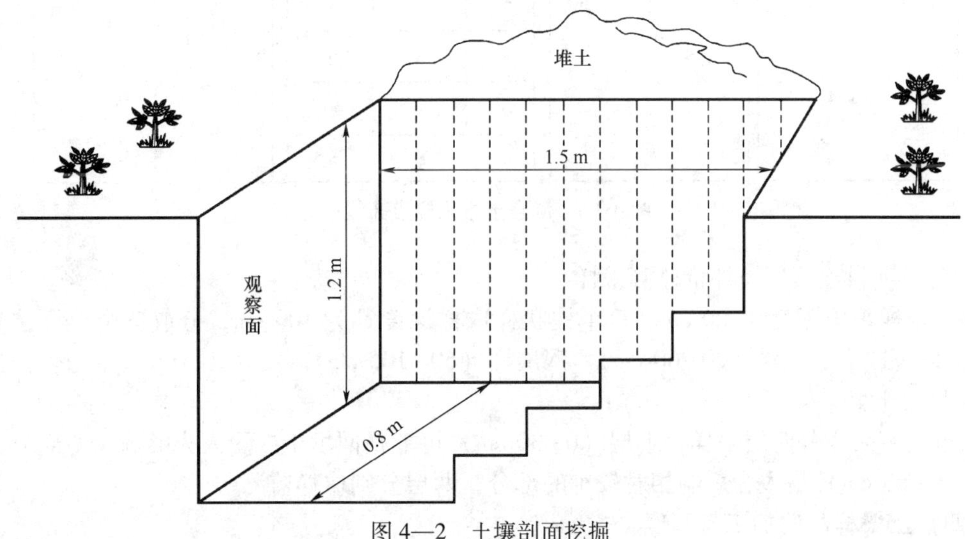

图 4—2　土壤剖面挖掘

采样次序自下而上，先采剖面的底层样品，再采中层样品，最后采上层样品。测量重金属的样品尽量用竹片或竹刀去除与金属采样器接触的部分土壤，再用其取样。

剖面每层样品采集 1 kg 左右，装入样品袋。样品袋一般由棉布缝制而成，如潮湿样品可内衬塑料袋（供无机化合物测定）或将样品置于玻璃瓶内（供有机化合物测定）。采样的同时，由专人填写样品标签、采样记录。标签一式两份，一份放入袋中，一份系在袋口，标签上标注采样时间、地点、样品编号、监测项目、采样深度和经纬度。采样结束后，需逐项检查采样记录、样袋标签和土壤样品，如有缺项和错误，应及时补齐更正。最后将底土和表土按原层回填到采样坑中，方可离开现场，并在采样示意图上标出采样地点，避免下次在相同处采集剖面样。

2. 农田土壤采样

一般农田土壤环境监测采集耕作层土样，种植一般农作物采 0~20 cm，种植果林类农作物采 0~60 cm。为了保证样品的代表性，降低监测费用，可采取采集混合样的方案。每个土壤单元设 3~7 个采样区，单个采样区可以是自然分割的一个田块，也可以由多个田块所构成，其范围以 200 m×200 m 左右为宜。

每个采样区的样品为农田土壤混合样。混合样的采集主要有四种方法，如图 4—3 所示。

（1）对角线法：适用于污灌农田土壤，对角线分 5 等份，以等分点为采样分点。

（2）梅花点法：适用于面积较小、地势平坦、土壤组成和受污染程度相对比较均匀的地块，设分点 5 个左右。

（3）棋盘式法：适用于中等面积、地势平坦、土壤不够均匀的地块，设分点 10 个左右。受污泥、垃圾等固体废物污染的土壤，分点应在 20 个以上。

（4）蛇形法：适宜于面积较大、土壤不够均匀且地势不平坦的地块，设分点 15 个左右，多用于农业污染型土壤。

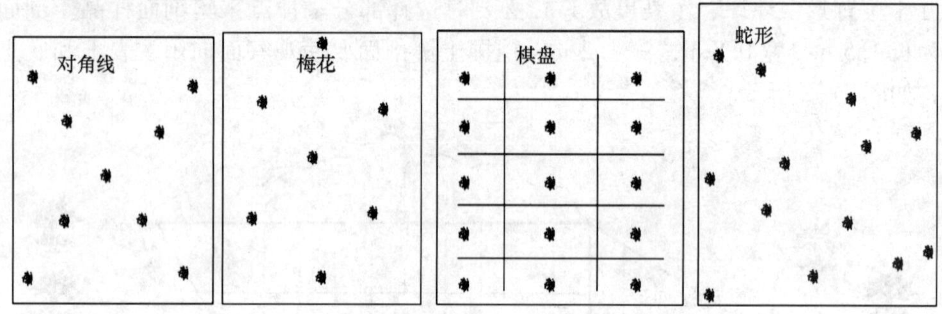

图 4—3　混合土壤采样点布设

3. 建设项目土壤环境评价监测采样

表层土样采集深度 0~20 cm。每个柱状样取样深度都为 100 cm，分取三个土样：表层样（0~20 cm）、中层样（20~60 cm）、深层样（60~100 cm）。

4. 城市土壤采样

城市土壤采样分两层采样，上层（0~30 cm）可能是回填土或受人为影响大的部分，另一层（30~60 cm）是人为影响相对较小的部分，两层分别取样监测。

（四）土壤样品的加工与管理

在采样现场样品必须逐件与样品登记表、样品标签和采样记录进行核对，核对无误后分类装箱。运输过程中严防样品的损失、混淆和沾污。对光敏感的样品应有避光外包装。土壤样品应由专人送到实验室，送样者和接样者双方同时清点核实样品，并在样品交接单上签字确认，样品交接单由双方各存一份备查。

1. 样品加工处理

样品加工又称样品制备，其处理程序是风干、磨细、过筛、混合、分装，进而制成满足分析要求的土壤样品。加工处理的目的是除去非土部分，使测定结果能代表土壤本身的组成；有利于样品较长时期保存，防止发霉、变质；通过研磨、混匀，使分析时称取的样品具有较高的代表性。制样工作室分设风干室和磨样室。风干室朝南（严防阳光直射土样），通风良好，整洁，无尘，无易挥发性化学物质。

（1）样品风干。在风干室将土样放置于风干盘中，摊成厚度为2~3 cm的薄层，适时地压碎、翻动，拣出碎石、砂砾、植物残体。

（2）样品粗磨。在磨样室将风干的样品倒在有机玻璃板上，用木锤敲打，用木滚、木棒、有机玻璃棒再次压碎，拣出杂质，混匀，并用四分法取压碎样，过孔径0.25 mm（20目）尼龙筛。过筛后的样品全部置于无色聚乙烯薄膜上，并充分搅拌混匀，再采用四分法取其中两份，一份交样品库存放，另一份做样品的细磨用。四分法如图4—4所示。粗磨样可直接用于土壤pH、阳离子交换量、元素有效态含量等项目的分析。

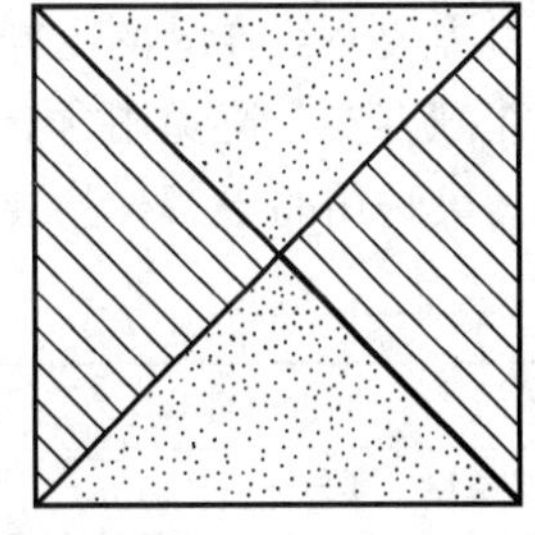
图4—4　四分法

（3）细磨样品。用于细磨的样品再用四分法分成两份，一份研磨到全部过孔径0.25 mm（60目）筛，用于农药或土壤有机质、土壤全氮量等项目分析。另一份研磨到全部过孔径0.15 mm（100目）筛，用于土壤元素全量分析。制样过程如图4—5所示。

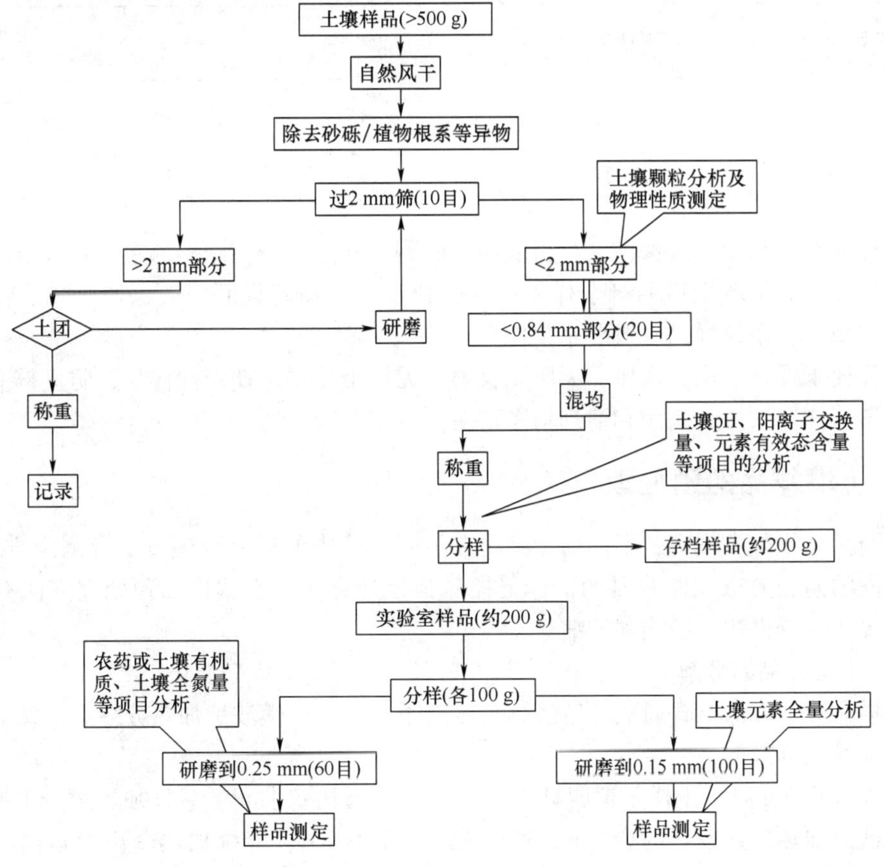

图4—5　常规土壤监测制样过程

注：分析挥发性、半挥发性有机物或可萃取有机物无须上述制样，用新鲜样按特定的方法进行样品前处理。

（4）样品分装。研磨混匀后的样品，分别装于样品袋或样品瓶，填写土壤标签一式两份，瓶内或袋内一份，瓶外或袋外贴一份。

2. 样品管理

样品管理主要指样品的保存。样品按样品名称、编号和粒径分类保存。对于易分解或易挥发等不稳定组分的样品，要采取低温保存的运输方法，并尽快送到实验室分析测试。测试项目需要新鲜样品的土样时，采集后用密封的聚乙烯或玻璃容器在4℃以下避光保存，样品要充满容器。避免用含有待测组分或对测试有干扰的材料制成的容器盛装保存样品，测定有机污染物用的土壤样品要选用玻璃容器保存。新鲜样品的具体保存条件见表4—1。

表4—1　　新鲜样品的保存条件和保存时间

测试项目	容器材质	温度/℃	可保存时间/d	备注
金属（汞和六价铬除外）	聚乙烯、玻璃	<4	180	
汞	玻璃	<4	28	
砷	聚乙烯、玻璃	<4	180	
六价铬	聚乙烯、玻璃	<4	1	
氰化物	聚乙烯、玻璃	<4	2	
挥发性有机物	玻璃（棕色）	<4	7	采样瓶装满装实并密封
半挥发性有机物	玻璃（棕色）	<4	10	采样瓶装满装实并密封
难挥发性有机物	玻璃（棕色）	<4	14	

预留样品在样品库造册保存。分析取用后的剩余样品，待测定全部数据并报出后，也移交样品库保存。分析取用后的剩余样品一般保留半年，预留样品一般保留2年。特殊、珍稀、用于仲裁、有争议样品一般要永久保存。

样品库要求保持干燥、通风、无阳光直射、无污染，要定期清理样品，防止霉变、鼠害及标签脱落。样品入库、领用和清理均需记录。

二、土壤样品的预处理

土壤与污染物种类繁多，不同的污染物在不同土壤中的样品处理方法及测定方法各异。要根据不同的监测要求和监测目的，选定样品预处理方法。土壤样品预处理方法有全分解法、酸溶浸法、浸提法、净化和浓缩。

（一）土壤样品的分解

土壤样品分解方法有普通酸分解法、高压密闭分解法、微波炉加热分解法、碱融法。

1. 普通酸分解法

准确称取0.5 g风干土样于聚四氟乙烯坩埚中，用几滴水润湿后，加入10 mL HCl，于电热板上低温加热，蒸发至约剩5 mL时加入15 mL HNO_3，继续加热蒸至近黏稠状，加入10 mL HF并继续加热。为了达到良好的除硅效果，应经常摇动坩埚。最后加入5 mL $HClO_4$，并加热至白烟冒尽。对于含有机质较多的土样，应在加入$HClO_4$之后加盖消解，土壤分解物应呈白色或淡黄色（含铁较高的土壤），倾斜坩埚时呈不流动的黏稠状。用稀酸溶液冲洗内壁及坩埚盖，温热溶解残渣，冷却后定容至 100 mL 或 50 mL，最终体积依待测成分的含量而定。

2. 高压密闭分解法

称取 0.5 g 风干土样于内衬聚四氟乙烯的坩埚中，加入少许水润湿试样，再加入 HNO_3、$HClO_4$ 各 5 mL，摇匀后将坩埚放入不锈钢套筒中，拧紧。放在 180℃的烘箱中分解 2 h，取出，冷却至室温后，取出坩埚，用水冲洗坩埚盖的内壁，加入 3 mL HF，置于电热板上，在 100~120℃加热除硅，待坩埚内剩下 2~3 mL 溶液时，调高温度至 150℃，蒸至冒浓白烟后再缓缓蒸干，定容后进行测定。

3. 微波炉加热分解法

微波炉加热分解法是以被分解的土样及酸的混合液作为发热体，从内部进行加热使试样受到分解的方法。在进行土样的微波分解时，一般使用 $HNO_3-HCl-HF-HClO_4$、$HNO_3-HF-HClO_4$、$HNO_3-HCl-HF-H_2O_2$、$HNO_3-HF-H_2O_2$ 等体系。当不使用 HF 时（限于测定常量元素且称样量小于 0.1 g），可将分解试样的溶液适当稀释后直接测定。若使用 HF 或 $HClO_4$ 对待测微量元素有干扰时，可将试样分解液蒸至近干，酸化后稀释定容。

4. 碱融法

（1）碳酸钠熔融法。碳酸钠熔融法适合测定氟、钼、钨。

称取 0.500 0~1.000 0 g 风干土样放入预先用少量碳酸钠或氢氧化钠垫底的高铝坩埚中，分次加入 1.5~3.0 g 碳酸钠，并用圆头玻璃棒小心搅拌，使其与土样充分混匀，再放入 0.5~1 g 碳酸钠，平铺在混合物表面，盖好坩埚盖。移入马福炉中，于 900~920℃熔融 0.5 h。自然冷却至 500℃左右时，可稍打开炉门以加速冷却，冷却至 60℃~80℃，用水冲洗坩埚底部，然后放入 250 mL 烧杯中，加入 100 mL 水，在电热板上加热浸提熔融物，用水及（1+1）HCl 将坩埚及坩埚盖洗净取出，并小心用（1+1）HCl 中和、酸化，待大量盐类溶解后，用中速滤纸过滤，用水及 5%HCl 洗净滤纸及其中的不溶物，定容待测。

（2）碳酸锂-硼酸、石墨粉坩埚熔样法。碳酸锂-硼酸、石墨粉坩埚熔样法适用于铝、硅、钛、钙、镁、钾、钠等元素分析。碳酸锂-硼酸在石墨粉坩埚内熔样，再用超声波提取熔块，分析土壤中的常量元素，速度快，准确度高。

在 30 mL 瓷坩埚内充满石墨粉，置于 900℃高温电炉中灼烧半小时，取出冷却，用乳钵棒压一空穴。准确称取经 105℃烘干的土样 0.200 0 g 于定量滤纸上，与 1.5 g 碳酸锂-硼酸混合试剂均匀搅拌，捏成小团，放入瓷坩埚内石墨粉洞穴中，然后将坩埚放入已升温到 950℃的马福炉中，20 min 后取出，趁热将熔块投入盛有 100 mL 4%硝酸溶液的 250 mL 烧杯中，立即置于 250 W 的超声清洗槽内（或用磁力搅拌），直到熔块完全溶解。将溶液转移到 200 mL 容量瓶中，并用 4%硝酸定容。吸取 20 mL 上述样品溶液移入 25 mL 容量瓶中，并根据仪器的测量要求，决定是否需要添加基体元素及添加浓度，最后用 4%硝酸定容，用光谱仪进行多元素同时测定。

（二）土壤样品成分的提取

土壤样品形态分析的样品处理方法：有效态的溶浸法［DTPA（二乙烯三胺五乙酸）浸提、HCl 浸提、水浸提］，碳酸盐结合态、铁锰氧化结合态等形态（可交换态、碳酸盐结合态、铁锰氧化物结合态、有机结合态、残余态）的提取。土壤样品中有机污染物的提取常用的方法有振荡提取、超声波提取、索氏提取以及其他方法。

1. 振荡提取

准确称取一定量的土样，转入标准口三角瓶中，加入约 2 倍体积的提取剂振荡 30 min，静置分层或抽滤、离心分出提取液，样品再分别用 1 倍体积提取液提取 2 次，分出提取液，合并，待净化。

2. 超声波提取

准确称取一定量的土样置于 400 mL 烧杯中，加入 60~100 mL 提取剂，超声振荡 3~5 min，真空过滤或离心分出提取液，固体物再用提取剂提取 2 次，分出提取液合并，待净化。

3. 索氏提取

准确称取一定量土样或取新鲜土样 20.0 g，加入等量无水 Na_2SO_4 研磨均匀，转入滤纸筒中，再将滤纸筒置于索氏提取器中。在有 1~2 粒干净沸石的 150 mL 圆底烧瓶中加 100 mL 提取剂，连接索氏提取器，加热回流 16~24 h 即可。

4. 其他方法

近年来，吹扫蒸馏法（用于提取易挥发性有机物）、超临界提取法（SFE）发展很快。尤其是 SFE 法，具有快速、高效、安全（不需任何有机溶剂）等优点，因而有很好的发展前途。

（三）土壤样品的净化和浓缩

使待测组分与干扰物分离的过程为净化。当用有机溶剂提取样品时，一些干扰杂质可能与待测物一起被提取出，这些杂质若不除掉将会影响检测结果，甚至使定性定量无法进行，严重时还可使气相色谱的柱效减低、检测器被污染，因而提取液必须经过净化处理。净化的原则是尽量完全除去干扰物，而使待测物尽量少损失。常用的净化方法有液-液分配法和化学处理法。常用的浓缩方法有吸附柱层析法。

1. 液-液分配法

液-液分配的基本原理是在一组互不相溶的溶剂对中溶解某一溶质成分，该溶质以一定的比例分配（溶解）在溶剂的两相中。通常把溶质在两相溶剂中的分配比称为分配系数。在同一组溶剂对中，不同的物质有不同的分配系数。在不同的溶剂对中，同一物质也有着不同的分配系数。利用物质和溶剂对之间存在的分配关系，选用适当的溶剂，通过反复多次分配，便可使不同的物质分离，从而达到净化的目的。采用此法进行净化时一般可得到较好的回收率，不过分配的次数较多。

液-液分配过程中若出现乳化现象，可采用如下方法进行破乳：①加入饱和硫酸钠水溶液，利用盐析作用破乳。②加入硫酸（1+1），加入量从 10 mL 逐步增加，直到消除乳化层，此法只适于对酸稳定的化合物。③离心机离心分离。

液-液分配中常用的溶剂对有乙腈-正己烷、N，N-二甲基甲酰胺（DMF）-正己烷、二甲亚砜-正己烷等。通常情况下正己烷可用廉价的石油醚代替。

2. 化学处理法

用化学处理法净化能有效地去除脂肪、色素等杂质。常用的化学处理法有酸处理法和碱处理法。

（1）酸处理法。用浓硫酸直接与提取液（酸与提取液体积比 1∶10）在分液漏斗中振荡、磺化，以除掉脂肪、色素等杂质。其净化原理是脂肪、色素中含有碳碳双键，如脂肪中的不饱和脂肪酸和叶绿素中的叶绿醇等，这些双键与浓硫酸作用时发生加成反应，所得的磺化产物溶于硫酸，这样便使杂质与待测物分离。

这种方法常用于强酸条件下稳定的有机物如有机氯农药的净化，而对于易分解的有机磷、氨基甲酸酯农药则不可使用。

（2）碱处理法。一些耐碱的有机物如农药艾氏剂、狄氏剂、异狄氏剂，可采用氢氧化钾-助滤剂柱代替皂化法。提取液经浓缩后通过柱净化，用石油醚洗脱，有很好的回收率。

3. 吸附柱层析法

吸附柱层析法主要有氧化铝柱层析法、弗罗里硅土柱层析法、活性炭柱层析法等。

三、常规监测项目

土壤常规监测项目分为基本项目和重点项目。基本项目包括 pH 和阳离子交换量。重点项目包括镉、铬、汞、砷、铅、铜、锌、镍、六六六、滴滴涕等。

（一）基本项目

1. pH

土壤 pH 是土壤重要的理化参数，对土壤微量元素的有效性和肥力有重要影响。pH 为 6.5~7.5 的土壤，磷酸盐的有效性最大。土壤酸性增强，许多金属化合物的溶解度增大，其有效性和毒性也增大。土壤 pH 过高（碱性土）或过低（酸性土），均影响植物的生长。

测定土壤 pH 使用玻璃电极法。其测定要点：称取通过 1 mm 孔径筛的土样 10 g 于烧杯中，加无二氧化碳蒸馏水 25 mL，轻轻摇动后用电磁搅拌器搅拌 1 min，使水和土充分混合均匀，放置 30 min，用 pH 计测量上部浑浊液的 pH。

测定 pH 的土样应存放在密闭玻璃瓶中，防止空气中的氨气、二氧化碳及酸碱性气体的影响。土粒的粗细及水、土比例均对 pH 有影响。一般酸性土壤的水土比保持在（5~1）∶1 时，对测定结果影响不大。碱性土壤水土比以 1∶1 或 2.5∶1 为宜，水土比增加，测得 pH 偏高。另外，风干土壤和潮湿土壤测得的 pH 有差异，尤其是石灰性土壤，由于风干作用，土壤中大量二氧化碳损失，导致 pH 偏高，因此风干土壤的 pH 为相对值。

2. 阳离子交换量

阳离子交换量的大小可以作为评价土壤保水保肥能力的指标，是改良土壤和合理施肥的重要依据之一，也是高产稳产农田肥力的重要指标。国内外普遍应用醋酸铵法测量土壤阳离子交换量。但此法在洗去多余盐溶液时，容易洗过或洗不彻底，使结果偏低或偏高，故常用于例行分析。醋酸铵法的原理：土壤吸收性复合体上的钾、钠、镁、铝、氢等阳离子，与提取液中的铵离子进行当量交换，使土壤成为 NH_4^+ 饱和土，用 95%酒精洗去多余的醋酸铵后，用定氮蒸馏的方法进行测氨，即可计算出土壤阳离子交换量。

（二）重点项目

1. 铅、镉

铅和镉都是动植物不需要的有毒有害元素，可在土壤中蓄积，并通过食物链进入人体。测定铅、镉多用原子吸收分光光度法和原子荧光光谱法。

（1）石墨炉原子吸收分光光度法。该方法测定要点：采用盐酸-硝酸-氢氟酸-高氯酸全水解方法，在聚四氟乙烯坩埚中消解 0.1～0.3 g 通过 0.149 mm（100 目）孔径筛的风干土样，使土样中的欲测元素全部进入溶液，加入基体改进剂后定容。取适量试液注入原子吸收分光光度计的石墨炉内，按照预先设定的干燥、灰化、原子化等升温程序，使铅、镉化合物离解为基态原子蒸气，对空心阴极灯发射的特征光进行选择性吸收，根据铅、镉对各自特征光的吸光度，用标准曲线法定量。土壤中铅、镉含量的计算式参考式 4—1。在加热过程中，为防止石墨管氧化，需要不断通入载气（氩气）。

（2）氢化物-原子荧光光谱法。该方法测定原理：将土样用盐酸-硝酸-氢氟酸-高氯酸体系消解，彻底破坏矿物晶格和有机质，使土样中的欲测元素全部进入试液。消解后的样品试液经转移稀释后，在有氧化剂或催化剂存在的酸性介质中，样品中的铅或镉与硼氢化钾（KBH_4）反应，生成挥发性铅的氢化物（PbH_4）或镉的氢化物（CdH_4）。以氩气为载气，将产生的氢化物导入原子荧光光谱仪的石英原子化器，在室温（铅）或低温（镉）下进行原子化，产生的基态铅原子或基态镉原子在特制铅空心阴极灯或镉空心阴极灯发射特征光的照射下，被激发至高能态，由于激发态的原子不稳定，瞬间返回基态，发射出特征波长的荧光，其荧光强度与铅或镉的含量呈正比，通过将测得的试样溶液荧光强度与标准系列溶液荧光强度比较进行定量。

铅和镉测定中所用催化剂和消除干扰组分干扰的试剂不同，需要分别取土样消解溶液测定。它们的检出限可达到：铅 1.8×10^{-9} g/mL，镉 8.0×10^{-12} g/mL。

2. 铜、锌

铜和锌是植物、动物和人体必需的微量元素，可在土壤中蓄积，当其量超过最高允许浓度时，将会造成危害。测定土壤中的铜、锌，广泛采用火焰原子吸收分光光度法。

火焰原子吸收分光光度法测定原理：用盐酸-硝酸-氢氟酸-高氯酸消解通过 0.149 mm 孔径筛的土样，使欲测元素全部进入试液，加入硝酸镧溶液（消除共存组分干扰），定容。将制备好的试液吸入原子吸收分光光度计的原子化器，在空气-乙炔（氧化性）火焰中原子化，产生的铜、锌基态原子蒸气分别选择性地吸收由铜空心阴极灯、锌空心阴极灯发射的特征波长光，根据其吸光度用标准曲线法定量。按 4－1 式计算土壤样品中铜、锌的含量。

$$W=\frac{\rho V}{m(1-f)} \tag{4—1}$$

式中 W——土壤样品中铜、锌的含量，mg/kg；

ρ——样品试液的吸光度减去空白试验的吸光度后，在标准曲线上查得铜、锌的含量，mg/L；

V——试液定容体积，mL；

m——称取土壤样品的重量，g；

f——土壤样品的水分含量，%。

3. 总铬

由于各类土壤成土母质不同，铬的含量差别很大。土壤中铬的背景值一般为 20～200 mg/kg。铬在土壤中主要以三价和六价两种形态存在，其存在形态和含量决定于土壤 pH 和污染程度等。六价铬化合物迁移能力强，其毒性和危害大于三价铬。三价铬和六价铬可以相互转化。测定土壤中铬的方法主要有火焰原子吸收分光光度法、二苯碳酰二肼分光光度法等。

（1）火焰原子吸收分光光度法。用盐酸-硝酸-氢氟酸-高氯酸混合酸体系消解土壤样品，使待测元素全部进入试液，同时，所有铬都被氧化成 $Cr_2O_7^{2-}$ 形态。在消解液中加入氯化铵溶液（消除共存金属离子的干扰）后定容，喷入原子吸收分光光度计原子化器的富燃性空气-乙炔火焰中进行原子化，产生的铬基态原子蒸气对铬空心阴极灯发射的特征波长光进行选择性吸收，测其吸光度，用标准曲线法定量。其计算式同铜、锌的测定。

（2）二苯碳酰二肼分光光度法。称取土壤样品于聚四氟乙烯坩埚中，用硝酸-硫酸-氢氟酸体系消解，消解产物加水溶解并定容。取一定量试液，加入磷酸和高锰酸钾溶液，继续加热氧化，将土样中的铬完全氧化成 $Cr_2O_7^{2-}$ 形态，用叠氮化钠溶液除去过量的高锰酸钾后，加入二苯碳酰二肼溶液，与 $Cr_2O_7^{2-}$ 反应生成紫色化合物，于分光光度计上 540 nm 波长处测量吸光度，用标准曲线法定量。方法最低检出浓度为 0.2 μg/25 mL（以 Cr^{6+} 计）。

4. 镍

土壤中含少量镍对植物生长有益，镍也是人体必需的微量元素之一，但当镍在土壤中蓄积超过允许量后，会使植物中毒。某些镍的化合物，如羟基镍毒性很大，是一种强致癌物质。

土壤中镍的测定方法有火焰原子吸收分光光度法、分光光度法、等离子体发射光谱法等，目前以火焰原子吸收分光光度法应用最普遍。

火焰原子吸收分光光度法测定原理：称取一定量土壤样品，用盐酸-硝酸-氢氟酸体系消解，消解产物经硝酸溶解并定容后，喷入空气-乙炔火焰，将镍化合物离解为基态原子蒸气，测其对镍空心阴极灯发射的特征波长光的吸光度，用标准曲线法确定土壤中镍的含量。

测定时，使用原子吸收分光光度计的背景校正装置，以克服在紫外光区由于盐类颗粒物、分子化合物产生的光散射和分子吸收对测定的干扰。

5. 总汞

天然土壤中汞的含量很低，一般为 0.1~1.5 mg/kg，其存在形态有金属汞、无机化合态汞和有机化合态汞，其中，挥发性强、溶解度大的汞化合物易被植物吸收，如氯化甲基汞、氯化汞等。汞及其化合物一旦进入土壤，绝大部分被耕层土壤吸附固定。当积累量超过环境土壤质量标准最高允许浓度时，生长在这种土壤上的农作物果实中汞残留量就可能超过食用标准。

测定土壤中的汞广泛采用冷原子吸收法和冷原子荧光法。

冷原子吸收法测定要点：称取适量通过 0.149 mm 孔筛的土样，用硫酸-硝酸-高锰酸钾或硝酸-硫酸-五氧化二钒消解体系消解，使土样中各种形态的汞转化为高价态（Hg^{2+}）。将消解产物全部转入冷原子吸收测汞仪的还原瓶中，加入氯化亚锡溶液，把汞离子还原成易挥发的汞原子，用净化空气带入测汞仪吸收池，选择地吸收低压汞灯辐射出的 253.7 nm 紫外光，测量其吸光度，与汞标准溶液的吸光度比较、定量。该方法的检出限为 0.005 mg/kg。

冷原子荧光法是将土样经混合酸体系消解后，加入氯化亚锡溶液将离子态汞还原为原子态，用载气带入冷原子荧光测定仪的吸收—激发池，吸收 253.7 nm 波长紫外光后，被激发而发射共振荧光，测量其荧光强度，与标准溶液在相同条件下测得的荧光强度比较、定量。该方法的检出限为 0.05 μg/kg。

6. 总砷

土壤中砷的背景值一般在 0.2~40 mg/kg，而受砷污染的土壤含砷量可高达 550 mg/kg。砷在土壤中以五价和三价两种价态存在，大部分被土壤胶体吸附或与有机物配位、螯合，或与铁（Ⅲ）、铝离子（Ⅲ）、钙（Ⅱ）等离子形成难溶性砷化物。砷是植物强烈吸收和积累的元素，土壤被砷污染后，农作物中含砷量必然增加，从而危害人和动物。

测定土壤中砷的主要方法有二乙基二硫代氨基甲酸银分光光度法、硼氢化钾-硝酸盐分光光度法等。

（1）二乙基二硫代氨基甲酸银分光光度法。测定原理：称取通过 0.149 mm 筛孔的土样，用硫酸-硝酸-高氯酸体系消解，使各种形态存在的砷转化为可溶态离子进入溶液。在碘化钾和氯化亚锡存在下，将试液中的五价砷还原为三价砷，三价砷被锌与酸反应生成的新生态氢还原为气态砷化氢（胂），被吸收于二乙基二硫代氨基甲酸银-三乙醇胺-三氯甲烷吸收液中，生成红色胶体银，用分光光度计于 510 nm 波长处测其吸光度，用标准曲线法定量。该方法检出限为 0.5 mg/kg。

（2）硼氢化钾-硝酸银分光光度法。测定原理：土壤样品经硫酸-硝酸-高氯酸消解，使各种形态的砷转化为可溶态砷离子进入溶液后，用硼氢化钾（或硼氢化钠）在酸性溶液中产生的新生态氢将五价砷还原为砷化氢（胂），被硝酸-硝酸银-聚乙烯醇-乙醇吸收液吸收后，生成黄色胶体银，在分光光度计波长 400 nm 处测其吸光度，用标准曲线法定量。该方法检出限为 0.2 mg/kg。

7. 六六六和滴滴涕

六六六和滴滴涕属于高毒性、高生物活性有机氯农药，在土壤中残留时间长。土壤被六六六和滴滴涕污染后，对土壤生物和植物都会产生直接毒害，并通过生物富集和食物链进入人体，危害人体健康。

六六六和滴滴涕的测定方法广泛使用气相色谱法，其最低检测浓度为 0.000 05~0.004 87 mg/kg。

用丙酮-石油醚提取土壤样品中的六六六和滴滴涕，经硫酸净化处理后，用带电子捕获检测器的气相色谱仪测定。根据色谱峰进行两种物质异构体的定性分析，根据峰高（或峰面积）进行各组分的定量分析。

四、特定监测项目

土壤污染特定监测项目属应急监测项目，需要将监测人员的经验、简易监测技术和实验室监测技术有机结合起来，尤其是简易监测技术和经验往往在事故现场的最初阶段，对事故的处置和减少损失起着十分重要的作用。

在农药污染事故中，主要污染对象是土壤。一般情况下，事故现场调查可初步确定属哪种农药污染，然后进一步监测以确定农药种类及浓度。为了适应现场监测需要，多采用便携式快速测定仪。

五、选测监测项目

选测监测项目包括影响产量项目、污水灌溉项目、POPs 与高毒类农药和其他污染项目。影响产量项目包括全盐量、硼、氟、氮、磷、钾等，污水灌溉项目包括氰化物、六价铬、挥发酚、烷基汞、苯并[a]芘、有机质、硫化物、石油类等，POPs 与高毒类农药包括苯、挥发性卤代烃、有机磷农药、PCB、PAH 等，其他污染项目包括结合态铝（酸雨区）、硒、钒、氧化稀土总量、钼、铁、锰、镁、钙、钠、铝、硅、放射性比活度等。

（一）影响产量项目

1. 全盐量

土样按一定的固液比加适量水，经一定时间的震荡或搅拌、过滤，吸取一定量的滤液，经蒸干后称得的质量就是烘干残渣总量。将此烘干残渣总量再用过氧化氢去除有机质后干燥，称得的质量即可溶盐分质量。

2. 有效硼

土壤中有效硼采用沸水提取，提取液用 EDTA 消除铁、铝离子的干扰，用高锰酸钾消退有机质的颜色后，以甲亚胺-H 比色法测定提取液中的硼量。在弱酸介质中硼与甲亚胺生成黄色络合物，测定浓度范围为 0~1 mg/mL，符合朗伯-比尔定律，显色稳定时间可达 3 h，一般在显色 1 h 后比色。

（二）污水灌溉项目

1. 氰化物

采用吡啶-吡唑啉酮分光光度法可测定土壤中的氰化物，该方法最低检测量为 0.05 μg，具有灵敏度高、精密度好的特点。

在乙酸锌-酒石酸介质中蒸馏分离出土壤中的氰化物，用 10 g/L 氢氧化钠溶液吸收。在中性或弱酸介质中，氰化物和氯胺 T 反应，转变成氯化氰，再与吡啶作用，水解后生成戊烯二醛，然后与吡唑啉酮反应生成蓝色聚亚甲基染料，其颜色吸光度与一定含量的氰离子浓度成正比，选择 618 nm 波长，测定其吸光度。

2. 硫化物

采用硫离子选择性电极法和亚甲蓝分光光度法测定土壤中的硫化物。

（1）硫离子选择性电极法。当加入盐酸后，土壤中的硫化物生成硫化氢气体，可借助二氧化碳气流驱出，接收于醋酸锌-醋酸钠的混合液中，然后用碱性的 EDTA -抗坏血酸混合液溶解，用硫离子选择性电极法测定。当土壤中硫化物的含量较多时（大于 0.5×10^{-6}），可直接用碱性的 EDTA -抗坏血酸浸提，再用硫离子选择性电极测定。

（2）亚甲蓝分光光度法。土壤中的无机硫化物可在酸性介质中生成硫化氢，以氮气为载气将其驱出，吸收于乙酸锌溶液中使生成硫化锌。含硫离子的溶液与对氨基二甲基苯胺的酸性溶液反应生成蓝色的络合物亚甲基蓝，在 665 nm 波长处测定其吸光度。

3. 挥发酚

采用 4 -氨基安替比林分光光度法可测定土壤中的挥发酚。

酚类化合物于碱性溶液（pH 为 10.0±0.2）介质中，在与氧化剂铁氰化钾作用下，与 4 -氨基安替比林反应生成橙红色的安替比林染料，用氯仿可将此染料从水溶液中萃取出，并在 460 nm 处测定吸光度。

该方法适用于土壤（或底质）中挥发酚的测定，测定范围为0.01~0.30 mg/kg，方法最低检出限为0.01 mg/kg。氧化性物质、还原性物质、金属离子及芳香胺类对测定有干扰，预蒸馏可以除去大多数干扰物。

4. 苯并[a]芘

苯并[a]芘是研究最多的多环芳烃，被公认为强致癌物质。它在自然界土壤中的天然本底值很低，但当土壤受到污染后，便会产生严重危害作用。开展土壤中苯并[a]芘的监测工作，掌握不同条件下土壤中苯并[a]芘量的变化规律，对评价和防治土壤污染具有重要意义。

测定苯并[a]芘的方法有紫外分光光度法、荧光分光光度法、高效液相色谱法等。

(1) 紫外分光光度法。测定要点：称取通过 0.25 mm 筛孔的土壤样品于锥形瓶中，加入氯仿，在 50℃水浴上充分提取、过滤，滤液在水浴上蒸发近干，用环己烷溶解残留物，制备成苯并[a]芘提取液。将提取液进行两次氧化铝层析柱分离纯化和溶出后，依据苯并[a]芘在 365 nm、385 nm、403 nm 处有三个特征波峰，进行定性分析。测量溶解出的试液对 385 nm 紫外光的吸光度，对照苯并[a]芘标准溶液的吸光度进行定量分析。该方法适用于苯并[a]芘含量大于 5 μg/kg 的土壤，如苯并[a]芘含量小于 5 μg/kg，则用荧光分光光度法。

(2) 荧光分光光度法。该法是将土壤样品的氯仿提取液蒸发近干，并把环己烷溶解后的试液滴入氧化铝层析柱上进行分离，用苯洗脱，洗脱液经浓缩后再用纸层析法分离，在层析滤纸上得到苯并[a]芘的荧光带，用甲醇溶出，取溶出液在荧光分光光度计上测量其被 386 nm 紫外光激发后发射的荧光（406 nm）强度，对照标准溶液的荧光强度定量。

(3) 高效液相色谱法。该法是将土壤样品于索氏提取器内用环己烷提取苯并[a]芘，提取液注入高效液相色谱仪测定。

（三）POPs 与高毒类农药

1. 苯

土壤中的苯可以采用《土壤和沉积物 挥发性芳香烃的测定 顶空/气相色谱法》（HJ 742—2015）中的测定方法进行测定。该标准规定了测定土壤和沉积物中 12 种挥发性芳香烃的顶空/气相色谱法。方法原理：在一定的温度下，顶空瓶内样品中挥发性芳香烃向液上空间挥发，在气液固三相达到热力学动态平衡后，气相中的挥发性芳香烃以气相色谱分离，用火焰离子化检测器检测。以保留时间定性，外标法定量。

2. 有机磷农药

采用填充柱气相色谱法可测定土壤中六种有机磷农药。选用 DFTPP（十氟三苯基磷）作内标，用气相色谱-火焰光度检测法（GC - FPD），利用玻璃填充柱对土壤中的六种有机磷农药敌敌畏、甲拌磷、乐果、甲基对硫磷、马拉硫磷和对硫磷进行测定。该方法灵敏度高，定量准确，消除了外标法定量误差的影响。

3. PCBs

土壤中多氯联苯可以采用《土壤和沉积物 多氯联苯的测定 气相色谱-质谱法》（HJ 743—2015）中的测定方法进行测定。该标准适用于土壤和沉积物中 7 种指示性多氯联苯和

12 种共平面多氯联苯的测定。方法原理：采用合适的萃取方法（微波萃取、超声波萃取等）提取土壤或沉积物中的多氯联苯，根据样品基体干扰情况选择合适的净化方法（浓硫酸磺化、铜粉脱硫、弗罗里硅土柱、硅胶柱等凝胶渗透净化小柱），对提取液净化、浓缩、定容后，用气相色谱-质谱仪分离、检测，内标法定量。

（四）其他监测项目

1. 硒

目前硒的测定方法较多。土壤中硒的测定可采用标准《土壤和沉积物 汞、砷、硒、铋、锑的测定 微波消解/原子荧光法》（HJ 680—2013）中的方法。其方法原理：样品经微波消解后，试液进入原子荧光光度计，在硼氢化钾溶液还原作用下，试液中的硒生成硒化氢气体。硒在氩氢火焰中形成基态原子，在硒元素灯发射光的激发下产生原子荧光，原子荧光强度与试液中硒元素含量成正比。

2. 钒

采用微波消解试样，减少了样品的污染和分解过程中钒的损失，加快了试样分解速度并使样品分解完全。钒属难熔元素，采用热解涂层石墨管和横向加热石墨炉原子吸收光谱测定，可以在较低温度下进行原子化，提高了测定的灵敏度。以 HNO_3-HClO_4-HF（3∶2∶3，*V/V*）作为样品的消解液，采用两段消解方式进行样品微波消解，并以 EDTA 作为基体改进剂，在 HNO_3 介质中进行钒的测定。

第二节　生活垃圾的监测

一、生活垃圾样品的采集

（一）生活垃圾及其分类

1. 生活垃圾的概念

生活垃圾是指城镇居民在日常生活中抛弃的固体垃圾，主要包括：居民生活垃圾、医院垃圾、市场垃圾、建筑垃圾和街道扫集物等，其中医院垃圾（特别是带有病原体的垃圾）和建筑垃圾应予单独处理。其他通常由环卫部门集中处理，一般统称为生活垃圾。

2. 生活垃圾的分类

从垃圾的处理角度看，城市垃圾可分为可燃性垃圾、有机物垃圾和无机物垃圾。生活垃圾是一种由多种物质组成的异质混合体，分为以下几类：

（1）废品类：包括废金属、废玻璃、废塑料、废橡皮、废纤维类、废纸类和砖瓦类等。

（2）厨房类（亦称厨余垃圾）：包括饮食废物、蔬菜废物、肉类和肉骨，以及我国部分城市厨房所产生的燃料用煤、煤制品、木炭的燃余物等。

（3）灰土类：包括修建、清理时的土、煤、灰渣。

世界各国的城市规模、人口、经济水平、消费方式、自然条件等差异很大，导致城市垃圾的产生量和质量存在明显差别，并且是在变化的。城市垃圾是一种极不均匀、种类各异的异质混合物。

城市垃圾可利用各种方法分选出可回收废物，然后利用焚烧（包括热解和气化）、堆肥和卫生填埋的方法进行处理和利用。不同的方法其监测的重点和项目也不同。例如焚烧，垃圾的热值是决定性参数；而堆肥需测定生物降解度、堆肥的腐熟程度等；对于填埋，渗滤液分析和堆场周围的苍蝇密度等成为监测的主要项目。我国颁布的《生活垃圾采样和分析方法》（CJ/T 313—2009）和《生活垃圾卫生填埋场环境监测技术要求》（GB/T 18772—2017），分别适用于城市生活垃圾的常规调查和填埋场环境监测。

（二）生活垃圾样品的采集

1. 采样点的布设与采样频次

首先要进行采样点背景资料调查，了解采样点的区域类型、服务范围、产生量、处理量、收运处理方式等。采样点背景资料应建档并及时更新。生活垃圾采样点应按垃圾流节点进行选择，见表4—2。采样点数及功能区种类见表4—3和表4—4。

表4—2　　生活垃圾流节点及分类

序号	生活垃圾流节点	类别
1	产生源	居住区、事业区、商业区、清扫区
2	收集站	地面收集站、垃圾桶收集站、垃圾房收集站、分类垃圾收集站等
3	收运车	车厢可卸式、压缩式、分类垃圾收集车、餐厨垃圾收集车等
4	转运站	压缩式、筛分、分选等
5	处理场（厂）	填埋场、堆肥厂、焚烧厂、餐厨垃圾处理厂等

表4—3　　人口数量与最少采样点数

人口数量/万人	<50	50~100	100~200	≥200
最少采样点数/个	8	16	20	30

表4—4　　功能区种类

居住区			事业区		商业区					清扫区	
燃煤	半燃煤	无燃煤	机关团体	教育科研	商场超市	餐饮	文体设施	集贸市场	交通场（站）	道路、广场	园林

在生活垃圾产生源以外的垃圾流节点设置采样点，应由该类节点（设施或容器）的数量确定最少采样点数，见表4—5。

表4—5　　生活垃圾流节点数与最少采样点数

生活垃圾流节点（设施或容器）的数量/个	最少采样点数/个
1~3	所有
4~64	4~5
65~125	5~6
125~343	6~7
>344	每增加300个容器或设施，增加1个采样点

产生源生活垃圾采样与分析以年为周期，采样频率宜每月1次，同一采样点的采样间隔时间宜大于10 d。因环境引起生活垃圾变化时，可调整部分月份的采样频率。调查周期小于一年时，可增加采样频率，同一采样点的采样间隔时间不宜小于7 d。

2. 采样量

根据生活垃圾最大粒径及分类情况，选取的最小采样量应符合表4—6的规定。

表4—6　　生活垃圾最小采样量

生活垃圾最大颗粒直径/mm	最小采样量/kg		主要适用范围
	分类生活垃圾	混合生活垃圾	
120	50	200	产生源生活垃圾、生活垃圾筛上物
30	10	30	生活垃圾筛下物、餐厨垃圾等
10	1	1.5	堆肥产品、焚烧残渣等
3	0.15	0.15	

注：最大粒径指筛余量为10%时的筛孔尺寸。

3. 采样工具

采样的设备和工具见表4—7。

表4—7　　主要采样设备和工具

设备和工具	说明
采样车	人与生活垃圾样品隔离
机械搅拌及取样工具	推土机、挖掘机、抓斗或其他能够搅拌生产垃圾的设备
人工搅拌及取样工具	尖头铁锹、耙子、长柄推把等工具
密闭容器	带盖采样桶或内衬塑料的采样袋
其他工具	锯、锤子、剪刀、夹子等
辅助设备	照明设备、供电设备及标杆、警戒绳、胶带、计算器、皮尺等

4. 采样方法

对生活垃圾进行采样时，可根据生活垃圾的存在状态选择不同的采样方法。生活垃圾的存在状态一般可分为呈堆体状态、非堆体状态和坑（槽）内生活垃圾等几种。非堆体状态可先转化成堆体状态，堆体状态可按四分法、剖面法、周边法等方法进行采样。坑（槽）内生活垃圾一般为焚烧厂储料坑或堆肥厂发酵槽内垃圾，可将生活垃圾堆成厚度为40~60 cm的正方体，然后按网格法进行采样。

5. 样品的制备

（1）一次样品制备。测定垃圾容重后，将样品中大粒径物品破碎至100~200 mm，摊铺在水泥地面充分混合搅拌，再用四分法缩分2（或3）次，至样品质量为25~50 kg，置于密闭容器运到分析场地。确实难以全部破碎的可预先剔除，在其余部分破碎缩分后，按缩分比例将剔除生活垃圾部分破碎加入样品中。

（2）二次样品制备。在生活垃圾含水率测定完毕后，应进行二次样品制备。根据测定项目对样品的要求，将烘干后的生活垃圾样品中各种成分的粒径分级破碎至5 mm以下，选择混合样或者合成样的制备步骤制备二次样品备用。

二、生活垃圾特性分析

（一）粒度测定

粒度分级采用筛分法，按筛目排列，依次连续摇动 15 min，再转到下一号筛子，然后计算每一粒度微粒所占的百分比。如果需要在试样干燥后再称量，则需在 70℃的温度下烘干 24 h，然后再在干燥器中冷却后筛分。

（二）淀粉的测定

垃圾在堆肥处理过程中，需借助淀粉量分析来鉴定堆肥的腐熟程度。这一分析化验的基础是，垃圾在堆肥过程中可形成淀粉碘化络合物，其颜色的变化取决于堆肥的降解度。当堆肥降解尚未结束时，呈蓝色，降解结束时即呈黄色。堆肥颜色的变化过程是深蓝—浅蓝—灰—绿—黄。

（三）总有机碳测定

采用燃烧氧化—非色散红外吸收 TOC 测定仪测定。大量实验结果表明，垃圾中的有机碳含量大约为有机物质的 47%。因此，在没有 TOC 仪的情况下，也可粗略估算总有机碳的含量，即测定易挥发性固体的质量（样品在马福炉内于 600℃燃烧 15 min 失去的质量）。

（四）生物降解度测定

垃圾中含有大量天然的和人工合成的有机物，有的容易生物降解，有的难以生物降解。目前，通过试验已经寻找出一种可以在室温下对垃圾生物降解作出适当估计的 COD 试验方法。

（五）垃圾热值的测定

热值表明垃圾的可燃性质，是垃圾焚烧处理的重要指标。对于生活垃圾类固体废物，单位量（1 g 或 1 kg）完全燃烧氧化时的反应热称为热值。热值分为高热值（H_n）和低热值（H_0），垃圾中可燃物质的热值为高热值。但实际上垃圾中总含有一定量不可燃的惰性物质和水，当燃料升温时，这些惰性物质和水要消耗热量，同时燃烧过程中产生的水以蒸汽形式挥发也要消耗热量，所以实际的热值要低得多，这一热值称为低热值。显然，低热值更接近实际情况，实际工作中意义更大。

三、渗滤液的分析

垃圾渗滤液是指垃圾本身所带水分以及降水等与垃圾接触而渗出来的溶液。它提取或溶解了垃圾组成中的物质。在生活垃圾的填埋、焚烧和堆肥三大处理方法中，渗滤液主要来自卫生填埋场。垃圾渗滤液中有机物含量相当高，同时也含有大量可溶性无机物，其水质与一般生活污水有很大差异，一旦进入环境会造成难以挽回的后果。

1. 渗滤液的特性

由于不同国家、不同地区、不同季节的生活垃圾组分变化很大，而且随着填埋时间的不同，渗滤液组成和浓度也会发生变化。其特点包括：①成分的不稳定性，主要取决于垃圾组成；②浓度的可变性，主要取决于填埋时间；③组成的特殊性，垃圾中存在的物质，渗滤液中不一定存在。垃圾渗滤液与一般工业废水、生活污水组成和浓度差异极大，导致监测项目有很大不同。例如在垃圾渗滤液中几乎不含有油类，因为生活垃圾具有吸收和保持油类的能力；氰化物是地面水监测中的必测项目，但在填埋的生活垃圾中，各种氰化物转化为氢氰酸，并生成复杂的氰化物，以致在渗滤液中很少测到氰化物的存在；铬在填埋场被有机物还原为三价铬，从而在 pH 呈中性时，可生成不溶性的氢氧化物沉淀，因而在渗滤液中不易测到金属铬；汞则在填埋场的厌氧条件下生成不溶性的硫化物而被截留。

2. 渗滤液的测定

垃圾渗滤液的常规监测项目包括水温、pH、色度、总固体、总溶解性固体、总悬浮性固体、硫酸盐、氨氮、凯氏氮、氯化物、COD、BOD_5 和总磷、钾、钠、细菌总数等。测定方法基本上参照水质测定方法。

四、垃圾毒理学试验

1. 毒性试验分类

毒性试验可分为急性毒性试验、亚急性毒性试验和慢性毒性试验等。

（1）急性毒性试验。一次（或几次）投给实验动物较大剂量的化合物，观察短期内（一般 24 h 到 2 周以内）中毒反应。急性毒性试验由于变化因子少、时间短、经济以及容易试验，被广泛采用。

（2）亚急性毒性试验。一般用半致死剂量的 1/20～1/5，每天投毒，连续半个月至约 3 个月。其目的是在急性毒性的基础上，了解较短时间内受试物对机体的毒性是否有积蓄作用和耐受性，探讨敏感观测指标与剂量的反应关系。

（3）慢性毒性试验。用较低剂量进行 3 个月到 1 年的投毒，观察病理、生理、生化反应以及寻找中毒诊断指标，为制定环境中有害物质最大允许浓度（MATC）提供实验依据。

2. 实验动物的选择

实验动物应根据具体的要求、动物的来源、经济价值和饲养管理等多方面因素来决定。常用的动物主要有小鼠、大鼠、豚鼠、兔、猫、狗和猴等。鱼类有鲢鱼、草鱼、斑马鱼和金鱼等。生物测试使用的动物，还包括蠕形动物、昆虫类、软体动物和甲壳动物等。

不同品种、年龄、性别、生长条件的动物对毒性的反应不一样，因此实验动物必须标准化。要判断某物质在环境中的最高允许浓度，除了根据它的毒性外，还要考虑感观性状、难以降解程度等因素。此外，由于每一个属的动物都有其各自特殊的生理、生化特点，而这些特点在决定某一种属动物对毒性的反应性上起着至关重要的作用。

3. 垃圾毒性试验的试验方法

按染毒方式不同，毒性试验可分为吸入染毒、皮肤染毒、经口投毒及注入投毒等。垃圾渗滤液分析常用的毒性试验即口服毒性试验。口服染毒法分为以下三种：

（1）饲喂法。将待测试样混入饲料或饮水中，使实验动物自行摄入。单笼喂养计算每日进食量，以折算摄入化合物的剂量。缺点包括：①如试样有异味，动物会拒食；②对易挥发物，投入量减少，且有经呼吸道吸入的可能；③化合物易水解或与食物中某些成分起化学反应时，则可能改变化合物毒性。单笼喂饲工作量较大，在急性毒性试验中应用较少。

（2）灌胃法。将测试样溶解配制成一定浓度的液体或糊状物，装入注射器，经过导管注入动物胃内。此法的优点是剂量较准确，缺点是工作量大，有损伤动物食管或误入气管的可能，而且与人类正常经口接触化合物方式差异很大。

（3）吞服胶囊法。将所需剂量的测试样装入药用胶囊内，强制放到动物的舌后咽部迫使其咽下。此法剂量准确，尤其适用于易挥发、易水解和有异臭的化学物质。

五、垃圾堆场蝇类滋生密度的测定

生活垃圾堆场会滋生大量苍蝇、蚊子及其他昆虫，对于这类生物的测定，目前国内外还没有相关标准和规定，现以某市环卫局制定的蝇类滋生密度测定作为该类的代表。

测定方法是将蝇类用诱饵引诱，集聚至诱捕笼内，加以分类、测定。填写蝇类密度调查表，见表4—8。这种方法测得的蝇类密度为相对数，并非生存于空间的蝇类的真实密度。

表4—8　　蝇类密度调查表

天气　　气温　　风力　　只/d

采样点	蝇类							
	金蝇	绿蝇	家蝇	麻蝇	丽蝇	腐蝇	合计	备注
A								
B								
C								
D								
合计								
百分比/%								

注意事项：

（1）测定时必须注意卫生，以免危害人体和污染环境。

（2）使用后的诱饵残余应及时处理，可消毒就地处理（在监测点附近挖一小坑，将诱饵放入，然后用土填埋压实），也可以将各监测点使用后的诱饵统一收集、处理。

（3）使用后的捕蝇笼应及时清洗、晾干，放置在避阳干燥处，以提高其使用率。

（4）测定完后，要将蝇样收集进样袋，送火炉内焚烧掉，使用过的盘、镊钳、放大镜等工具，要清洗干净，然后用酒精消毒。

（5）工作结束后，要充分清洗，做好个人卫生。

第三节　固体废物的监测

一、固体废物样品的采集和制备

（一）固体废物概述

1. 固体废物的定义和分类

固体废物是指在生产、生活和其他活动中产生的丧失原有利用价值或者虽未丧失利用价值但被抛弃或者放弃的固态、半固态和置于容器中的气态的物品、物质以及法律、行政法规规定纳入固体废物管理的物品、物质。

固体废物主要来源于人类的生产和消费活动。它的分类方法很多，按化学性质可分为有机废物和无机废物，按形状可分为固体和泥状，按危害状况可分为危险废物（亦称有害废物）和一般废物，按来源可分为矿业固体废物、工业固体废物、城市垃圾（包括下水道污泥）、农业废物和放射性固体废物等。在固体废物中对环境影响最大的是工业有害固体废物和城市垃圾。

2. 危险废物的定义和鉴别

危险废物是指列入国家危险废物名录或者根据国家规定的危险废物鉴别标准和鉴别方法认定的具有腐蚀性、毒性、易燃性、反应性和感染性等一种或一种以上危险特性，以及不排除具有以上危险特性的固体废物。

我国于1998年公布了《国家危险废物名录》，其中包括47个类别175种废物来源和约626种常见危害组分或废物名称。《国家危险废物名录》于2008年进行了修订，最新修订版自2016年8月1日起施行。

2016年的《国家危险废物名录》最新修订版将危险废物调整为46大类别479种（其中362种来自2008年的修订版，新增117种）。为提高危险废物管理效率，2016年修订版中增加了《危险废物豁免管理清单》，共有16种危险废物列入《危险废物豁免管理清单》。

凡《国家危险废物名录》中规定的废物直接属于危险废物，其他废物可按相关鉴别标准予以判别。一种废物是否对人类环境造成危害可用下列四点来定义鉴别：①引起或严重导致人类和动植物死亡率增加；②引起各种疾病的增加；③降低对疾病的抵抗力；④在处理、保存、运送、处置或其他管理不当时，对人体健康或环境会造成现实的或潜在的危害。

危险废物的鉴别过程如图4—6所示。

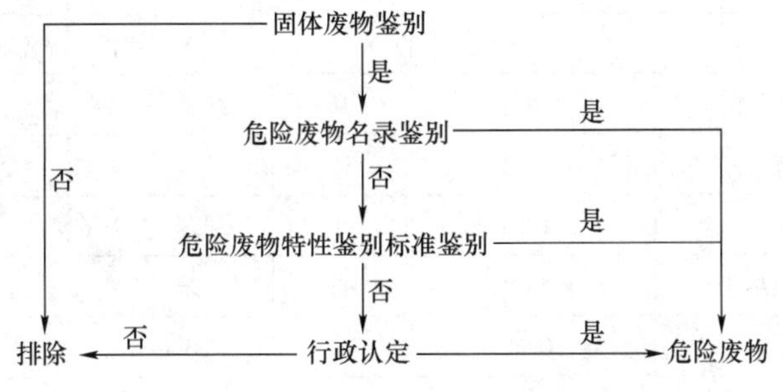

图4—6　危险废物的鉴别过程

由于上述定义没有量值规定，因此在实际使用时往往根据废物具有潜在危害的各种特性及其物理、化学和生物的标准实验方法对其进行定义和分类。危险废物特性包括易燃性、腐蚀性、反应性、放射性、浸出毒性、急性毒性（包括口服毒性、吸入毒性和皮肤吸收毒性）以及其他毒性（包括生物蓄积性、刺激或过敏性、遗传变异性、水生生物毒性和传染性等）。

我国对有害特性的定义如下：

（1）腐蚀性：含水废物，或本身不含水但加入定量水后其浸出液的pH≤2或pH≥12.5的废物，或在55℃条件下对20号钢材的腐蚀速率≥6.35 mm/a的废物。

（2）急性毒性初筛：急性毒性的初筛试验可以简便易行地鉴别并表达危险废物的综合毒性。急性毒性初筛的鉴别标准是经口摄取，固体 LD_{50}（半数致死量）<200 mg/kg，液体 LD_{50}<500 mg/kg；经皮肤接触，LD_{50}<1 000 mg/kg；蒸气、烟雾或粉尘吸入，LC_{50}（半数致死浓度）<10 mg/L。

（3）浸出毒性：按规定的浸出方法进行浸取，当浸出液中有一种或者一种以上有害成分的浓度超过表 4—9 中鉴别标准的物质。

表 4—9　　我国危险废物浸出毒性鉴别标准值

序号	项目	标准值/（mg/L）	序号	项目	标准值/（mg/L）
1	铜（以总铜计）	100	26	灭蚁灵	0.05
2	锌（以总锌计）	100	27	硝基苯	20
3	镉（以总镉计）	1	28	二硝基苯	20
4	铅（以总铅计）	5	29	对硝基氯苯	5
5	总铬	15	30	2，4-二硝基氯苯	5
6	铬（六价）	5	31	五氯酚及五氯酚钠（以五氯酚计）	50
7	烷基汞	不得检出	32	苯酚	3
8	汞及其化合物（以总汞计）	0.1	33	2，4-二氯酚	6
9	铍（以总铍计）	0.02	34	2，4，6-三氯酚	6
10	钡（以总钡计）	100	35	苯并［a］芘	0.000 3
11	镍（以总镍计）	5	36	邻苯二甲酸二丁酯	2
12	总银	5	37	邻苯二甲酸二辛酯	3
13	砷（以总砷计）	5	38	多氯联苯	0.002
14	硒（以总硒计）	1	39	苯	1
15	无机氟化物	100	40	甲苯	1
16	氰化物（以氰离子计）	5	41	乙苯	4
17	滴滴涕	0.1	42	二甲苯	4
18	六六六	0.5	43	氯苯	2
19	乐果	8	44	1，2-二氯苯	4
20	对硫磷	0.3	45	1，4-二氯苯	4
21	甲基对硫磷	0.2	46	丙烯腈	20
22	马拉硫磷	5	47	三氯甲烷	3
23	氯丹	2	48	四氯化碳	0.3
24	六氯苯	5	49	三氯乙烯	3
25	毒杀芬	3	50	四氯乙烯	1

（4）易燃性：①闪点温度低于60℃（闭环试验）的液体、液体混合物或含有固体物质的液体；②在标准温度和压力（25℃，101.3 kPa）下，因摩擦或自发性燃烧而起火，经点燃后能剧烈而持续地燃烧并产生危害的固态废物；③在20℃及101.3 kPa状态下，在与空气的混合物中体积百分比≤13%时可点燃的气体，或者在该状态下，不论易燃下限如何，与空气混合后，易燃范围的易燃上限与易燃下限之差大于或等于12个百分点的气体。

（5）反应性：①常温常压下不稳定，在无引爆条件下，易发生剧烈变化；②标准温度和压力下，易发生爆轰或爆炸性分解反应；③受强起爆剂作用或在封闭条件下加热，能发生爆轰或爆炸反应；④与水混合发生剧烈化学反应，并放出大量易燃气体和热量；⑤与水混合能产生足以危害人体健康或环境的有毒气体、蒸气或烟雾；⑥在酸性条件下，每千克氰化物废物分解产生250 mg氰化氢气体，或者每千克含硫化物废物分解产生500 mg硫化氢气体；⑦极易引起燃烧或爆炸的废弃氧化剂；⑧对热、震动或摩擦极为敏感的含过氧基的废弃有机过氧化物。

（6）毒性物质含量。符合下列条件之一的固体废物是危险废物：

1）一种或一种以上剧毒物质（共39种）的总含量≥0.1%。

2）一种或一种以上有毒物质（共143种）的总含量≥3%。

3）一种或一种以上致癌性物质（共63种）的总含量≥0.1%。

4）一种或一种以上致突变性物质（共7种）的总含量≥0.1%。

5）一种或一种以上生殖毒性物质（共11种）的总含量≥0.5%。

6）含上述两种及以上不同毒性物质，如果符合下列公式，按照危险废物管理：

$$\sum\left[\left(\frac{P_{T^+}}{L_{T^+}}+\frac{P_T}{L_T}+\frac{P_{Carc}}{L_{Carc}}+\frac{P_{Muta}}{L_{Muta}}+\frac{P_{Tera}}{L_{Tera}}\right)\right]\geqslant 1 \tag{4—2}$$

式中，P_{T^+}、P_T、P_{Carc}、P_{Muta}、P_{Tera}分别为固体废物中剧毒、有毒、致癌性、致突变性、生殖毒性物质的含量，L_{T^+}、L_T、L_{Carc}、L_{Muta}、L_{Tera}分别为各种毒性物质规定的标准值。

7）除多氯二苯并对二噁英、多氯二苯并呋喃外的9种持久性有机污染物中任何一种的含量≥50 mg/kg。

8）含有多氯二苯并对二噁英和多氯二苯并呋喃的含量≥15 μg TEQ/kg。

以上涉及的5类263种毒性物质及11种持久性有机污染物的名录参见《危险废物鉴别标准 毒性物质含量鉴别》（GB 5085.6—2007）。

（二）固体废物样品的采集

1. 采样方案的设计

采样前，应先进行采样方案的设计，内容包括：采样目的和要求、背景调查和现场踏勘、采样程序、安全措施、质量控制、采样记录和报告等。

（1）采样目的和要求。设计采样方案首先应明确采样的目的和要求，如特性鉴别和分类、环境污染监测、综合利用或处置、污染事故调查分析和应急监测、科学研究、环境影响评价、法律调查、法律责任及仲裁等。

（2）背景调查和现场踏勘。背景调查和现场踏勘应着重了解固体废物的产生单位、产生时间、产生形式、储存方式，种类、形态、数量和特性，试验及分析的允许误差和要求，环境污染、监测分析的历史资料，产生、堆存、处置或综合利用情况；现场及周围环境。

（3）制定具体的采样方案。确定采样方法、采样点、采样时间和采样频次、采样份样数、份样量等，落实具体监测项目和分析方法。如果采集危险固体废弃物，则要根据其危害特性采取相应的安全防护措施。采样全过程应进行质量控制。

（4）采样记录和报告。采样时应记录固体废物的名称、来源、数量、性状、包装、储存条件、处置信息、环境、编号、份样量、份样数、采样点、采样法、采样日期、采样人等。

工业固体废物采样和制样参照《工业固体废物采样制样技术规范》（HJ/T 20—1998）执行。

2. 采样方法

（1）简单随机采样法。对一批废物不太了解，且采取的份样较分散也不影响分析结果时，可对其不做任何处理，也不进行分类和排序，按其原来的状况从中随机采取份样。

1）抽签法。先对需采样的部位进行编号，同时把号码写在纸上，混合均匀后，从中随机抽取份样数的纸片，抽中号码的部位就是采样的部位。此法只宜在采样点数较少时使用。

2）随机数字表法。先对所有采样的部位进行编号，最大编号是几位数，就使用随机数表的几栏（或几行），并把几栏（或几行）合并使用，从表的任意一栏或一行数字开始数，记下凡小于或等于最大编号的数（已抽过的数应舍弃），直到抽够份数为止。抽到的号码就是采样的部位。

（2）系统采样法。对于一批按一定顺序排列的废物，按规定的采样间隔采样，组成小样或大样（小样：由一批的两个或两个以上的份样或逐个经过粉碎和缩分后组成的样品。大样：由一批全部份样或全部小样或将其逐个进行粉碎和缩分后组成的样品）。

在一批废物以运送带、管道等形式连续排出的移动过程中，按一定的质量或时间间隔采份样，份样间的间隔可根据表 4—10 规定的份样数和实际批量按公式 4—3 计算。

$$T \leqslant \frac{Q}{n} \text{或} \ T' \leqslant \frac{60Q}{nG} \tag{4—3}$$

式中 T——采样质量间隔，t；

T'——采样时间间隔，min；

Q——批量，t；

G——每小时排出量，t/h；

n——表 4—10 中规定的份样数。

表 4—10　**批量大小与最少份样数**

批量大小	最少份样数	批量大小	最少份样数
<1	5	≥100	30
≥1	10	≥500	40
≥5	15	≥1 000	50
≥30	20	≥5 000	60
≥50	25	≥10 000	80

采第一个份样时，不可在第一间隔的起点开始，可在第一间隔内随机确定。在运送带上

或落口处采份样，须截取废物流的全截面。所采份样的粒度比例应符合采样间隔或采样部位的粒度比例，所得大样的粒度比例应与整批废物流的粒度分布大致相符。

（3）分层采样法。根据对一批废物已有的认识，将其按照有关标志分若干层，然后在每层中随机采样。一批废物分次排出或某生产工艺过程的废物间歇排出过程中，可分 n 层采样，根据每层的质量，按比例采取份样。同时，应注意份样与该层粒度比例的一致性。第 i 层采样份数按式 4—4 计算。

$$n_i=\frac{nQ_i}{Q} \tag{4—4}$$

式中 n_i——第 i 层应采份样数；

n——表 4—10 中规定的份样数；

Q_i——第 i 层废物质量，t；

Q——批量，t。

（4）两段采样法。前述几种采样都是一次直接从批废物中采取份样，称为单阶段采样。当一批废物由许多车、桶、箱、袋等容器盛装时，因各容器件较分散，所以要分阶段采样。首先从批废物总容器件数 N_0 中随机抽取 n_1 件容器，然后再从 n_1 件的每一件容器中采 n_2 个份样。推荐 $N_0 \leqslant 6$ 时，取 $n_1=N_0$；当 $N_0>6$ 时，n_1 按式 4—5 计算。

$$n_1 \geqslant 3\sqrt[3]{N_0}\ \text{（小数进整数）} \tag{4—5}$$

推荐第二阶段的采样数，$n_2 \geqslant 3$，即 n_1 件容器中的每个容器均随机采上、中、下最少 3 个份样。

3. 份样量

份样量取决于固体废物的粒度上限，份样量大致与废物最大粒度直径的 α 次方成正比，与废物的不均匀程度成正比。可按切乔特公式计算份样量，见式 4—6。

$$Q \geqslant Kd^{\alpha} \tag{4—6}$$

式中 Q——份样量应采的最低质量，kg；

d——固体废物最大粒度直径，mm；

K——缩分系数；

α——经验常数。

K 和 α 随废物的均匀程度和易碎程度而定，一般推荐 $K=0.06$，$\alpha=1$。液态批废物的份样量，以不小于 100 mL 的采样瓶所盛量为准。最小份样量也可参考表 4—10 确定。

4. 份样数

（1）公式法。当已知份样间的标准偏差和允许误差时，可按 4—7 式计算份样数。

$$n \geqslant \left(\frac{ts}{\Delta}\right)^2 \tag{4—7}$$

式中 n——必要份样数；

s——份样间的标准偏差；

Δ——采样允许误差；

t——选定置信水平下的概率度。

取 $n\to\infty$ 时的 t 值作为最初 t 值，以此算出 n 的初值。用对应于 n 初值的 t 值代入，不断迭代，直至算得的 n 值不变，此 n 值即为必要份样数。

（2）查表法。当份样间标准偏差或允许误差未知时，可参照表 4—10 的经验值确定份样数。

5. 采样点

采样点的确定可分为以下几种情况：

（1）对于堆存、运输中的固态工业固体废物和大池（坑、塘）中的液体工业固体废物，可按对角线型、梅花型、棋盘型、蛇型等点分布确定采样点（采样位置）。

（2）对于粉末状或小颗粒的工业固体废物，可按竖直方向、一定深度的部位确定采样点（采样位置）。

（3）对于容器内的工业固体废物，可按上部（表面下相当于总体积的 1/6 深处）、中部（表面下相当于总体积的 1/2 深处）、下部（表面下相当于总体积的 5/6 深处）确定采样点（采样位置）。

（4）根据采样方式（简单随机采样、分层采样、系统采样、两段采样等）确定采样点（采样位置）。

（三）采样类型

1. 固态废物采样

（1）采样工具。采样工具包括尖头钢锹、钢锤、采样探子、采样钻、气动和真空探针、取样铲、带盖盛样桶或内衬塑料薄膜的盛样袋。

（2）件装采样。按两段采样法确定份样数，按切乔特公式确定份样量，按简单随机采样法确定具体的采样方法，再按容器中的固体废物确定采样点。选择合适的采样工具，按其操作要求采取份样后，组成小样（即副样）或大样。

（3）散装采样。

1）静止废物采样。按公式法或查表法确定份样数，按切乔特公式确定份样量，选择合适的采样方法并确定采样点。选择合适的采样工具，按其操作要求采取份样后，组成小样（即副样）或大样。

2）移动废物采样。按公式法或查表法确定份样数，按切乔特公式确定份样量，按系统采样法或分层采样法确定具体的采用方法，根据确定的采样方法确定采样点。选择合适的采样工具，按其操作要求采取份样后，组成小样（即副样）或大样。

2. 液态废物采样

（1）采样工具。采样工具包括采样勺、采样管、采样瓶/罐、搅拌器。

（2）件装采样。按两段采样法确定份样数和具体的采样方法，按液态批废物的份样量要求确定份样量，再按容器中的固体废物确定采样点。

对于小容器（瓶、罐），可用手摇晃混匀。对于中等容器（桶、听），可用滚动、倒置或手工搅拌器混匀。对于大容器（储罐、槽车、船舱），可用机械搅拌器、喷射循环泵混匀。之后，选择合适的采样工具，按其操作要求采取份样后，组成小样（即副样）或大样。

对于多相液体不易混匀时，可按分层采样法确定具体的采样方法。

（3）大池（坑、塘）采样。按公式法或查表法确定份样数，按液态批废物的份样量要求确定份样量，选择合适的采样方法后，再根据所选择的采样方法确定采样点

（不同深度）。选择合适的采样工具，按其操作要求采取份样后，组成小样（即副样）或大样。

（4）移动废物采样。按公式法或查表法确定份样数，按切乔特公式确定份样量，按系统采样法确定具体的采用方法，根据确定的采样方法确定采样点。选择合适的采样工具，按其操作要求采取份样后，组成小样（即副样）或大样。

3. 半固态废物采样

半固态废物采样，原则上可按固态废物采样或液态废物采样的规定进行。

对在常温下为固体，当受热时易变成流动液体而不改变其化学性质的废物，最好在产生现场或加热全部溶化后按液态废物采样的规定采取液态样品，也可打开包装按固态废物采样的规定采取固态样品。

对黏稠的液体废物，会流动而又不易流动，所以最好在产生现场按系统采样方法采样。当必须从最终容器中采样时，要选择合适的采样器，按液态废物件装采样法采取样品。由于此种废物难于混匀，所以份样数建议取按规定方法所确定份样数的4/3。

（四）固体废物样品的制备方法

1. 方案设计（制样计划制订）

在固体废物制样前，应首先进行制样方案（制样计划）设计。方案内容包括制样目的和要求、制样程序、安全措施、质量控制、制样记录和报告。

（1）制样目的。制样的目的是从采取的小样或大样中获取最佳量、具有代表性、能满足试验或分析要求的样品。在设计制样方案时，应首先明确以下具体目的和要求：特性鉴别试验、废物成分分析、样品量和粒度要求、其他目的和要求。

（2）制样程序。制样程序如下：选派制样人员，确定小样或大样的量和最大粒度直径，明确制样的目的和要求，确定制样操作和选择制样工具，制定安全措施和质量控制措施，制样，送检和保存。

（3）制样记录和报告。制样时应记录固体废物的名称、数量、性状、包装、处置、储存条件、环境、编号、送样日期、送样人、制样日期、制样方法、制样人等。必要时，根据记录填写制样报告。

2. 制样技术

（1）制样工具。制样工具包括颚式破碎机、圆盘粉碎机、玛瑙研磨机、药碾、玛瑙研钵或玻璃研钵、标准套筛、十字分样板、分样铲及挡板、分样器、干燥箱、盛样容器。

（2）固态废物制样。固态废物样品制备包括以下四个不同操作：

1）粉碎：经破碎和研磨以减小样品的粒度。

2）筛分：保证95%以上的样品处于某一粒度范围。

3）混合：使样品达到均匀。

4）缩分：将样品缩分成两份或多份，以减少样品的质量。

这四项操作进行一次，即组成制样的一个阶段。

样品的粉碎用机械方法或人工方法破碎或研磨，使样品分阶段达到相应排料的最大粒度。样品的筛分根据粉碎阶段排料的最大粒度，选择相应的筛号，分阶段筛出一定粒度范围的样品。样品的混合用机械设备或人工转堆法，使过筛的一定粒度范围的样品充分混合，以达均匀分布。样品的缩分可以采用下列一种或几种方法：

①份样缩分法。将样品置于平整、洁净的台面（地板革）上，充分混合后，根据厚度（见表4—11）铺成长方形平堆，划成等分的网络，缩分大样不少于20格，缩分小样不少于12格，缩分份样不少于4格，如图4—7所示。将挡板垂直插至平堆底部，然后于距挡板约等于c处将分样铲垂直插至底部，水平移动直至分样铲开口端部接触挡板，将分样铲和挡板同时提起，以防止样品从分样铲开口处流掉，如图4—8所示。从各格随机取等量一满铲，合并为缩分样品。

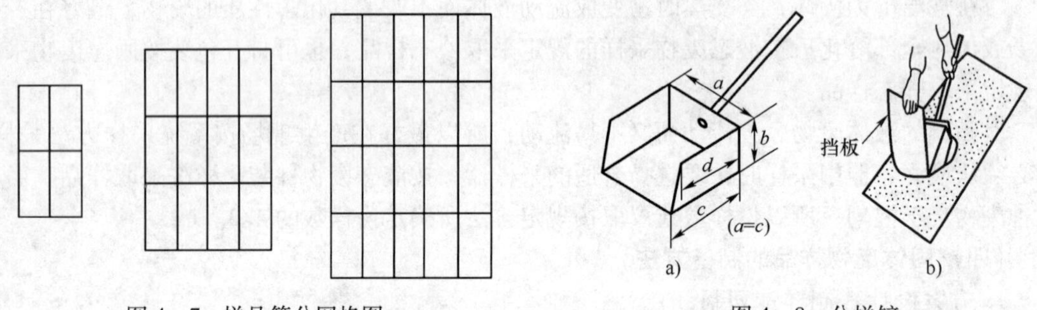

图4—7 样品等分网格图

图4—8 分样铲

表4—11 样品最大粒度、样品层厚度和分样铲尺寸

样品最大粒度/mm	样品层厚度/mm	分样铲尺寸/mm				分样铲材料厚度/mm	分样铲容积/mL
		a	b	c	d		
22.4	35~45	80	45	80	70	2	约300
10	25~35	60	35	60	50	1	约125
5	20~30	50	30	50	40	1	约75
3	15~25	40	25	40	30	0.5	约40
1	10~15	30	15	30	25	0.5	约15

②圆锥四分法。将样品置于平整、洁净的台面（地板革）上，堆成圆锥形，每铲自圆锥的顶尖落下，使样品均匀地沿堆尖散落，注意勿使圆锥中心错位，反复转堆至少三次，使充分混匀，然后将圆锥顶端压平成圆饼，用十字分样板自上压下，分成四等份，任取对角的两等份，重复操作数次，直至该粒度对应的最小样品量，如图4—9所示。

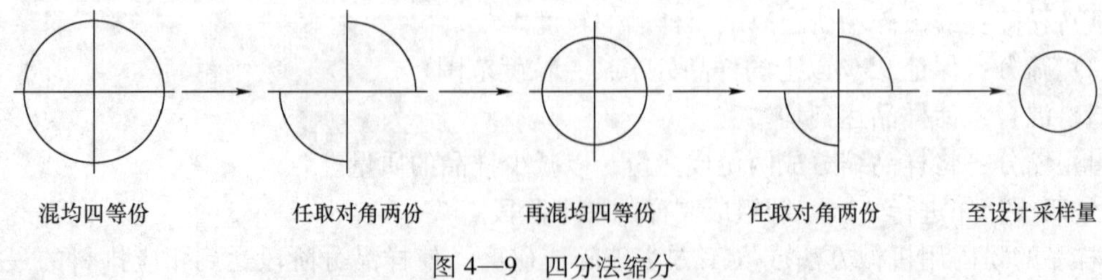

图4—9 四分法缩分

③二分器缩分法。有条件的实验室，可采用此法缩分。二分器是非机械式样品缩分

器，样品通过后被分成二等份，相邻的格槽排料至相对的接收器，样品缩分时通常用手工给料，如图 4—10 所示。格槽宽度至少为样品最大粒度的 2.5 倍，二分器的格槽一般为 8 个以上。

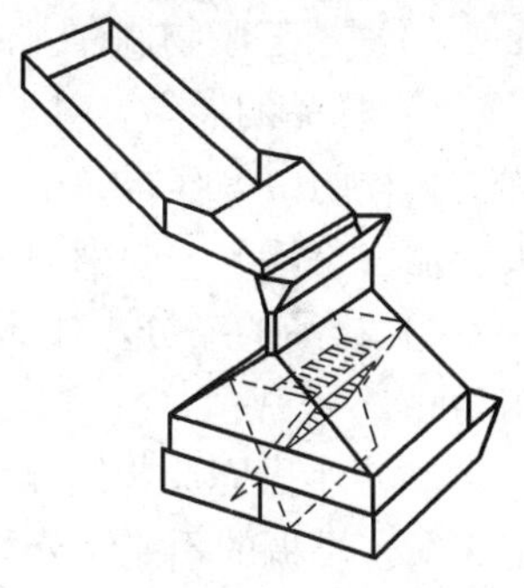

图 4—10　密封式二分器

工业固体废物样品制备的过程如图 4—11 所示。当测定不稳定的氰化物、总汞、有机磷农药及其他有机物时，应将采集的新鲜固体废物样品剔除异物后研磨均匀，然后直接称样测定。但需同时测定水分，最终测定结果以干样品表示。

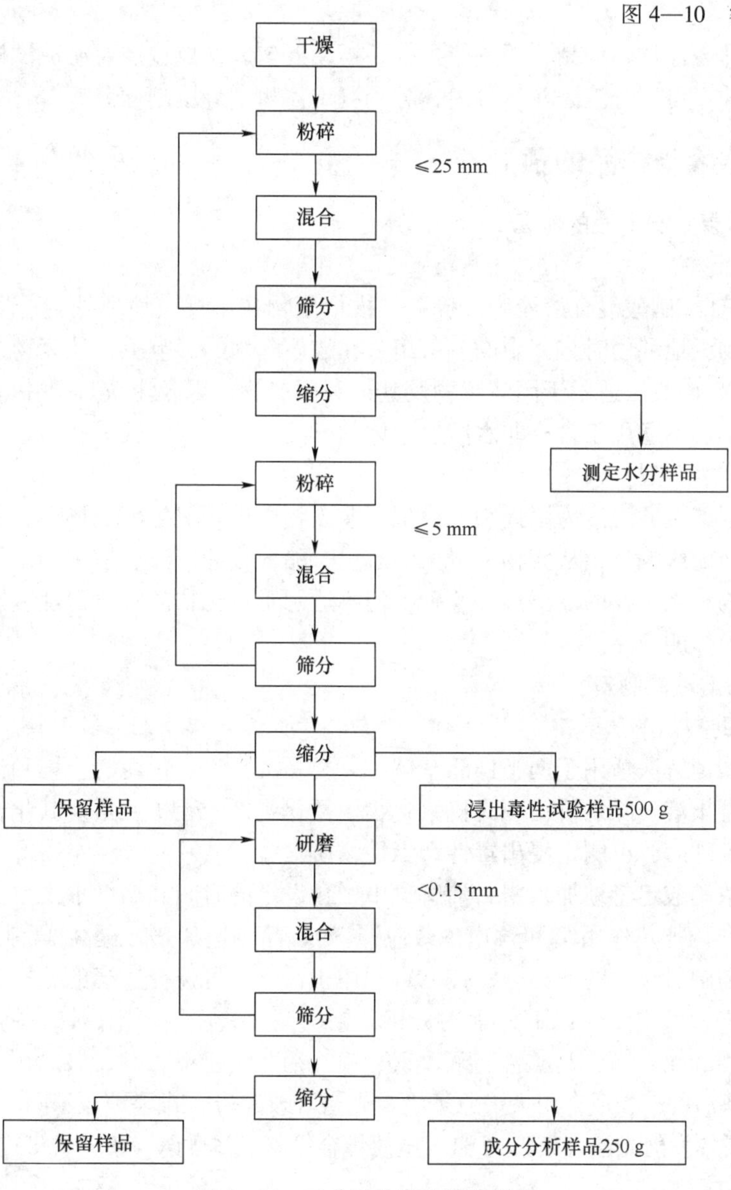

干燥
粉碎
≤25 mm
混合
筛分
缩分
测定水分样品
粉碎
≤5 mm
混合
筛分
缩分
保留样品
浸出毒性试验样品500 g
研磨
<0.15 mm
混合
筛分
缩分
保留样品
成分分析样品250 g

图 4—11　工业固体废物样品制备

（3）液态废物制样。液态废物制样过程主要为混匀、缩分。

1）样品的混匀。对于盛小样或大样的小容器（瓶、罐），可用手摇晃混匀。对于盛小样或大样的中等容器（桶、听），可用滚动、倒置或手工搅拌器混匀。对于盛小样或大样的大容器（储罐），可用机械搅拌器、喷射循环泵混匀。

2）样品的缩分。样品混匀后，采用二分法，每次减量一半，直至试验分析用量的10倍为止。

（4）半固态废物制样。半固态废物的制样，原则上可按固态废物和液态废物的制样规定进行。黏稠的不能缩分的污泥，要进行预干燥，至可制备状态时，再进行粉碎、过筛、混合、缩分。

对于有固体悬浮物的样品，要进行搅拌，摇动混匀后，再按需要制成试样。对于含油等难以混匀的液体，可用分液漏斗等分离，分别测定体积，分层制样分析。

二、固体废物样品的预处理

（一）固体废物浸出液的制备

1. 硫酸/硝酸法

本方法以硫酸/硝酸混合溶液为浸提液，模拟废物在不规范填埋处置、堆存，或经无害化处理后废物的土地利用时，其中的有害组分在酸性降水的影响下，从废物中浸出而进入环境的过程。硫酸/硝酸法适用于固体废物及其再利用产物，以及土壤样品中有机物和无机物的浸出毒性鉴别，不适用于含有非水溶性液体的样品。

2. 醋酸缓冲溶液法

本方法以醋酸缓冲溶液为浸提剂，模拟工业废物在进入卫生填埋场后，其中的有害组分在填埋场渗滤液的影响下，从废物中浸出的过程。醋酸缓冲溶液法适用于固体废物及其再利用产物中有机物和无机物的浸出毒性鉴别，但不适用于氰化物的浸出毒性鉴别，也不适用于含有非水溶性液体的样品。

（二）分析溶液的制备

1. 微波辅助酸消解法

微波辅助酸消解法适用于两类样品基体，一类是沉积物、污泥、土壤和油，一类是废水和固体废物的浸出液。除六价铬、无机氟化物、氰化物外，无机元素及其化合物的样品使用此方法进行前处理后，可测定浸出毒性和毒性物质含量。

将样品和浓硝酸定量地加入密封消解罐中，在设定的时间和温度下微波加热。利用微波对极性物质的“内加热作用”和“电磁效应”，对样品迅速加热，提高样品的消化速度，增强消化效果。消解后经过滤或离心，按一定的体积稀释，可选择适当的分析方法进行测试。

消解后的产物可用于对以下元素的分析：铝、镉、铁、钼、钠、锑、钙、铅、镍、锶、砷、铬、镁、钾、铊、硼、钴、锰、硒、钒、钡、铜、汞、银、锌、铍。

本方法消解后的产物适合用火焰原子吸收光谱（FLAA）、石墨炉原子吸收光谱（GFAA）、电感耦合等离子体发射光谱（ICP－ES）、电感耦合等离子体质谱（ICP－MS）分析。

2. 碱消解法

碱消解法是提取土壤、污泥、沉积物或类似的废物中各种可溶的、可被吸附的或沉淀的含铬化合物中的六价铬的碱消解实验方法。

在规定的温度和时间内，将样品在 Na_2CO_3/NaOH 溶液中进行消解。在碱性提取环境中，六价铬的还原和三价铬氧化的可能性都被降到最小。含 Mg^{2+} 的磷酸缓冲溶液的加入也可以抑制氧化作用。

碱消解法适用于大部分类型的固体基质样品。对于被消解的样品基体，可以通过样品的各种理化参数，如 pH、亚铁离子、硫化物、氧化还原电势（OPR）、总有机碳（TOC）、化学需氧量（COD）、生物需氧量（BOD）等来分析其中六价铬还原趋势。

3. 分液漏斗液液萃取法

分液漏斗液液萃取法可从水溶液样中分离有机化合物，后续使用色谱分析方法时，该方法可应用于不溶于水和微溶于水的有机物的分离和浓缩。

取量好体积的样品，通常为 1 L，在规定的 pH 下，在分液漏斗中用二氯甲烷进行逐次提取，提取物干燥、浓缩，必要时，更换为与用于净化或测定步骤相一致的溶剂。

4. 索氏提取法

索氏提取法保证了样品和提取溶剂之间快速而密切的接触，适用于对固体废物、沉积物、淤泥以及土壤样品的前处理。在制备各种色谱方法中测定的样品时，索氏提取法可用于分离和浓缩不溶于水和微溶于水的有机物。

固体样品与无水硫酸钠混合，置于提取套筒或 2 个玻璃棉塞之间，在索氏提取器中用适当的溶剂提取，提取液干燥后浓缩，必要时，置换溶剂使与净化或测定步骤所用的相一致。

5. Florisil（硅酸镁载体）柱净化法

气相色谱样品在进行分析之前，使用 Florisil（硅酸镁载体）可进行含有下列物质的提取物的柱色谱净化：邻苯二甲酸酯类、氯代烃、亚硝胺、有机氯农药、硝基芳香化合物、有机磷酸酯、卤代醚、有机磷农药、苯胺及其衍生物、多氯联苯。

在净化柱装填 Florisil 后，上面附加一层干燥剂。上样后用适当溶剂洗脱，将干扰物留在 Florisil 柱上。将洗脱液浓缩，以备后续的分析。也可使用装填 40 μm（孔径 6 nm）Florisil 的固相萃取柱，上样前用溶剂活化，上样后用适当溶剂洗脱，将干扰物留在 Florisil 柱上。为了保证结果，应在固相萃取装置（真空缸）上完成。将洗脱液浓缩，以备后续的分析。

6. 加速溶剂萃取法

应用加速溶剂萃取法可以从固体废物中萃取不溶于水或微溶于水的半挥发性有机化合物，包括半挥发有机化合物、有机磷农药、有机氯农药、含氯除草剂、PCBs。加速溶剂萃取法仅适用于固体样品，尤其适用于小颗粒的干燥物质，因此多相的废弃物样品必须经过相分离程序。土壤/沉积物样品在萃取前需要晾干和粉碎，如果要考虑在干燥期间分析物的损失，则应往土壤/沉积物样品中添加无水硫酸钠或硅藻土，依检测方法说明和分析灵敏度确定物质的质量，通常需要 10~30 g 的物质。

在萃取过程中，通过升高温度加速萃取物质的解析动力学速度，升高压力使溶剂在高温下保持液态，以达到高效快速萃取的目的。经过晾干的样品，或样品直接与无水硫酸钠或硅藻土混合后，将其粉碎至 100~200 目的粉末（75~150 μm），放入萃取池中。装有样品的萃取池加热到萃取温度，同时加入适当的溶剂，增加压力，然后萃取 5 min（或根据厂家的建议），采用的溶剂要随相关分析物而定。热的萃取液自动从萃取池进入收集瓶并冷却，如必要，萃取物可进行浓缩，也可根据需要加入与净化和检测条件兼容的溶剂。

三、危险废物的浸出毒性识别

危险废物浸出毒性鉴别分为元素及化合物、一般有机化合物和有机农药类三部分。无机元素及其化合物样品（除六价铬、无机氟化物、氰化物外）的前处理采用微波辅助酸消解法，六价铬及其化合物样品的前处理采用碱消解法，有机样品的前处理采用分液漏斗液液萃取法、索氏提取法、Florisil（硅酸镁载体）柱净化法。具体浸出毒性鉴别标准值见表4—9。

（一）无机物成分的分析

无机物成分包括铜、锌、镉、铅、总铬、六价铬、烷基汞、汞及其化合物、铍、钡、镍、总银、砷、硒、无机氟化物和氰化物。

1. 金属元素及其化合物

铜、锌、镉、铅、总铬、铍、钡、镍、总银和汞的分析方法有电感耦合等离子体原子发射光谱法、电感耦合等离子体质谱法、石墨炉原子吸收光谱法和火焰原子吸收光谱法，六价铬的测定采用二苯碳酰二肼分光光度法，烷基汞采用气相色谱法测定。

2. 砷、硒

砷、硒的分析方法主要有石墨炉原子吸收光谱法和原子荧光法。此外，硒还可用电感耦合等离子体原子发射光谱法测定。

3. 无机氟化物（不包括氟化钙）

无机氟化物的分析方法是离子色谱法。

4. 氰化物（以氰离子计）

氰化物的分析方法是离子色谱法。

（二）一般有机物成分的分析

一般有机物成分包括非挥发性有机化合物和挥发性有机化合物。

非挥发性有机化合物包括硝基苯、二硝基苯、对硝基氯苯、2，4-二硝基氯苯、五氯酚及五氯酚钠（以五氯酚计）、苯酚、2，4-二氯酚、2，4，6-三氯酚、苯并[a]芘、邻苯二甲酸二丁酯、邻苯二甲酸二辛酯、多氯联苯。其测定方法主要有高效液相色谱法、气相色谱法、热提取气相色谱/质谱法、气相色谱/质谱法、高效液相色谱/热喷雾/质谱或紫外法。

挥发性有机化合物包括苯、甲苯、乙苯、二甲苯、氯苯、1，2-二氯苯、1，4-二氯苯、丙烯腈、三氯甲烷、四氯化碳、三氯乙烯、四氯乙烯。其测定方法主要气相色谱/质谱法、平衡顶空法、气相色谱法。

（三）有机农药成分的分析

有机农药成分包括有机氯农药（滴滴涕、六六六、氯丹、六氯苯、毒杀芬、灭蚁灵）和有机磷化合物（乐果、对硫磷、甲基对硫磷、马拉硫磷），两者的测定均采用气相色谱法。

1. 有机氯农药

针对特定的基质采用适合的提取技术提取一定体积或者质量的样品（对于液体大概为1 L，对于固体为2~30 g），然后采用相应的净化技术，净化后的样品使用细内径或大口径熔融石英毛细管柱气相色谱，连接电子捕获检测器（ECD）或者电解电导率检测器（ELCD），每次进样1 μL测定。

采用二氯甲烷在pH为中性的条件下，选取合适的技术提取液体样品。固体样品用正己烷-丙酮（1∶1）或者二氯甲烷-丙酮（1∶1）提取，可选用索氏提取，或者其他合适的提取技术进行样品处理。

2. 有机磷化合物

经过适当的样品制备技术处理样品，用火焰光度计或氮-磷检测器的气相色谱进行多残留程序分析。在酸性和碱性条件下，有机磷酯和硫酯可发生水解反应，因此该方法不适合检测酸或碱分离处理的样品。由于超声提取过程可能破坏分析物质，该方法不适合检测用超声提取方法处理的样品。

一般而言，在pH为中性条件下，可用二氯甲烷在分液漏斗处理样品。固体样品则采用二氯甲烷-丙酮（1∶1）使用索氏提取法。而无水和稀释的有机液体样品可以直接进样分析。

四、危险废物的毒性物质含量鉴别

危险废物的毒性物质含量鉴别指含有毒性、致癌性、致突变性和生殖毒性物质的危险废物鉴别。无机元素及其化合物样品（除六价铬、无机氟化物、氰化物外）的前处理采用微波辅助酸消解法，六价铬及其化合物样品的前处理采用碱消解法，有机样品的前处理采用分液漏斗液液萃取法、索氏提取法、Florisil（硅酸镁载体）柱净化法和加速溶剂萃取法。

各毒性物质按以下方法进行测定：

（1）规定的标准分析方法。

（2）危险废物浸出毒性鉴别中各类物质浓度测定的方法。

（3）《危险废物鉴别标准 毒性物质含量鉴别》（GB 5085.6—2007）附录中规定的方法。如N-甲基氨基甲酸酯、羰基化合物、多环芳烃类的测定方法是高效液相色谱法，杀草强的测定方法是衍生-固相提取-液质联用法，百草枯和敌草快、苯基脲类化合物的测定方法是高效液相色谱紫外法，草甘膦的测定方法是高效液相色谱-柱后衍生荧光法，苯胺及其选择性衍生物、丙烯酰胺的测定方法是气相色谱法，氯代除草剂的测定方法是甲基化或五氟苄基衍生气相色谱法，多氯代二苯并二噁英和多氯代二苯并呋喃的测定方法是高分辨气相色谱/高分辨质谱法，可回收石油烃总量的测定方法是红外光谱法。

练　习　题

1. 农田土壤混合样采集方法有哪几种？分别是什么？
2. 土壤样品预处理的方法有哪些？

3. 土壤常规监测项目有哪些？
4. 土壤选测监测项目有哪些？
5. 生活垃圾如何分类？
6. 如何测定垃圾堆场蝇类滋生密度？
7. 固体废物的采样方法有哪些？
8. 如何制备固态废物样品？
9. 如何制备液态废物样品？
10. 危险废物浸出毒性鉴别分为哪几部分？

第五章 噪声及振动污染监测

本章学习目标

1. 理解噪声和振动常用物理量度的意义，了解噪声和振动的主观评价量及结果表示方法。

2. 熟悉噪声的合成和背景噪声的修正中相关公式及图表的应用，根据实际情况正确选择使用各种噪声和振动的测量仪器。

3. 掌握声级计的使用及现场噪声和振动监测的方法和要领，科学准确地对监测结果进行评价。

噪声及振动污染属物理性污染（或称为能量污染），与水污染、空气污染、固体废物污染等化学性污染相比，具有以下特点：①即时性：采集不到污染物，当污染源停止排放后，污染现象立即消失，不会在环境中造成持久性危害；②可感受性：人可以感觉到噪声及振动污染，其危害取决于受污染者的心理和生理状况；③局部性和多发性：作为能量污染，随距离增加，能量会减弱，因此，噪声及振动污染主要局限在污染源附近的区域内。同时，此类污染又是多发的，尤其是城市中的噪声污染，分布既多又散，投诉比例呈逐年上升趋势，使得测量和治理工作有一定的难度。

第一节 噪声和振动的表示

一、声音的物理特性和量度

（一）声功率、声强、声压

当声源振动时，总有一定的能量随声波传播向外发射。声功率（W）就是指声源在单位时间内向周围空间所发出的声能，单位为 W。声强（I）是指每秒钟通过与声波传播方向垂直的面积上的平均声能，单位为 W/m²。如果是点声源，以球面波形式向外传播，则距声源 r 处的声强与声功率有如下关系：

$$I=\frac{W}{4\pi r^2} \tag{5—1}$$

式中 I——离声源 r 处的声强，W/m²；

W——声源辐射的声功率，W；

r——离声源的距离，m。

声波的另一个物理量是声压。当声源振动时，它所辐射出的能量会引起空气介质的压力变化，这种压力变化称为声压（p），单位为 Pa。当频率为 1 000 Hz 时，正常人耳能听到的声音的声压值约为 2×10^{-5} Pa，称为基准声压或听阈声压。使人耳感到疼痛的声压值约为 20 Pa，称为痛阈声压。

声压和声强有密切的关系，在自由声场中（离声源较远且不发生波的反射作用的声场），该处的声波可近似地看作是平面波。平面波的声压（p）与声强（I）有如下关系：

$$I=\frac{p^2}{\rho c} \tag{5—2}$$

式中 p——声压，Pa；

c——声速，m/s；

ρ——介质的密度，kg/m³。空气的密度为 1. 29 kg/m³。

声功率、声强和声压三个物理量中前两者是不容易直接测定的，所以在噪声监测中一般都通过测定声压来衡量噪声的强弱。

（二）声功率、声强、声压的分贝表示法

1. 分贝

人耳对声音的感觉和声学仪器的测量，都是对声压变化的反映。在客观实际中，人耳能察觉的最大声压与最小声压之比为 $10^6:1$，动态范围很大，使用不方便。因此在实际测量中就需要一种量度这种变化的简便标度。实践证明，人的听觉对声音信号强弱的刺激反应不是线性的，而是成对数关系。因此用分贝标度法来量度声能量大小时，不仅解决了声压变化动态范围大的问题，而且还与人的听觉器官对声音的反应相符合。

所谓分贝是指被量度量和基准量之比取以 10 为底的对数并乘以 10，这一对数值称为被量度量的“级”，代表被量度量比基准量高出多少“级”。声功率、声强、声压用分贝标度法来量度后，分别为声功率级、声强级、声压级，它们的单位都是“分贝”，符号为 dB，是无量纲的。

2. 声压级

$$L_p=10\ \lg\frac{p^2}{p_0^2}=20\ \lg\frac{p}{p_0} \tag{5—3}$$

式中 L_p——声压级，dB；

p——声压，Pa；

p_0——基准声压，取人耳能察觉的最低声压，当声频为 1 000 Hz 时其值为 2×10^{-5} Pa。

采用分贝标度的声压级后，将动态范围为 $2\times10^{-5}\sim2\times10$ Pa 的声压，转变为动态范围为

0~120 dB 的声压级，不但使用方便，而且符合人耳听觉的实际情况。

3. 声强级

$$L_I = 10\ \lg \frac{I}{I_0} \tag{5—4}$$

式中　L_I——声强级，dB；

I——声强，W/m^2；

I_0——基准声强为 $10^{-12}\ W/m^2$。

4. 声功率级

$$L_W = 10\ \lg \frac{W}{W_0} \tag{5—5}$$

式中　L_W——声功率级，dB；

W——声功率，W；

W_0——基准声功率，为 10^{-12} W。

（三）噪声的叠加和相减

1. 噪声的叠加

声功率级、声强级、声压级都是单一声源的表示式。在噪声污染的监测工作中，所涉及的声源往往不止一个。当多个声源同时发出噪声时，如何量度总噪声的强度？以两个声源为例，在空间某点两个声源的声功率和声强分别为 W_1、W_2 和 I_1、I_2 时，基于声能量是可以代数相加的，则该点的总声功率为 $W_{总}=W_1+W_2$，总声强 $I_{总}=I_1+I_2$。但声压不能直接相加，而是要根据声压级的定义按对数进行计算。

（1）两个声压级的合成。两个声压 p_1 和 p_2，其声压级分别为 L_{p_1} 和 L_{p_2}，则其合成声压级 L_p 与 L_{p_1} 和 L_{p_2} 的关系可计算如下：

因为　$L_{p_1} = 10\ \lg\ (p_1^2/p_0^2)$；　　　　$L_{p_2} = 10\ \lg\ (p_2^2/p_0^2)$

所以　$(p_1/p_0)^2 = 10^{L_{p_1}/10}$；　　　　$(p_2/p_0)^2 = 10^{L_{p_2}/10}$

由式 5—2 可知，合成声压 p 与 p_1 和 p_2 的关系为 $p^2 = p_1^2 + p_2^2$

将上列三式合并得：

$$10^{L_p/10} = 10^{L_{p_1}/10} + 10^{L_{p_2}/10} \tag{5—6}$$

式 5—6 两端同时取对数，得：

$$\lg(L_p/10) = \lg(10^{L_{p_1}/10} + 10^{L_{p_2}/10}) \tag{5—7}$$

$$L_p = 10\ \lg(10^{L_{p_1}/10} + 10^{L_{p_2}/10}) \tag{5—8}$$

当 $L_{P_1}=L_{p_2}$时，$L_p = 10\ \lg\ (10^{L_{p_1}/10} + 10^{L_{p_2}/10}) = 10\ \lg(2\times 10^{L_{p_1}/10}) = 10\ \lg 2 + L_{p_1}$。因此，两个相等的噪声级叠加后的总声压级为 $L_p \approx L_{p_1}+3$。也就是说，作用于某一点的两个声源声压级相等，其合成的总声压级比一个声源的声压级增加 3 dB。如两台水泵发出的噪声皆为 90 dB，合成后的声压级为 93 dB。

当 $L_{p_1} \neq L_{p_2}$时，利用式 5—8 求合成声级是比较复杂的。为了方便，根据上式的计算结果，列出了分贝和的增值表（见表 5—1），利用该表（也可查图 5—1）可使合成声压级的计算简化。设有两个声压级 L_{p_1} 和 L_{p_2}（$L_{p_1} \geqslant L_{p_2}$）。其合成声压级 L_p 的计算步骤是：

1）先求 L_{p_1} 与 L_{p_2} 的差值，即 $L_{p_1}-L_{p_2}$。

2）由所得差值从表 5—1（或图 5—1）中查分贝和的增值 $\triangle L_p$。

3）由 $L_p=L_{p_1}+\triangle L_p$，得 L_p。

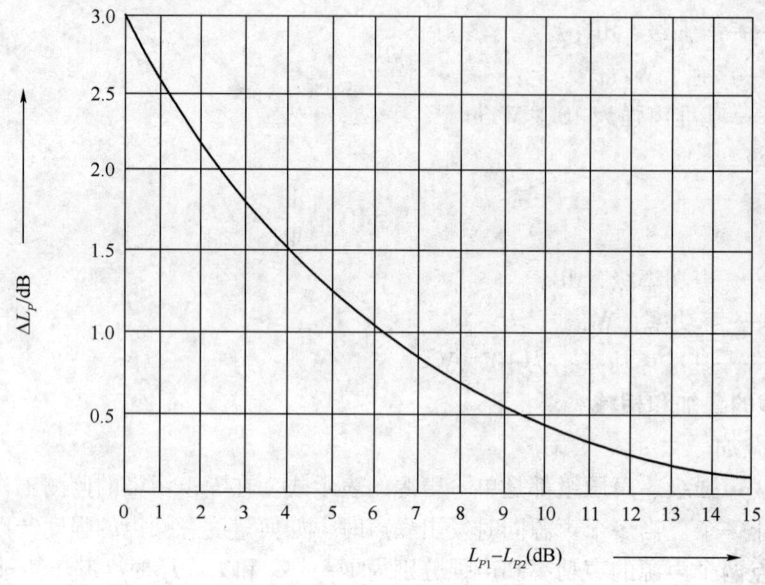

图 5—1　两噪声源的叠加曲线

例：已知两台机器的声压级分别为 $L_{p_1}=90$ dB，$L_{p_2}=84$ dB，求合成声压级 L_p。

解：

$$L_{p_1}-L_{p_2}=90-84=6\ \text{dB}$$

由表 5—1 查得 $\triangle L_p=1.0$ dB

故：

$$L_p=90+1.0=91.0\ \text{dB}$$

表 5—1　　两噪声源声级叠加增值参数表

$L_{p_1}-L_{p_2}$	$\triangle L_p$	$L_{p_1}-L_{p_2}$	$\triangle L_P$
0	3.0	8	0.6
1	2.5	9	0.5
2	2.1	10	0.4
3	1.8	11	0.3
4	1.5	12	0.3
5	1.2	13	0.2
6	1.0	14	0.1
7	0.8	15	0.1

当两个声压级的差值大于 15 dB 时，其分贝和的增值 $\triangle L_p$ 已很小，所以一般可以忽略不计，直接把大声压级的值作为合成声压级的值使用。例如，90 dB 与 75 dB 的合成声压就近

似的等于 90 dB。

（2）多个声压级的合成。几个独立声源在空间某点的总声压级 L_p 可按式 5—8 的推导过程求出：

$$L_p = 10\ \lg \sum_{i=1}^{n} 10^{\frac{L_{pi}}{10}} \tag{5—9}$$

当各个声源的声压级相等，则有：$L_p = L_{p_1} + 10\ \lg n$；当各个声源的声压级不相等时，仍可按照上述求解两个不相等声压级的叠加方法求其合成声压级，只需逐次两两叠加即可，而与叠加次序无关。例如，有八个声源作用于一点，声压级分别为 70 dB、75 dB、82 dB、90 dB、93 dB、95 dB、100 dB，它们合成的总声压级可以按任意次序查图 5—1 求得，任选两种叠加次序计算总声压级如图 5—2 所示。

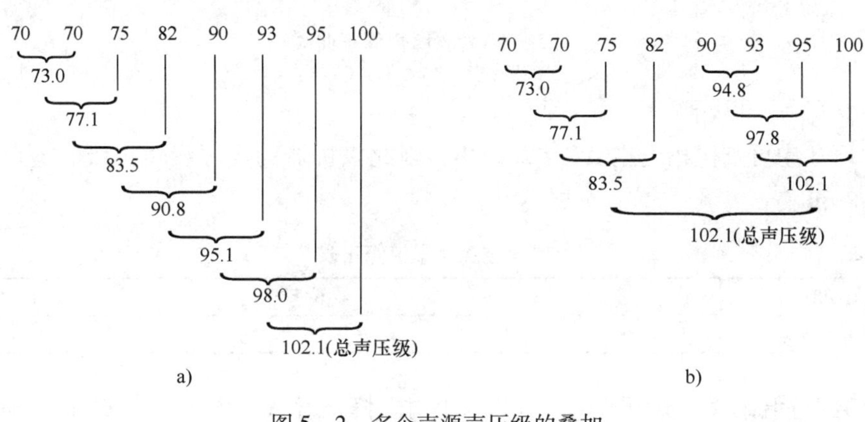

图 5—2 多个声源声压级的叠加

a）叠加次序一 b）叠加次序二

2. 噪声的相减

背景噪声（也称本底噪声）是指被测噪声源停止发声时，在同一位置上所测得的环境噪声。在测量时，背景噪声也会叠加在被测噪声之中，但影响程度有所不同。噪声测量中，噪声源的声级比背景噪声高，但由于后者的存在使测量读数增高，需要减去背景噪声。背景噪声的修正问题，广泛存在于社会生活噪声监测、建筑施工场界噪声监测和工业企业厂界噪声监测等过程中。若被测噪声各频带的声压级大于背景噪声声压级 10 dB 时，背景噪声的影响可以忽略不计。若噪声测量值与背景噪声值相差小于 10 dB 时，则要按相关要求进行背景噪声的修正。计算步骤如下：

（1）先测量含有背景噪声的噪声能级 L_p，再消除所测量对象的声源，只测量背景噪声的声压级 L_{p_1}。

（2）求 L_p 与 L_{p_1} 的差值，即 $L_p - L_{p_1}$。

（3）由所得差值从图 5 3（也可查表 5—2）中查增值 ΔL_p，由 $L_p = L_{p_1} + \Delta L_p$，得 L_{p_1}。

例：为测定某车间中一台机器的噪声大小，从声级计上测得声级为 104 dB。当机器停止工作，测得背景噪声为 100 dB，求该机器噪声的实际大小。

解：$L_p = 104$ dB，背景噪声 $L_{p_1} = 100$ dB

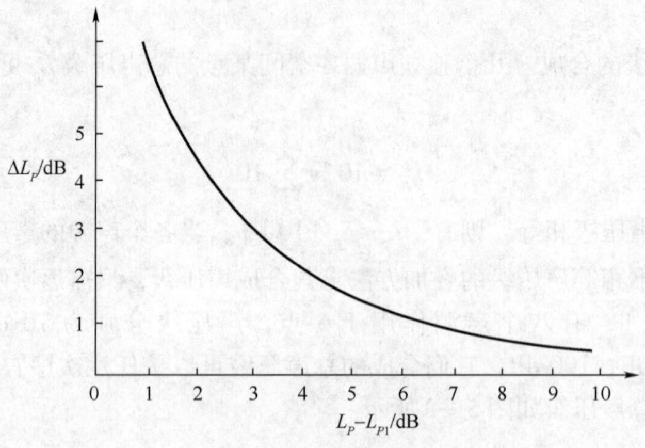

图 5—3　背景噪声修正曲线

$L_p-L_{p_1}=4$ dB，

从图 5—3 中可查得相应之 $\Delta L_p=2.2$ dB，因此该机器的实际噪声声级 L_{p_2} 为：$L_{p_2}=L_p-\Delta L_p=101.8$ dB。

表 5—2　　噪声监测背景值修正表

差值/dB	3	4~6	7~9
修正值/dB	−3	−2	−1

当噪声测量值比背景噪声值高 10 dB 以上时，修正量 $\Delta L_p<0.5$ dB，背景噪声的影响可忽略，噪声测量值不做修正。当噪声测量值与背景噪声值的差值小于 3 dB 时，需采取措施降低背景噪声后再进行测量。

二、噪声的物理量和主观听觉的关系

噪声是否对人类生活环境造成污染，主要取决于人的主观感觉。声压、声压级等物理量只能反映声音在物理特性上的强度，而不能说明人耳对声音的感觉。因此，确定噪声的物理量和主观听觉的关系十分重要。但这种关系相当复杂，因为主观感觉涉及复杂的生理结构和心理因素。

1. 响度和响度级

（1）响度（N）。响度是人耳判别声音由轻到响的强度等级概念，它不仅取决于声音的强度（如声压级），还与它的频率及波形有关。一般来说，两个声压相等而频率不相同的纯音听起来响度是不一样的。响度的单位叫“宋”，1 宋的定义为声压级为 40 dB，频率为 1 000 Hz，且来自听者正前方的平面波形的强度。如果另一个声音听起来比这个 1 宋的声音强度大 n 倍，即声音的响度为 n 宋。

（2）响度级（L_N）。响度级是建立在两个声音的主观比较基础上的。定义 1 000 Hz 纯音声压级的分贝值为响度级的数值，任何其他频率的声音，当调节 1 000 Hz 纯音的强度使之与这声音一样响时，则这 1 000 Hz 纯音的声压级分贝值就定为这一声音的响度级值。响度级的单位叫“方”。

利用与基准声音比较的方法，可以得到人耳听觉频率范围内一系列响度相等的声压级与频率的关系曲线，即等响曲线，如图 5—4 所示。该曲线为国际标准化组织所采用，所以又称 ISO 等响曲线。

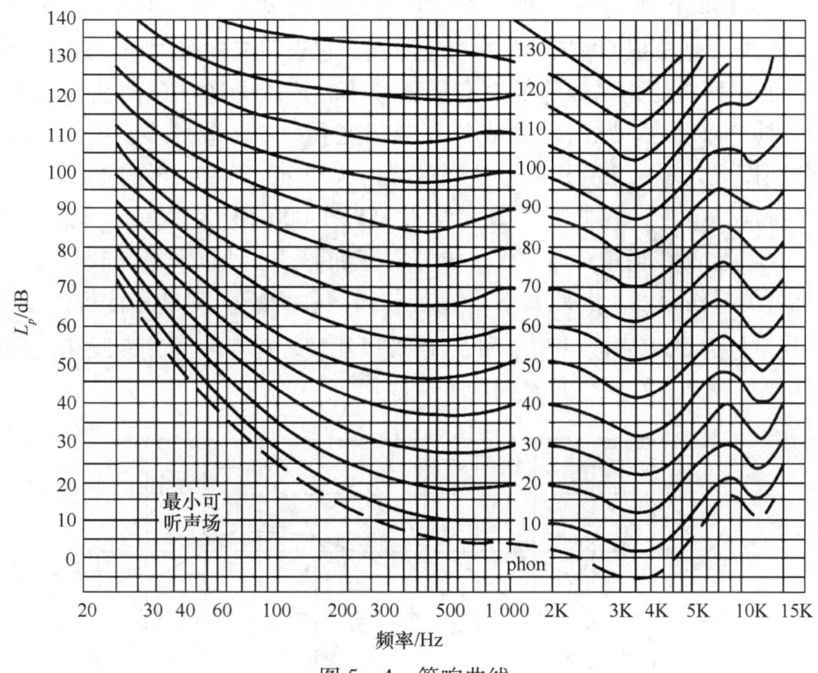

图 5—4 等响曲线

从图 5—4 可以看出频率、声压级与响度之间的关系：同一曲线上不同频率的声音，听起来感觉一样响，而声压级是不同的。从曲线形状可知，人耳对 1 000~4 000 Hz 的声音最敏感。对低于或高于这一频率范围的声音，灵敏度随频率的降低或升高而下降。

（3）响度与响度级的关系。大量实验证明，响度级每改变 10 方，响度加倍或减半。它们的关系可用下列数学式表示：

$$N=2^{\frac{L_N-40}{10}} \tag{5—10}$$

或

$$L_N=40+33\lg N \tag{5—11}$$

响度级的合成不能直接相加，应先将响度级换算成响度，相加后再换算成响度级。

2. 计权声级

响度级只反映纯音（或狭频带信号）的声压级和主观听觉之间的关系，但实际上声源所发射的声音都包含很广的频率范围，且人耳对低频声不敏感，对高频声较敏感。为了能用仪器直接反映人耳听觉对声音频率响应的特性，在噪声测量仪器——声级计中设计了一种特殊滤波器，叫计权网络。通过计权网络测得的声压级，已不再是客观物理量的声压级，而是计权声压级或计权声级，简称声级。现已有 A、B、C、D、E 和 SI 等计权声级。没有考虑计权响应的声压级称为线性声压级。在计权声级中，A 声级最常用，B、C 声级较少应用，D 声级专用于飞机噪声的测量。E 和 SI 声级是近年新出现的，E 声级是根据响度计算方法做出的，SI 声级用于表征噪声对语言的干扰。

为了模拟人耳的听觉特性，人们根据声音的响度级制定了计权网络的特性曲线，如图5—5所示。曲线C是模拟100方纯音的响应曲线，表明在整个声频范围内有几乎平直的特性，即在响度级为100方的条件下，各种频率的声压级大体相等。曲线B是模拟70方纯音的响应曲线，它表明响度级为70方时，频率约为200 Hz以下的声音的声压级随频率的降低而有所减少。曲线A是模拟40方纯音的响应曲线，它表明响度级为40方时，频率约为500 Hz以下的声音的声压级随频率的降低而有显著减小。按照上述三条曲线，给声级计相应设计A、B、C三种计权网络，从对低频成分衰减程度看，A衰减最多，B其次，C最少，三种计权声级分别模拟人耳对55 dB以下低强度噪声、55 dB到85 dB的中等强度噪声和高强度噪声的频率特性。由于计权曲线的频率特性是以1 000 Hz为参考计算衰减的，因此A、B、C、D计权的特性曲线均重合于1 000 Hz。实践证明，A计权声级能较好地反映人的主观感觉和人耳听力的损伤程度。因此，常用A计权声级作为噪声测量和评价的基本量，以L_{p_A}或L_A表示，其单位为dB（A）。把L_A和L_C值加以比较，可粗略地判断噪声的频谱特性，如$L_C \approx L_A$时，为高频噪声，$L_C > L_A$时，则为低频噪声。

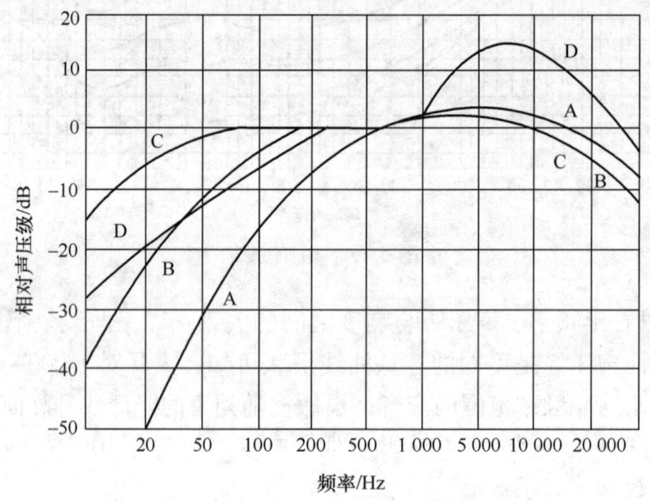

图5—5　A、B、C、D计权的特性曲线

3. 等效连续声级

对一个连续的稳态噪声（噪声起伏低于3 dB），A计权声级能够较好地反映人耳对噪声的强度与频率的主观感觉。但对随时间变化的非稳态噪声（噪声起伏高于3 dB），用A计权声级评价和测量就显得不合适了。因此，人们提出了一个用噪声能量按时间平均的方法来评价噪声对人的影响的评价量，即等效连续声级，符号“L_{eq}”或“$L_{Aeq \cdot T}$”。因此，等效连续声级可以反映在声级不稳定的情况下，人实际所接受的噪声能量的大小，它是用A计权声级得到的声能平均值来表征随时间变化的噪声等效量，是对本来随时间变化的非稳态噪声用某个稳态噪声的声级值来表示，以评价噪声对人影响。

$$L_{Aeq \cdot T} = 10\lg\left(\frac{1}{T}\int_0^T 10^{0.1L_{p_A}} dt\right) \tag{5—12}$$

式中　L_{p_A}——某时刻t的瞬时A声级，dB（A）；

T——规定的测量时间，s。

因大多数声级计具有自动运算功能，实际工作中很少用式 5—11 手工计算等效连续声级。若测量出几个时间段内的等效连续声级，可用下式计算总测量时间内的等效连续声级：

$$L_{\mathrm{Aeq}\cdot\mathrm{T}}=10\lg\left[\frac{1}{T}\left(\sum 10^{0.1L_{\mathrm{Aeq}i}}\cdot t_i\right)\right] \tag{5—12}$$

如果测量在同样的采样时间间隔内完成，则总测量时间内的等效连续声级可用下式计算：

$$L_{\mathrm{Aeq}}=10\lg\left[\left(\sum 10^{0.1L_{\mathrm{Aeq}i}}\right)/n\right] \tag{5—13}$$

式中 L_{Aeq}——总测量时间内的等效连续声级，dB（A）；

$L_{\mathrm{Aeq}i}$——某采样时间段的等效连续声级，dB（A）；

t_i——某采样时间段，h；

T——总测量时间，h；

n——采样时间间隔相等时，所测得的声级总个数。

从等效连续声级的定义中不难看出，对于连续的稳态噪声，等效连续 A 声级等于所测得的 A 计权声级。等效连续声级由于较为简单，易于理解，而且又与人的主观反应有较好的相关性，因而已成为许多国际、国内标准所采用的评价量。

4. 统计声级

等效连续声级可以用来反映非稳态噪声对人影响的大小，但不能表示噪声的随机起伏程度。这种起伏可以用噪声出现的时间概率或累计概率来表示，目前采用的评价量为累计百分数声级，即统计声级，用 L_n 表示。它表示在测量时间内高于 L_n 声级所占的时间为 $n\%$。对同一测量时段内的噪声级，按从大到小的顺序进行排列，就可以清楚地看出噪声涨落的变化程度。统计声级一般用 L_{10}、L_{50}、L_{90} 表示。

L_{10}：在测量时间内，10%的时间超过的噪声级，相当于峰值噪声级。

L_{50}：在测量时间内，50%的时间超过的噪声级，相当于中值噪声级。

L_{90}：在测量时间内，90%的时间超过的噪声级，相当于本底噪声级。

其计算方法是将测得的 100 个（或 200 个）数据按从大到小的顺序排列，第 10（或 20），50（或 100），90（或 180）个为 L_{10}、L_{50}、L_{90}。

如果测量数据符合正态分布时，则等效连续声级和统计声级有如下关系：

$$L_{\mathrm{Aeq}}\approx L_{50}+d^2/60 \tag{5—14}$$

其中 $d=L_{10}-L_{90}$

5. 昼夜等效声级

考虑到夜间噪声具有更大的烦扰程度，将夜间等效声级加上 10 dB 加权处理后，用能量平均法求出 24 h 声级的平均值，即昼夜等效声级（也称日夜平均声级），符号为 L_{dn}。计算表达式为：

$$L_{\mathrm{dn}}=10\lg\left[\frac{16\times 10^{0.1L_{\mathrm{d}}}+8\times 10^{0.1(L_{\mathrm{n}}+10)}}{24}\right] \tag{5—15}$$

式中 L_{d}——白天的等效声级，时间是从 6：00 至 22：00，共 16 个小时；

L_{n}——夜间的等效声级，时间是从 22：00 至第二天的 6：00。

昼间和夜间的时间，可依地区和季节不同而稍有变更。

6. 噪声污染级

涨落的噪声所引起的对人的烦恼程度比等能量的稳态噪声要大，并且与噪声暴露的变化率和平均强度有关。经试验证明，在等效连续声级的基础上加上一项表示噪声变化幅度的量，更能反映涨落的噪声对人的影响。噪声污染级（L_{NP}）常用于评价航空或道路的交通噪声，其计算公式为：

$$L_{NP}=L_{eq}+K\sigma \tag{5—16}$$

式中　K——常数，对交通和飞机噪声取值 2.56；

σ——测定过程中瞬时声级的标准偏差。

如果测量数据符合正态分布，噪声污染级也可写成：

$$L_{NP}=L_{eq}+d \text{ 或 } L_{NP}=L_{50}+d^2/60+d \tag{5—17}$$

式中，$d=L_{10}-L_{90}$。

为了表征噪声的物理量和主观听觉的关系，除了上述评价指标外，还有语言干扰级（SIL）、感觉噪声级（PNL）和噪声次数指数（NNI）等。

7. 噪声的频谱分析

实际生活和工作中的噪声都是由许多不同频率、不同强度的纯音组合而成的。在对噪声污染进行评价时，不仅要选择合适的评价量以表明噪声对人产生的影响，而且要分析噪声源的主要频率特性，为噪声控制提供依据，这就是噪声的频谱分析。

人耳不仅对声压微小变化的识别能力较差，同样对声频的微小变化也难于识别，因此，在噪声频谱分析中，将动态范围大的连续声谱（20~20 000 Hz）划分为若干个相连的小段，每段称为频带或频程。每一频带有上、下截止频率（f_2 和 f_1），并有代表该频带的中心频率（f_m），它们之间的关系是：

$$f_m=\sqrt{f_1 f_2} \tag{5—18}$$

频带是人为划分的，为了统一，对划分方法作了如下规定：

$$f_2=2^n f_1 \tag{5—19}$$

式中　f_1——频带的最高频率；

f_2——频带的最低频率；

n——决定频带宽的倍频程数，n 可以根据需要取值。在噪声测定与评价中，n 值一般取 1 和 1/3。

表 5—3 列出了 1 倍频程滤波器最常用的中心频率值（f_m）以及上、下截止频率。

表 5—3　　常用 1 倍频程滤波器的中心频率和截止频率

中心频率 f_m/Hz	上截止频率 f_2/Hz	下截止频率 f_1/Hz	中心频率 f_m/Hz	上截止频率 f_2/Hz	下截止频率 f_1/Hz
31.5	44.5	22.3	1 000	1 414	707
63	89	44.5	2 000	2 828	1 414
125	177	89	4 000	5 657	2 828
250	354	177	8 000	11 314	5 657
500	707	354	16 000	22 627	11 314

在噪声监测中，可以用频谱分析仪（也可用声级计与适当的滤波器组成）进行噪声的频谱分析，使噪声信号通过一定带宽的滤波器，测定出各频带的声压级，再以声压级为纵坐标，频带的中心频率为横坐标绘图，即得出所测对象的频谱图，如图 5—6 所示。噪声频谱图能形象地反映出声音的频率分布和声级大小的关系。

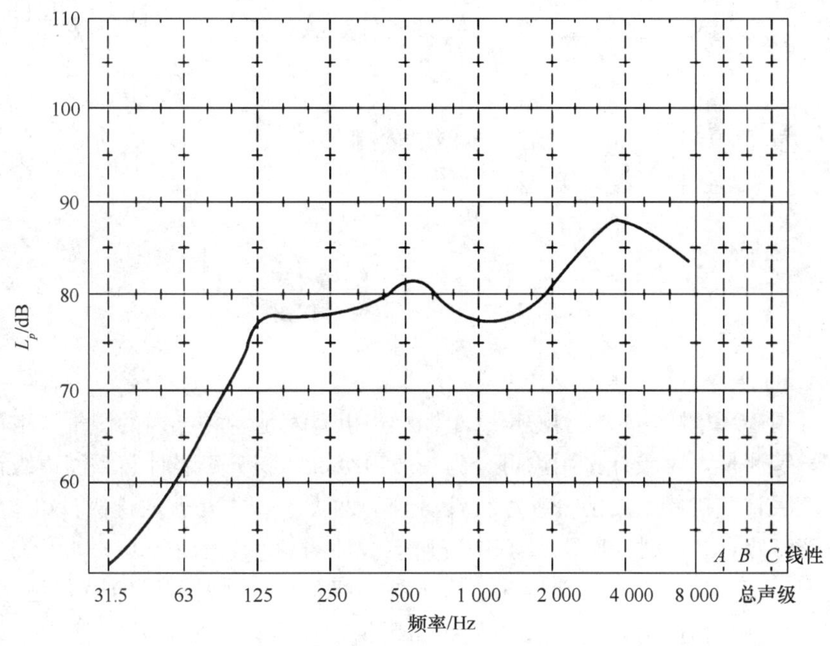

图 5—6　噪声频谱图

三、噪声测量仪器

根据不同的测量要求，可选择不同的噪声测量仪器对噪声的强度（主要是声压）和噪声的频率特性（即声压的各种频率组成成分）进行测量，以评价噪声对环境及人体健康造成的影响。噪声测量仪器主要有：声级计、频谱分析仪、记录仪、录音机、实时分析仪和噪声自动监测系统等。

（一）声级计

声级计又叫噪声计，是一种按照一定的频率计权和时间计权测量声音的声压级和声级的仪器，是声学测量中最常用的基本仪器。它是一种电子仪器，但又不同于电压表等客观电子仪表。声级计在把声信号转换成电信号时，可以模拟人耳对声波反应速度的时间特性以及对高低频有不同灵敏度的频率特性。因此，声级计是一种主观性的电子仪器。

1. 声级计的工作原理

声级计通常由传声器、信号处理器和显示器组成。声压由传声器膜片接收后，将声压信号转换成电信号，经前置放大器作阻抗变换后送到输入衰减器，由于声音范围变化可高达 140 dB，甚至更高，所以为防止过载，必须使用衰减器来衰减较强的信号。再由输入放大器进行定量放大，放大后的信号由计权网络进行计权（在计权网络处可外接滤波器，这样可进行频谱分析），输出的信号由输出衰减器减到额定值，随即送到输出放大器放大，使信号达到相应的功率输出，输出信号经 RMS 检波后（均方根检波电路）送出有效值电压，推动电表或数字显示器，显示所测的声压级。声级计的工作方框图如图 5—7 所示。

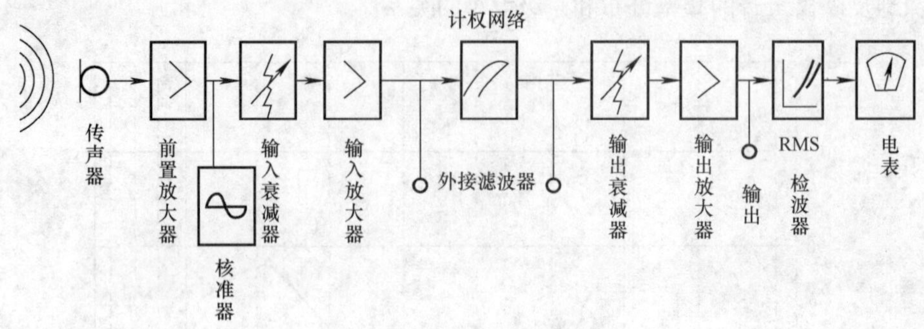

图 5—7　声级计工作方框图

2. 声级计的分类

声级计可用于环境噪声、机器噪声、车辆噪声以及其他各种噪声的测量，也可用于电声学、建筑声学等测量。声级计按用途可分为一般声级计、积分声级计、频谱声级计、脉冲声级计等。按声级计整机灵敏度区分，声级计可分为两类，一类是普通声级计（2 型、3 型），另一类是精密声级计（0 型、1 型），其中普通声级计的频率范围是 20~8 000 Hz，精密声级计的频率范围为 20~12 500 Hz。近年来，有人按声级计精度将其分为四种类型：0 型是实验室用的标准声级计，精度为±0. 4 dB；1 型相当于精密声级计，精度为±0. 7 dB；2 型为普通声级计，精度为±1. 0 dB；3 型为调查声级计，精度为±1. 5 dB。噪声监测中要求使用精度为 2 型以上的积分平均声级计或环境噪声自动监测仪，其性能应不低于《电声学　声级计　第 1 部分：规范》(GB/T 3785. 1—2010）和《电声学　声级计　第 2 部分：型式评价试验》(GB/T 3785. 2—2010) 对 2 型仪器的要求。

3. 声级计操作要点

（1）使用电池供电的声级计，必须正确安装电池并检查电压，电压不足应予以更换。

（2）在电源符合要求的情况下，接通电源后，要对仪器进行校准。校准方法分为电位校准和声校准器校准。电位校准是用内部电信号进行灵敏度校准，可参看声级计的说明书(有些仪器设有自动校准电路，开机后可自行校准)。声校准器是使用标准声源进行绝对声压级校准，可产生频率为 1 000 Hz、声压级为 94 dB 或 114 dB 的标准正弦信号。由于 A、B、C、D 计权网络在 1 000 Hz 处衰减为零，所以声级校准器在使用中与计权网络无关。校准时，必须将声校准器紧密地套在传声器上，并将声级计的滤波器拨到校准器指定的相应频率范围内，然后比较声级计上的显示数值。如果两者出现差异，需将声级计上的灵敏度调节器做适当调整，使声级计上的显示数值与校准器标准值一致。

（3）选择时间计权特性（“快”挡或“慢”挡）。仪器上有阻尼开关，能反映人耳听觉动态特性，快挡“F”表示信号输入 0. 2 s 后，表头指针能迅速达到其最大读数，一般用于测量起伏不大的稳定噪声。如噪声起伏超过 4 dB，可利用慢挡“S”，它表示信号输入 0. 5 s 后，表头指针能达到其最大读数。有的仪器还有读取脉冲噪声的“脉冲”挡。

（4）选择频率计权特性。根据噪声测量的目的和要求，选择 A、B、C 等频率计权。

（5）估计待测声源声级范围，正确选择量程。

（6）正确读取数据。声级计的指示方式有两种，即电表指示（如图 5—8 所示）和数字显示（如图 5—9 所示）。若数据显示不稳，应读取中间值。现在使用的声级计一般具有自动加权处理数据的功能，图 5—10 为噪声统计分析仪。

（7）测量完毕，对仪器再次进行校准。噪声测量中要求测量前后使用声校准器校准的示值偏差不得大于 0.5 dB，否则测量无效。

（8）关机并取出电池。

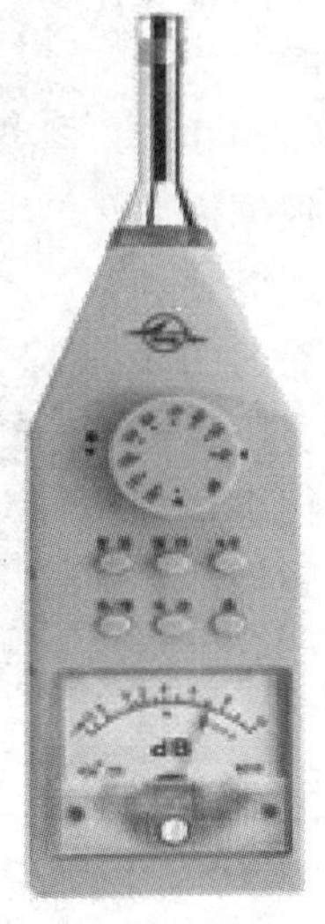

图 5—8　指针式声级计

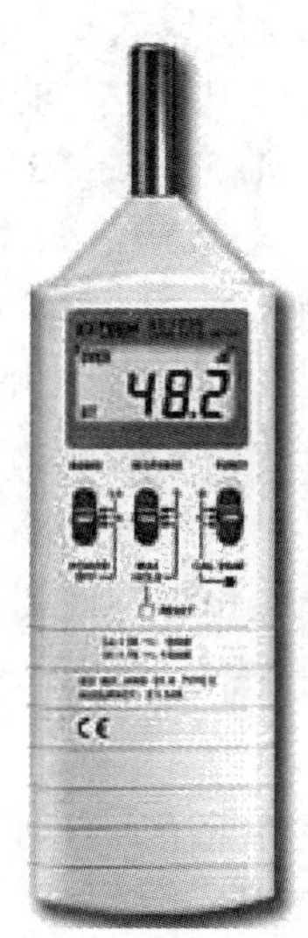

图 5—9　数字式声级计

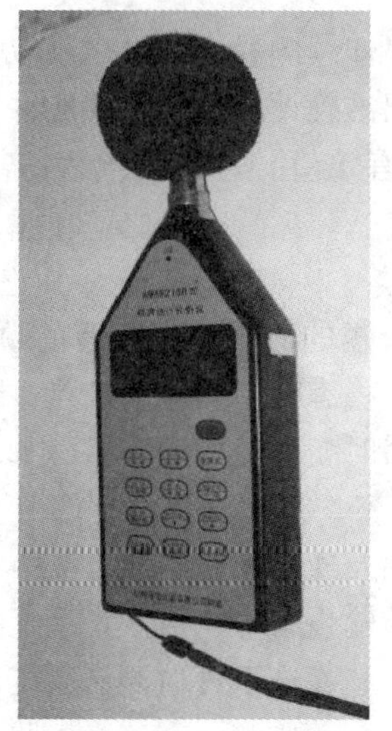

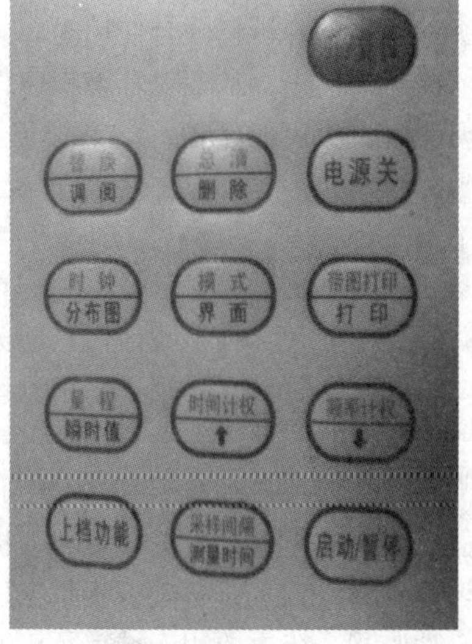

图 5—10　噪声统计分析仪

4. 声级计的保养

（1）保持仪器外部清洁；传声器不用时应干燥保存；传声器膜片应保持清洁，不得用手触摸。传声器是将声压转变为电压的换能元件，是影响声级计性能和测量准确度的关键部位。

（2）仪器长期不用时，应每月通电 2 h，梅雨季节应每周通电 2 h。

（3）仪器使用完毕应及时将电池取出。

（4）测量仪器和校准仪器应定期送计量部门检定合格，并在有效使用期限内使用。

（二）其他噪声测量仪器

1. 频谱分析仪

频谱分析仪的基本组成大致与声级计相似，但主要用于测量噪声的频率特性，即噪声中所包含的各种频带的声压级。一般分为十档，即中心频率为 31.5 Hz、63 Hz、125 Hz、250 Hz、500 Hz、1 000 Hz、2 000 Hz、4 000 Hz、8 000 Hz、16 000 Hz，可根据需要选用。与声级计不同的是，频谱分析仪设置了完整的计权网络（滤波器）。借助于滤波器的作用，频谱分析仪可以将声频范围内的频率分成不同的频带（决定于频程数 *n*）进行测量。一般情况下，进行频谱分析时，都采用倍频程划分频带。如果对噪声要进行更详细的频谱分析，就要用窄频带分析仪，例如用 1/3 频程划分频带。频谱分析仪如图 5—11 所示。

图 5—11　频谱分析仪

2. 录音机

在进行现场噪声测量中，有时不能携带复杂的和较多的分析仪器，需要用录音机保存噪声信号，然后带回实验室进行详细分析。供测量用的录音机不同于家用录音机，其性能要求高得多。它要求频率范围宽（一般为 20~15 000 Hz），失真小（小于 3%），信噪比大（35 dB 以上），此外，还要求具有较好的频率响应和较宽的动态范围等。

3. 记录仪

记录仪与声级计或频谱分析仪联合使用时，可以连续测量、记录声级与频谱，并能将噪声随时间的变化情况记录下来，从而对环境噪声作出准确评价。记录仪能将交变的声谱电信号作对数转换，整流后将噪声的峰值、均方根值（有效值）和平均值表示出来，用人造宝石或墨水记录在坐标纸上。

4. 实时分析仪

实时分析仪是一种数字式谱线显示仪，它能在极短的时间内将声音的频谱线分析出来，显示在荧光屏上并储存起来，弥补了频谱仪只能分析稳态噪声信号的缺点。因此，实时分析仪通常用于较高要求的研究测量，特别适用于测量瞬时变化的噪声信号（如脉冲信号）。

5. 噪声自动监测系统

噪声自动监测系统主要由自动监测子站和中心站及通信系统组成，其中自动监测子站由全天候户外传声器、智能噪声自动监测仪器、数据传输设备等构成。该系统充分利用传感技术、通信技术和计算机网络技术，实现远程数据遥测、噪声事件监测、系统自动校准，最终形成报告。噪声自动监测系统主要用于城市环境噪声自动监测、交通噪声监测、机场噪声监测、噪声事件监测和报告，以及噪声数据自动采集、储存、传输，也适用于噪声污染源

（如施工场地、厂界、道路车辆等）的在线监测。噪声自动监测系统如图 5—12 所示。

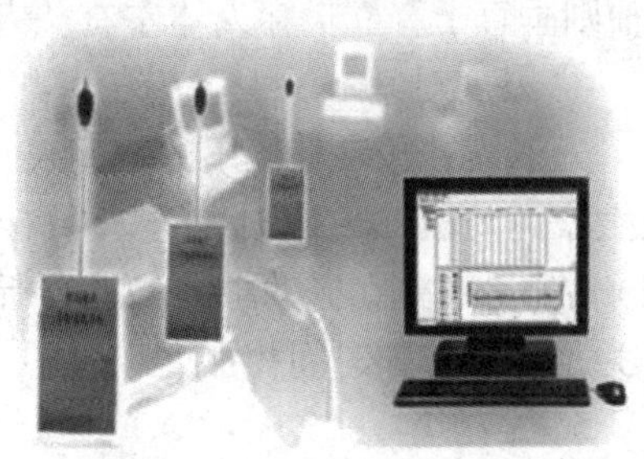

图 5—12　噪声自动监测系统

根据监测对象及监测目的和要求决定选用何种仪器进行噪声测量。在测量噪声强度时，一般来说，在实验室条件下可采用精密度高的仪器，如 0 型或 1 型的声级计。进行现场测量时，可用普通精度的便携式仪器，如稳态环境噪声的测量用 2 型以上声级计；非稳态环境噪声用积分式声级计；而大面积测量非稳态环境噪声时，最好采用多台声级计和多套数据处理装置，或采用多通道磁带录音机进行现场录制，然后带回实验室处理。在对噪声的频率特性进行分析时，采用倍频程频率分析仪可分析普通稳态噪声的频谱。对于枪、炮等脉冲声，要使用脉冲声级计测量脉冲值，或用磁带录音机在现场录制，然后在实验室用示波器观察脉冲波形和测量峰值。

四、振动的量度

物体在外力作用下沿直线或弧线以中心位置（平衡位置）为基准的往复运动，称为机械振动，简称振动。常见的环境振动有三种形式：连续振动（包括稳态振动和随机振动）、间歇振动和重复性冲击。

量度振动的物理量可分为两类：一类是描述振动变化率的量，有周期、频率等；另一类是描述振动大小的量，有位移、速度、加速度。此外，与振动产生危害有关的量度还有振动方向、暴露时间及振动级等。

1. 频率

人能感觉到的振动频率范围为 1~1 000 Hz，而 1~100 Hz 为敏感区，特别是对小于 16 Hz 的低频振动更为敏感。研究表明，当环境振动频率接近某器官的固有频率时，就会引起共振，对该器官产生较大影响。因此，环境振动考虑的频率范围为 1~80 Hz。

2. 加速度与加速度级

振动对人的影响实际上是振动能量转换的结果。高频振动时，振幅的影响是主要的。低频振动时，加速度起主要作用。在实际使用中，振动量的大小一般用加速度的值来度量。一般 10^{-3} m/s^2 的微弱振动就可以被人们感知，而感觉难受的振动加速度为 0.5 m/s^2，不能容忍的振动加速度为 5 m/s^2。

加速度还常用加速度级表示，其定义类似声压级的定义，即如果某一振动加速度有效值为 a，其加速度级则为：

$$VAL = 20\lg(a/a_0) \tag{5—20}$$

式中　VAL——加速度级，dB；

a——某一振动加速度有效值，m/s^2；

a_0——参考加速度值，$a_0 = 10^{-6}$m/s^2。

3. 振动方向

人对不同方向的振动感觉不一样，在研究振动时一般可以将其分解为一个垂直方向 z 和两个水平方向 x、y。如果以人体骨架为坐标，z 轴通过脊柱，x 轴垂直于脊柱贯穿人体前后，

y 轴则垂直于脊柱贯穿人体左右。人对 z 轴振动最敏感。

4. 暴露时间

人暴露在振动环境里的时间长短不一，对振动的反应程度也不同。当振动强度变化或者发生暴露间歇或中断时，可采取有效暴露时间的概念（指超过标准的所有振动的持续时间）。如果暴露在振动中的状态有所间断，但暴露时的强度不变，有效总暴露时间可简单地认为是各段暴露时间相加之和。

5. 振动级

振动的物理量是可以测量的，但是它的尺度和人对振动响应的程度并不是 1∶1 的关系。与噪声的主观评价一样，要研究振动的评价，就要建立振动物理量与人的响应之间的关系。在拾振器和指示器之间加一个电子计权网络，对所测得的 1~80 Hz 频率范围内的全部振动信号加以计权，就得到经过振动感觉修正后的加速度级，也就是振动级。经 z 计权因子修正后得到的振动加速度级，记为 VL_z，单位为分贝（dB）。在规定的测量时间 T 内，有 $N\%$ 时间的 z 振动级超过某一 VL_z 值，这个 VL_z 值就是累积百分 z 振级，记为 VL_{zn}，单位为分贝。

五、振动的测量仪器

环境振动测量仪器一般由拾振器、放大器和衰减器、频率计权、检波-平均、指示器等部分组成。仪器具体构成如图 5—13 所示。

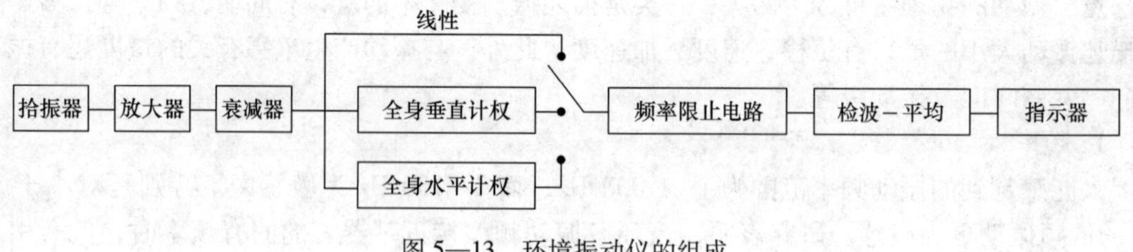

图 5—13　环境振动仪的组成

第二节　声环境监测

近年来关于噪声污染的群众举报、信访案件逐年增多，许多城市的噪声污染投诉位居各项环境污染投诉之首。在充分考虑噪声污染形势的变化和环境管理需求的前提下，我国新修订了《声环境质量标准》（GB 3096—2008）、《建筑施工场界环境噪声排放标准》（GB 12523—2011）和《工业企业厂界环境噪声排放标准》（GB 12348—2008），新制定了《社会生活环境噪声排放标准》（GB 22337—2008）。针对这些标准又分别制定了相应的噪声监测的方法规范，不仅完善了国家环境噪声标准体系，而且解决了低频噪声和城市以外区域噪声控制要求缺失的问题。

一、环境噪声监测的要求

1. 测量仪器

测量仪器精度为2型及2型以上的积分平均声级计或环境噪声自动监测仪器，其性能需符合《电声学　声级计　第1部分：规范》（GB/T 3785.1—2010）和《电声学　声级计　第2部分：型式评价试验》（GB/T 3785.2—2010）的规定，并定期校验。测量前后使用声校准器校准测量仪器的示值偏差不得大于0.5 dB，否则测量无效。声校准器应满足《电声学　声校准器》（GB/T 15173—2010）对1级或2级声校准器的要求。测量时传声器应加防风罩。

2. 测点选择

根据监测对象和目的，环境噪声监测分为声环境功能区监测和噪声敏感建筑物监测两种类型。在进行环境噪声的测量时，可选择以下三种测点条件（指传声器所处位置）：

（1）一般户外：距离任何反射物（除地面外）至少3.5 m，距地面高度1.2 m以上。必要时可置于高层建筑上，以扩大监测受声范围。使用监测车辆测量时，传声器应固定在车顶部1.2 m高度处。

（2）噪声敏感建筑物户外：距墙壁或窗户1 m处，距地面高度1.2 m以上。

（3）噪声敏感建筑物室内：距离墙面和其他反射面至少1 m，距窗约1.5 m，距地面1.2~1.5 m。

3. 测量时间和气候条件的选择

对环境噪声的监测，时间和气候条件的正确选择是保证测量结果代表性的重要因素。首先，监测应避开节假日和非正常工作日。测量时间又分为昼间和夜间，昼间是指6：00—22：00，夜间是指22：00—6：00。昼间测量可选在8：00—12：00或14：00—18：00，夜间测量应选在22：00—5：00进行。因为这几段时间，能分别代表昼间和夜间的噪声分布情况。但是要注意，由于北方和南方的地区差别和季节的不同，上述昼夜起止时间可根据实际情况稍加变动。其次，测量应在无雨雪、无雷电天气，风速5 m/s以下时进行，以减少气候条件对噪声测量结果的影响。

对车间和机械噪声源的测量，不用按上述要求选择测定时间和气候条件，只要车间进行正常生产，作为噪声源的机器正常运行，随时可进行测量。

4. 测量记录

在环境噪声监测时，需对现场测量情况进行翔实的记录。一般测量记录应包括以下事项：①日期、时间、地点及测定人员；②使用仪器型号、编号及其校准记录；③测定时间内的气象条件（风向、风速、雨雪等天气状况）；④测量项目及测定结果；⑤测量依据的标准；⑥测点示意图；⑦声源及运行工况说明（如交通噪声测量的交通流量等）；⑧其他应记录的事项。

二、声环境功能区监测方法

通过对声环境功能区的监测，可以评价不同声环境功能区昼间、夜间的声环境质量，了解功能区环境噪声时空分布特征，为噪声管理、控制和科学研究提供依据。声环境功能区监测方法分为定点监测法和普查监测法，分别用于测量功能区噪声和区域环境噪声。

（一）定点监测法

对于常规监测，常采用定点监测法。为了解环境噪声随时间的长期变化，宜选取市内有代表性的几个固定点进行24 h连续监测。

1. 监测点位

在监测区域中，优化选取一个或多个能反映各类声环境质量特征的监测点，进行长期噪声定点监测。测点的选择应根据可能的条件决定，一般不少于7个，布设方法为繁华市区一点，典型居民区一点，交通干线两点，工厂区一点，混合区两点。每次测量的位置和高度应保持不变，不同环境功能区的监测点位应有所不同。对于0、1、2、3类环境功能区，监测点应为户外长期稳定、距地面高度为声场空间垂直分布的可能最大值处，其位置应避开反射面和附近的固定噪声源。对于4类环境功能区，监测点应设于区内第一排噪声敏感建筑物户外交通噪声空间垂直分布的可能最大值处。

2. 测定方法

在每个噪声监测点测量时，最好每月测量一次，至少每季度测量一次（于3、6、9、12月份进行），每次至少进行一昼夜24 h的连续监测。测量时传声器应水平设置并罩上风罩，并高于地面1.2 m。选用A计权，调试好后置于快挡，采样时间间隔不大于1 s，进行自动测量。传声器也可放置于高层建筑上以扩大监测的受声范围。

在全国重点环保城市以及其他有条件的城市和地区，在有代表性的固定点设置环境噪声自动监测系统，进行不同声环境功能区监测点的连续自动监测，随时了解噪声的实际动态。

3. 数据处理

在积分平均声级计或环境噪声自动监测仪器上，调阅每小时的等效声级 L_{eq} 和最大声级 L_{max}。根据下式计算昼间等效声级 L_d 和夜间等效声级 L_n。

$$L_d = 10\lg\left(\frac{1}{16}\sum 10^{0.1L_{eqi}}\right)$$

$$L_n = 10\lg\left(\frac{1}{8}\sum 10^{0.1L_{eqi}}\right)$$

如结果用于噪声分析目的，可适当增加监测项目，如 L_{10}、L_{50}、L_{90} 等。

4. 结果评价

依据《声环境质量标准》（GB 3096—2008）中各类声环境功能区的环境噪声限值，各监测点位测量结果独立评价，以昼间等效声级和夜间等效声级作为评价监测点位声环境质量是否达标的基本依据。也可将每一小时测得的连续等效A声级按时间排列，得到24 h的声级变化图形，用于表示某一功能区环境噪声的时间分布规律。

一个功能区设有多个测点的，应按点次分别统计昼间、夜间的达标率。

（二）0~3类声环境功能区普查监测法

为了了解某一类区域或整个城市的总体环境噪声水平及噪声污染的空间分布规律，进行环境质量评价，指导城市噪声控制规划的制定，需要进行城市区域环境噪声的普查监测。

1. 监测点位

将要普查监测的某个声环境功能区划分成多个等大的正方格，网格要完全覆盖被普查的区域。每一网格中的工厂、道路及非建成区的面积之和不得大于网格面积的50%，否则视该网格无效。剔除空旷点、工业企业内部点等不规范测点，有效网格总数应多于100个。测点应布在每一个网格的中心，如图5—14所示。若网格中心点不宜测量（如为建筑物、厂区内等)，应将测点移动到距离中心点最近的可测量位置上进行测量。

2. 测定方法

普查监测一般每年一次，于春季或秋季进行。每次监测时分别在昼间工作时间和夜间 22:00—24:00（时间不足可顺延）测量。在规定的测量时间内，每次每个测点测量 10 min 的等效声级 L_{eq}，同时记录噪声主要来源。

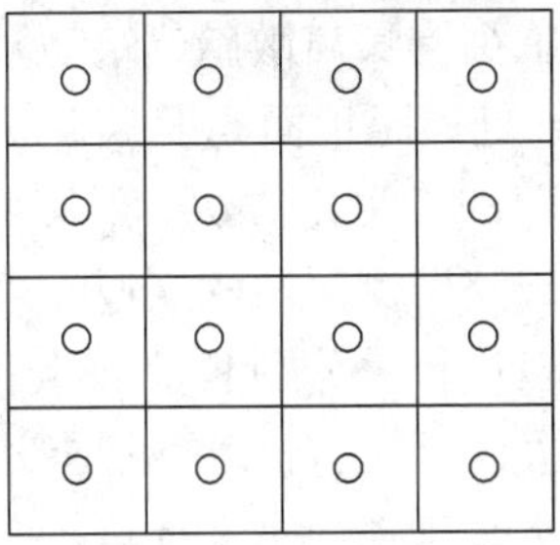

图 5—14　普查监测的点位布设

测量时传声器应水平设置并罩上风罩，距离任何反射物（除地面外）至少 3.5 m，距地面高度应在 1.2 m 以上。必要时可置于高层建筑物上，以扩大监测受声范围。使用监测车辆测量时，传声器应固定在车顶部 1.2 m 高度处。选用 A 计权，调试好后置于快挡，采样时间间隔不大于 1 s，进行自动测量。

3. 数据处理

在积分平均声级计或环境噪声自动监测仪器上，调阅各测点的 10 min 等效声级 L_{eq}，将全部网格中心所测得的 10 min 等效声级 L_{eq} 按式 5—21 进行算术平均运算，用平均值代表某声环境功能区的总体环境噪声水平，并计算标准偏差。

$$\overline{L}_{eq} = \frac{1}{n}\sum_{i=1}^{n} L_{eqi} \tag{5—21}$$

式中　$\overline{L}_{eq}$——某声环境功能区的总体环境噪声水平，dB；

L_{eqi}——第 i 个测点的 10 min 等效声级 L_{eq}，dB；

n——有效网格总数。

4. 结果评价

依据上述计算的等效声级平均值和《声环境质量标准》（GB 3096—2008）中某声环境功能区噪声标准评价区域总体环境噪声状况。根据每个网格中心的噪声值及对应的网格面积，统计不同噪声影响水平上的面积百分比，以及昼间、夜间的达标面积比例。有条件可估算受影响人口。

此外，普查监测的结果还可用图示法表示。将测量到的各网格中心的等效声级按 5 dB 为一档分级（如 60~65 dB、65~70 dB、70~75 dB)。用不同的颜色或阴影线表示每一档等效声级，绘制在覆盖某一区域或城市的网格上，用于表示区域或城市的噪声污染分布情况。

（三）4 类声环境功能区普查监测法

针对交通噪声的污染情况，我国在《声环境质量标准》（GB 3096—2008）中提出了 4 类声环境功能区普查监测法。4 类声环境功能区是指交通干线两侧一定距离之内的区域。因交通运行特征不同，道路、城市轨道交通（地面段）、内河航道、铁路四种交通类型在点位布设、监测方法及结果评价等方面略有不同。

1. 道路交通干线两侧区域噪声监测

（1）监测点位。在监测道路交通噪声时，以自然路段为基础，考虑交通运行特征和两侧噪声敏感建筑物分布情况，划分典型路段。在每个典型路段设置一个点位，测点应与岔路口相隔一定的距离。所监测 4 类区内无噪声敏感建筑物时，监测点位应设在 4 类区边界上。

但临街有噪声敏感建筑物时，监测点位应设在第一排噪声敏感建筑物户外，即距墙壁或窗户 1 m 处，距地面高度 1.2 m 以上。

（2）测定方法。对高速公路、一级公路、二级公路、城市快速路、城市主干路、城市次干路两侧区域的交通噪声普查监测一般每年 1 次，于春季或秋季进行。监测分昼、夜两个时段进行，分别测量不低于平均运行密度的 20 min 的等效声级 L_{eq}，同时测量累积百分数声级 L_{10}、L_{50}、L_{90}，并记录交通流量。测量时传声器应水平设置并罩上风罩，垂直指向道路，距水平支撑面 1.2 m 以上。选用 A 计权，调试好后置于快挡，采样时间间隔不大于 1 s，进行自动测量。

（3）数据处理。在积分平均声级计或环境噪声自动监测仪器上，调阅典型路段累积百分数声级 L_{10}、L_{50}、L_{90}及 20 min 的等效声级 L_{eq}。依据式 5—22，按各典型路段长度进行加权算术平均，以此得出某条交通干线两侧 4 类声环境功能区的环境噪声平均值。

$$\overline{L}_{eq} = \frac{1}{l}\sum_{i=1}^{n} L_{eqi} \cdot l_i \tag{5—22}$$

式中 $\overline{L}_{eq}$——某条交通干线两侧环境噪声平均值，dB；

L_{eqi}——第 i 段道路测得的等效声级，dB；

l_i——第 i 段道路长，km；

l——某条交通干线总长，km。

（4）结果评价。依据《声环境质量标准》（GB 3096—2008）中 4a 类声环境功能区环境噪声限值，以上述计算的环境噪声平均值判断道路交通噪声是否超标。根据每个典型路段的噪声值及对应的路段长度，统计不同噪声影响水平下的路段百分比，以及昼间、夜间的达标路段比例。有条件的话可估算受影响人口。对某条交通干线或某一区域某一交通类型采取抽样测量的，应统计抽样路段比例。

2. 城市轨道交通（地面段）两侧区域噪声监测

（1）监测点位。在对城市轨道交通（地面段）进行噪声监测时，以站点为基础，划分典型路段。在每个典型路段对应的 4 类区边界上（指 4 类区内无噪声敏感建筑物存在时）或第一排噪声敏感建筑物户外（指 4 类区内有噪声敏感建筑物存在时）选择一个测点进行噪声监测。测点应与站点相隔一定的距离。

（2）测定方法。监测分昼、夜两个时段进行，分别测量不低于平均运行密度的 1 h 的等效声级 L_{eq}，若运行车次密集，测量时间可缩短至 20 min。同时测量最大声级 L_{max}，记录交通流量。对结果的评价可参照道路交通噪声按长度进行加权统计，得出针对城市轨道交通（地面段）两侧区域的环境噪声平均值。其他监测的要求、方法参见道路交通噪声监测。

3. 内河航道两侧区域噪声监测

（1）监测点位。进行内河航道交通噪声监测时，以自然河段为基础，考虑实际情况，划分典型河段。在每个典型河段对应的 4 类区边界上（指 4 类区内无噪声敏感建筑物存在时）或第一排噪声敏感建筑物户外（指 4 类区内有噪声敏感建筑物存在时）选择一个测点进行噪声监测。测点应与码头、河流汇入口等相隔一定的距离。

（2）测定方法。监测分昼、夜两个时段进行，分别测量不低于平均运行密度的 1 h 的等

效声级 L_{eq}，同时记录交通流量。对结果的评价可参照道路交通噪声按长度进行加权统计，得出针对内河航道两侧区域的环境噪声平均值。其他监测的要求、方法参见道路交通噪声监测。

4. 铁路干线两侧区域噪声监测

（1）监测点位。在对铁路干线两侧区域进行噪声监测时，以站为基础，划分典型路段。在每个典型路段对应的 4 类区边界上（指 4 类区内无噪声敏感建筑物存在时）或第一排噪声敏感建筑物户外（指 4 类区内有噪声敏感建筑物存在时）选择一个测点进行噪声监测。测点应与站相隔一定的距离。

（2）测定方法。监测分昼、夜两个时段进行，分别测量不低于平均运行密度的 1 h 的等效声级 L_{eq}，同时记录交通流量。对结果的评价可参照道路交通噪声按长度进行加权统计，得出针对铁路干线两侧区域的环境噪声平均值。其他监测的要求、方法参见道路交通噪声监测。

三、噪声敏感建筑物监测

1. 监测点位

噪声敏感建筑物指医院、学校、机关、科研单位、住宅等需要保持安静的建筑物。对噪声敏感建筑物进行监测可了解噪声敏感建筑物户外（或室内）的环境噪声水平，评价是否符合所处声环境功能区的环境质量要求。监测点一般设于噪声敏感建筑物户外。不得不在噪声敏感建筑物室内监测时，应在门窗全打开状况下进行室内噪声测量，并采用较该噪声敏感建筑物所在声环境功能区对应环境噪声限值低 10 dB(A)的值作为评价依据。

2. 测定方法

对敏感建筑物的环境噪声监测应在周围环境噪声源正常工作条件下测量，视噪声源的运行工况，分昼、夜两个时段连续进行。根据环境噪声源的特征，可优化测量时间。

（1）受固定噪声源的噪声影响。稳态噪声测量 1 min 的等效声级 L_{eq}。非稳态噪声测量整个正常工作时间（或代表性时段）的等效声级 L_{eq}。

（2）受交通噪声源的噪声影响。对于铁路、城市轨道交通（地面段）、内河航道，昼、夜各测量不低于平均运行密度的 1 h 的等效声级 L_{eq}。若城市轨道交通（地面段）的运行车次密集，测量时间可缩短至 20 min。

对于道路交通，昼、夜各测量不低于平均运行密度的 20 min 的等效声级。

（3）受突发噪声的影响。以上监测对象夜间存在突发噪声的，应同时监测测量时段内的最大声级 L_{max}。

测量时传声器应水平设置并罩上风罩，应高于地面 1.2 m。选用 A 计权，调试好后置于快挡，采样时间间隔不大于 1 s，进行自动测量。

3. 结果评价

依据《声环境质量标准》（GB 3096—2008）中噪声敏感建筑物所在声环境功能区环境噪声限值，以昼间、夜间环境噪声源正常工作时段的 L_{eq} 和夜间突发噪声 L_{max} 评价噪声敏感建筑物户外（或室内）环境噪声水平。

第三节　社会生活噪声的监测

在我国大多数城市中，社会生活噪声破坏着城市的宁静，成为突出的环境问题。《社会生活环境噪声排放标准》（GB 22337—2008）针对营业性文化娱乐场所和商业经营活动中可能产生环境噪声污染的设备、设施，规定了边界噪声排放限值和测量方法。但该标准并不覆盖所有的社会生活噪声源，例如，建筑物配套的服务设施产生的噪声，街道、广场等公共活动场所噪声，家庭装修等邻里噪声等均不适用该标准。

1. 测量仪器

测量仪器为 2 型以上积分平均声级计或环境噪声自动监测仪。测量 35 dB 以下的噪声应使用 1 型声级计，且测量范围应满足所测量噪声的需要。每次测量前、后必须在测量现场进行声学校准，其前、后校准示值偏差不得大于 0.5 dB，否则测量结果无效。当需要进行噪声的频谱分析时，仪器性能应符合《电声学　倍频程和分数倍频程滤波器》（GB/T 3241—2010）中对滤波器的要求。

2. 监测点位

根据社会生活噪声排放源、周围噪声敏感建筑物的布局以及毗邻的区域类别，在社会生活噪声排放源边界布设多个测点，其中包括距噪声敏感建筑物较近以及受被测声源影响大的位置。

（1）测点位置一般规定。一般情况下，测点选在社会生活噪声排放源边界外 1 m、高度 1.2 m 以上的位置。

（2）测点位置其他规定如下：

当边界有围墙且周围有受影响的噪声敏感建筑物时，测点应选在边界外 1 m、高于围墙 0.5 m 以上的位置。

当边界无法测量到声源的实际排放状况时（如声源位于高空，边界设有声屏障等），应在社会生活噪声排放源边界外 1 m、高度 1.2 m 以上设置测点，同时在受影响的噪声敏感建筑物户外 1 m 处另设测点。

当边界与噪声敏感建筑物距离小于 1 m 时，边界环境噪声应在噪声敏感建筑物的室内测量，并将社会生活噪声排放源排放限值减 10 dB（A）作为评价依据。测量室内噪声时，室内测量点位设在距任一反射面至少 0.5 m 以上、距地面 1.2 m 高度处，在受噪声影响方向的窗户开启状态下测量。

社会生活噪声排放源的固定设备结构传声至噪声敏感建筑物室内，在噪声敏感建筑物室内测量时，测点应距任一反射面至少 0.5 m 以上，距地面 1.2 m，距外窗 1 m 以上，窗户应关闭。被测房间内的其他可能干扰测量的声源（如电视机、空调机、排气扇以及镇流器较响的日光灯、运转时出声的时钟等）应关闭。

3. 测定方法

测量应在无雨雪、无雷电天气，风速为 5 m/s 以下时进行。不得不在特殊气象条件下测量时，应采取必要措施保证测量准确性，同时注明当时所采取的措施及气象情况。测量分为昼间、夜间两个时段，在被测声源正常工作时间进行，同时注明当时的工况。

测量时传声器应水平设置并加防风罩，应高于地面 1.2 m。选用 A 计权，调试好后将时间计权特性设为快挡（即 F 挡），采样时间间隔不大于 1 s，进行自动测量。当被测声源是稳态噪声时，采用 1 min 的等效声级。被测声源是非稳态噪声时，测量被测声源有代表性时段的等效声级，必要时测量被测声源整个正常工作时段的等效声级。夜间有频发、偶发噪声影响时同时测量最大声级。

测量需做测量记录。记录内容应主要包括：被测量单位名称、地址、边界所处声环境功能区类别、测量时气象条件、测量仪器、校准仪器、测点位置、测量时间、测量时段、仪器校准值（测前、测后）、主要声源、测量工况、示意图（边界、声源、噪声敏感建筑物、测点等位置）、噪声测量值、背景值、测量人员、校对人、审核人等相关信息。

在测量社会生活噪声排放源噪声时，需同时测量背景噪声。测量环境应不受被测声源影响，且其他声环境与测量被测声源时要保持一致。测量时段与被测声源测量的时间长度相同。噪声测量值与背景噪声值相差为 3~10 dB（A）时，噪声测量值与背景噪声值的差值取整后，按表 5—2 进行背景噪声修正。噪声测量值与背景噪声值相差小于 3 dB(A) 时，应采取措施降低背景噪声后，再视情况按上述方法进行修正。

4. 结果评价

依据《社会生活环境噪声排放标准》（GB 22337—2008）中社会生活环境噪声排放源边界噪声排放限值和结构传播固定设备室内噪声排放限值的规定，各个测点的测量结果应单独评价。同一测点每天的测量结果按昼间、夜间进行评价。最大声级 L_{max} 直接评价。

第四节 工业企业环境噪声的监测

工业企业环境噪声分为两类，一类是工业企业内部的噪声，另一类是工业企业对外界环境的影响，即厂界噪声。工业企业内部的噪声分为生产环境噪声和机器设备噪声，是造成职业性耳聋的主要原因。修订后的《工业企业厂界环境噪声排放标准》（GB 12348—2008）中规定了工业企业和固定设备厂界环境噪声监测的方法。标准特别补充了固定设备结构传声的室内声环境质量要求及监测方法，既要测量等效连续 A 声级，又要测量低频段的倍频带声压级，以此测定结果反映噪声污染特征以及居民的主观感受，为居民楼内电梯、水泵、变压器等设备产生的噪声排放管理与控制提供依据。

一、工业企业厂界环境噪声的监测

1. 测量仪器

测量仪器为 2 型以上积分平均声级计或环境噪声自动监测仪。测量 35 dB 以下的噪声应使用 1 型声级计，且测量范围应满足所测量噪声的需要。每次测量前、后必须在测量现场进行声学校准，其前、后校准示值偏差不得大于 0.5 dB，否则测量结果无效。

2. 监测点位

根据工业企业声源、周围噪声敏感建筑物的布局以及毗邻的区域类别，在工业企业厂界布设多个测点，其中包括距噪声敏感建筑物较近以及受被测声源影响大的位置。也可因不同的监测目的，进行点位布设。为了解企业厂界噪声分布，可采用等距离间隔或等声级间隔的方法在整个厂界布点。为了解厂界噪声扰民情况，可在企业周围有敏感建筑物处的厂界布点。为建立区域环境噪声污染源档案，可在企业噪声级最高处选设点位。鉴于一些工业生产活动中使用的固定设备可能是独立分散的，标准规定，各种产生噪声的固定设备的厂界为其实际占地的边界。

（1）测点位置一般规定。一般情况下，测点选在工业企业厂界外 1 m、高度 1.2 m 以上的位置，如图 5—15 所示。

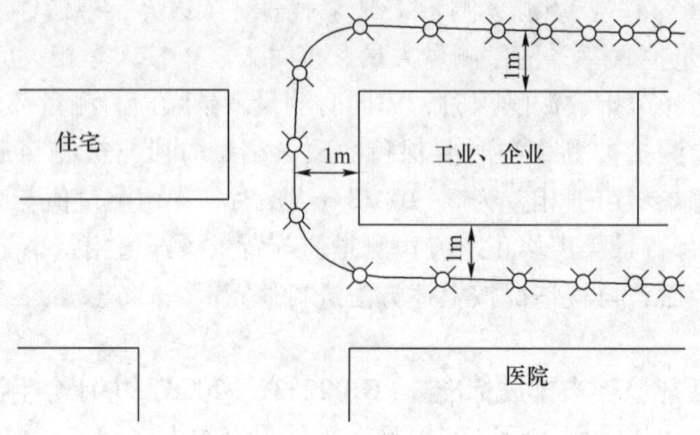

图 5—15　工业企业厂界测点位置一般规定

（2）测点位置其他规定可参照社会生活噪声监测点位的相关规定。

3. 测定方法

测量应在无雨雪、无雷电天气，风速为 5 m/s 以下时进行。不得不在特殊气象条件下测量时，应采取必要措施保证测量准确性，同时注明当时所采取的措施及气象情况。测量分为昼间、夜间两个时段，应在被测声源正常工作时间进行，同时注明当时的工况。

测量时传声器应水平设置并加防风罩，应高于地面 1.2 m。选用 A 计权，调试好后将时间计权特性设为快挡（即 F 挡），采样时间间隔不大于 1 s，进行自动测量。当被测声源是稳态噪声时，采用 1 min 的等效声级。被测声源是非稳态噪声时，测量被测声源有代表性时段的等效声级，必要时测量被测声源整个正常工作时段的等效声级。夜间有频发、偶发噪声影响时同时测量最大声级。

测量需做测量记录，且同时测量背景噪声，记录内容与背景噪声修正方法参见社会生活噪声监测。

4. 结果评价

依据《工业企业厂界环境噪声排放标准》（GB 12348—2008）中工业企业厂界环境噪声排放限值和结构传播固定设备室内噪声排放限值的规定，各个测点的测量结果应单独评价。同一测点每天的测量结果按昼间、夜间进行评价。最大声级 L_{max} 直接评价。

二、工业企业内部环境噪声的监测

1. 监测点位

工作场所声场分布均匀，即测量范围内 A 声级差别小于 3 dB（A）时，选择 3 个测点，取平均值。

工作场所声场分布不均匀时，应将其划分若干声级区，同一声级区内声级差应小于 3 dB（A）。每个区域内，选择 2 个测点，取平均值。

劳动者工作是流动的，在流动范围内，对工作地点分别进行测量，计算等效声级。

2. 测定方法

测量应在工厂正常的生产情况下进行，分昼、夜两部分。测量时注意减少环境因素（如气流、电磁场、温度和湿度）对测量结果的影响，工作场所风速超过 3 m/s 时，传声器应戴风罩。测量时，固定的工作岗位选用声级计，流动的工作岗位优先选用个体噪声剂量计，或对不同的工作地点使用声级计分别测量，并计算等效声级。测量前应根据仪器校正要求对测量仪器进行校正。积分声级计或个人噪声剂量计设置为 A 计权、“S（慢）”挡，取值为声级 L_{p_A} 或等效声级 L_{Aeq}，测量脉冲噪声时使用“Peak（峰值）”挡。

传声器应放置在劳动者工作时耳部的高度，站姿为 1.50 m，坐姿为 1.10 m。传声器的指向为声源的方向。测量仪器固定在三脚架上，置于测点。若现场不适于放置三脚架，可手持声级计，但应保持测试者与传声器的间距>0.5 m。稳态噪声的工作场所，每个测点测量 3 次，取平均值。非稳态噪声的工作场所，根据声级变化（声级波动≥3 dB）确定时间段，测量各时间段的等效声级，并记录各时间段的持续时间。脉冲噪声测量时，应测量脉冲噪声的峰值和工作日内脉冲次数。

测量记录应该包括以下内容：测量日期、测量时间、气象条件（温度、相对湿度）、测量地点（单位、厂矿名称、车间和具体测量位置）、被测仪器设备型号和参数、测量仪器型号、测量数据、测量人员及工时记录等。

3. 结果评价

（1）在规定的时间内，某一连续稳态噪声的 A 计权声压，具有与时变的噪声相同的均方 A 计权声压，则这一连续稳态噪声的声级就是此时变噪声的等效声级，单位用 dB（A）表示。

（2）在非稳态噪声的工作场所，按声级相近的原则把一天的工作时间分为 n 个时间段，用积分声级计测量每个时间段的等效声级 L_{Aeq,T_i}，按照公式 5—23 计算全天的等效声级。

$$L_{\mathrm{Aeq},\ T} = 10\ \lg\left(\frac{1}{T}\sum_{i=1}^{n} T_i 10^{0.1L_{\mathrm{Aeq},\ T_i}}\right)\ \mathrm{dB(A)} \tag{5—23}$$

式中　$L_{\mathrm{Aeq},T}$——全天的等效声级；

L_{Aeq,T_i}——时间段 T_i 内等效声级；

T——这些时间段的总时间；

T_i——i 时间段的时间；

n——总的时间段的个数。

（3）8 h 等效声级（$L_{\mathrm{EX,8h}}$）的计算。根据等能量原理将一天实际工作时间内接触噪声强度规格化到工作 8 h 的等效声级，按公式 5—24 计算。

$$L_{\mathrm{EX,8h}} = L_{\mathrm{Aeq},T_e} + 10\ \lg\frac{T_e}{T_0}\mathrm{dB(A)} \tag{5—24}$$

式中　$L_{EX,8h}$——一天实际工作时间内接触噪声强度规格化到工作 8 h 的等效声级；

T_e——实际工作日的工作时间；

L_{Aeq,T_e}——实际工作日的等效声级；

T_0——标准工作日时间，8 h。

（4）每周 40 h 的等效声级。通过 $L_{EX,8h}$ 计算规格化每周工作 5 天（40 h）接触的噪声强度的等效连续 A 计权声级，见公式 5—25。

$$L_{EX,W} = 10\lg\left(\frac{1}{5}\sum_{i=1}^{n}10^{0.1(L_{EX,8h})_i}\right) \tag{5—25}$$

式中　$L_{EX,W}$——每周平均接触值；

$L_{EX,8h}$——一天实际工作时间内接触噪声强度规格化到工作 8 h 的等效声级；

n——每周实际工作天数。

（5）每周工作 5 d，每天工作 8 h，稳态噪声限值为 85 dB（A），非稳态噪声等效声级的限值为 85 dB（A）。每周工作 5 d，每天工作时间不等于 8 h，需计算 8 h 等效声级，限值为 85 dB（A）。每周工作不是 5 d，需计算 40 h 等效声级，限值为 85 dB（A），见表 5—4。

表 5—4　　工作场所噪声职业接触限值

接触时间	接触限值/dB（A）	备注
5 d/w（=8 h/d）	85	非稳态噪声计算 8 h 等效声级
5 d/w（≠8 h/d）	85	计算 8 h 等效声级
≠5 d/w	85	计算 40 h 等效声级

第五节　建筑施工场界噪声的监测

随着城市建设的发展，施工机械增多，建筑施工噪声广泛存在且普遍超过国家施工场界噪声限值，污染周围环境，干扰居民的正常生活。根据《建筑施工场界环境噪声排放标准》（GB 12523—2011）对建筑施工各个阶段进行噪声监测，可为建筑施工噪声污染防治提供依据。

1. 测量仪器

测量仪器为积分平均声级计或噪声自动监测仪。校准所用仪器应符合《电声学　声校准器》（GB/T 15173—2010）对 1 级或 2 级声校准器的要求。测量仪器和校准仪器应定期检定合格，并在有效使用期限内使用。每次测量前、后必须在测量现场进行声学校准，其前、后校准的测量仪器示值偏差不得大于 0.5 dB（A），否则测量结果无效。测量时传声器应加防风罩。测量仪器时间计权特性为快挡（即 F 挡）。

2. 监测点位

根据施工场地周围噪声敏感建筑物位置和声源位置的布局，测点应设在对噪声敏感建筑物影响较大、距离较近的位置。一般情况下，测点设在建筑施工场界外 1 m，高度为 1.2 m 以上的位置。当场界有围墙且周围有噪声敏感建筑物时，测点应设在场界外 1 m，高于围墙

0.5 m以上的位置，且位于施工噪声影响的声照射区域。当场界无法测量到声源的实际排放时，如声源位于高空、场界有声屏障、噪声敏感建筑物高于场界围墙等情况，测点可设在噪声敏感建筑物户外1 m处的位置。在噪声敏感建筑物室内测量时，测点设在室内中央，距室内任一反射面0.5 m以上，距地面1.2 m高度以上的位置，测量时受噪声影响方向的窗户应开启。

3. 测定方法

测量应选在无雨雪、无雷电天气，风速为5 m/s以下时进行。施工期间，测量连续20 min的等效A声级，夜间同时测量最大声级。

背景噪声测量时，要求测量环境不受被测声源影响，且其他声环境与测量被测声源时保持一致。测量时段内为稳态噪声时，测量1 min的等效声级。测量时段内为非稳态噪声时，测量20 min的等效声级。

背景噪声值比噪声测量值低10 dB（A）以上时，噪声测量值不修正。噪声测量值与背景噪声值相差为3~10 dB（A）时，噪声测量值与背景噪声值的差值修约后，按表5—5进行修正（噪声排放值=噪声测量值+修正值）。噪声测量值与背景噪声值相差小于3 dB（A）时，应按《环境噪声监测技术规范 噪声测量值修正》（HJ 706—2014）的有关规定执行。

表5—5　　$3\ dB \leqslant \Delta L_1 \leqslant 10\ dB$噪声测量结果修正表

差值（ΔL_1）/dB	3	4~5	6~10
修正值/dB	−3	−2	−1

4. 结果评价

各个测点的测量结果应单独评价。最大声级L_{Amax}直接评价。建筑施工过程中场界环境噪声不得超过表5—6规定的排放限值。

表5—6　　建筑施工场界环境噪声排放限值

昼间环境噪声排放限值/dB(A)	夜间环境噪声排放限值/dB(A)
70	55

夜间噪声最大声级不得高于70 dB(A)。当场界距噪声敏感建筑物较近，其室外不满足测量条件时，在噪声敏感建筑物室内测量的结果昼间不得超过60 dB(A)，夜间不得超过45 dB(A)。

第六节　机动车辆噪声和机场周围噪声的监测

一、机动车辆噪声的测量

机动车辆包括各类汽车、摩托车、轮式拖拉机等。机动车辆噪声是一个包括各种性质噪声的综合噪声源，其主要噪声源有发动机、冷却系统、排气系统、进气系统、传动系统及轮胎。不同类型汽车噪声的特性及各噪声源所占整车噪声能量的比率差异很大。以往的研究结果表明：发动机噪声所占的比重最大，其次是车辆高速行驶时产生的轮胎噪声。为了有效地控制公路交通噪声，提高汽车乘坐舒适性，降低对驾乘人员及公路周围人员的听觉损害，我国制定了许多测试规范，对机动车辆的车内噪声、加速行驶车外噪声及定置噪声的测量进行了具体规定。

1. 车内噪声测量

车内噪声是影响乘员的舒适性、听觉损害程度、语言清晰度以及对车外各种音响信号识别能力的重要因素。ISO、欧盟、美国、日本等制定了匀速行驶车内噪声试验方法及车辆加速行驶和车辆静止状态下发动机加速工况和怠速工况时，车内噪声对车内各个区域位置影响的测量方法。

2. 加速行驶车外噪声测量

由于加速行驶车外噪声测量能反映出机动车辆在常用工况下车辆的最大噪声，特别是在市区行驶时的最大噪声，目前大部分工业国家将加速行驶车外噪声列入机动车辆定型试验的必测项目，将其作为考核机动车辆整车噪声的主要指标，其值也基本反映了各国在控制机动车辆噪声方面所达到的技术水平。我国已制定了《汽车加速行驶车外噪声限值及测量方法》（GB 1495—2002）、《三轮汽车和低速货车加速行驶车外噪声限值及测量方法（中国Ⅰ、Ⅱ阶段）》（GB 19757—2005）、《摩托车和轻便摩托车加速行驶噪声限值及测量方法》（GB 16169—2005）等机动车辆整车噪声测试的方法。目前，国外更倾向于对车速较高的汽车按照高速公路限定的最高车速进行以评价轮胎噪声为目的的高速行驶噪声试验，国际标准化组织正在开展此项研究工作。

3. 车辆定置状态噪声测量

车辆定置噪声测量主要是针对排气噪声和发动机噪声的测量，在加速行驶噪声测量中，安装排气管一侧的噪声值往往比另一侧大 1~2 dB（A），这说明在车辆综合噪声中排气噪声占有不可忽视的分量。我国已制定了《声学 机动车辆定置噪声声压级测量方法》（GB/T 14365—2017）、《摩托车和轻便摩托车定置噪声排放限值及测量方法》（GB 4569—2005）等方法对各种车辆定置状态噪声进行测量。由于测量场地要求较低，测试简便、时间短，车辆定置状态噪声测量在车辆制造厂对新车噪声的检测、车辆管理部门对车辆噪声的检测监督，维修调试人员对发动机和消声设备状态的判断等方面有广泛应用。

二、机场周围噪声的监测

对于机场周围区域内的地面噪声，执行《声环境质量标准》（GB 3096—2008），而与五类声环境功能区有重叠的机场周围区域，执行《机场周围飞机噪声环境标准》（GB 9660—1988），并按《机场周围飞机噪声测量方法》（GB 9661—1988）进行测量。《机场周围飞机噪声测量方法》（GB 9661—1988）适用于测量机场周围由于飞机起飞、降落或低空飞行时所产生的噪声。测量方法分为精密测量和简易测量两类：精密测量是通过声级计将飞机噪声信号送到测量录音机，并将其记录在磁带上，然后在实验室按原速回放录音信号并对信号进行频谱分析；简易测量是只经频率计权的测量，最后对所取信号进行分析处理，从而确定有效感觉噪声级 L_{EPN}。标准中包含三方面的内容，即测量单个飞行事件引起的噪声，测量一系列相继飞行事件引起的噪声，在一段监测时间内测量飞行事件引起的噪声。这里介绍简易测量。

1. 监测点位

用网格法布置机场周围测点，在主航天道下按不大于 1 km 间隔，侧向按不大于 500 m 划成网格，在网格内取户外开阔平坦处为测点。测量传声器应高于地面 1.2 m，离其他反射壁面 1 m 以上，注意避开高压电线和大型变压器。所有测量都应使传声器膜片基本位于飞机标称飞行航线和测点所确定的平面内。在机场的近处应当使用声压型传声器，其频率响应的平直部分要达到 10 kHz。为保证获得可靠的测量结果，要求测量的飞机噪声级最大值至少超过环境背景噪声级 20 dB。

2. 测定方法

测量应在无雨、无雪天气下进行，地面上 10 m 高处的风速应不大于 5 m/s，相对湿度应不超过 90%且不小于 30%。使用精度不低于 2 型的声级计或机场噪声监测系统及其他适当仪器。测量时，声级计接声级记录器，或用声级计和测量录音机连接。读 A 声级或 D 声级最大值，记录飞行时间、状态、机型等测量条件。读取一次飞行过程的 A 声级最大值，一般用慢响应，在飞机低空高速通过及离跑道近处的测量点用快响应。当用声级计输出与声级记录器连接时，记录器的笔速对应于声级计上的慢响应为 16 mm/s，快响应为 100 mm/s。在记录纸上要注明所用纸速、飞行时间、状态和机型。没有声级记录器时可用录音机录下飞行信号的时间历程，并在录音带上说明飞行时间、状态、机型等测量条件，然后在实验室进行信号回放分析。

3. 结果评价

通过制作等值线图，评价机场周围飞机噪声的情况。在网格法布置的机场周围测点上，按上述方法进行监测，记录不同时间段的飞行次数，求出 L_{WECPN}（计权等效连续感觉噪声级），然后以 5 dB 为间隔，绘制机场周围飞机噪声等值线图，最低等值线的噪声级应小于或等于 70 dB。

第七节　城市区域环境振动的测量方法

由于各种机械设备及交通运输工具所产生的环境振动对人们正常的工作、生活都会产生较大的影响，我国已制定了《城市区域环境振动标准》（GB 10070—1988）和《城市区域环境振动测量方法》（GB 10071—1988）。在测量城市区域环境振动时，振源应处于正常工作状态，应避免足以影响环境振动测量值的其他环境因素，如温度剧变、强电磁场、强风、地震或其他非振动污染源引起的干扰。

1. 监测点位

环境振动的测量一般测量 1~80 Hz 范围内的振动，并在 x、y、z 三个方向分别测量。如要精确测定人体受振动的情况，振动测点应该尽可能选在振动物体与人体接触的地方。在房间内测量振动时，在地面中心附近几点测量，然后取平均。对振动源的测量则应该在其基础上及其附近测量。当测量公路两侧由于机动车辆驶过引起的振动时，测点应该选在公路边缘处。具体的点位布设方法如下：

（1）室内振动：在室内居中位置选取测点。

（2）室外振动：在受干扰的城郊居住区、机关、学校、医院等环境，在室外距建筑物外墙 1 m 处选择测点。对于建筑稠密区的测点，距外墙距离可缩短到 0.5 m。

（3）工厂厂界振动：在工厂法定边界线上布置测点，若工厂有围墙，则在围墙外 1 m 处布点。

（4）铁路振动：距铁路中心线 7.5 m 处选择测点，若要掌握铁路振动传播规律和影响，则在 15 m、30 m 处增加测点。

（5）交通干线振动：应在公路便道上距公路边缘 0.5 m 处（距路口距离应大于 50 m）选择测点，若要掌握公路振动传播及影响，则在距边缘 2.5 m、5 m、10 m 处增加测点。

（6）建筑施工振动：应在规定的工地边界上选择测点。

2. 拾振器的安装

在振动测量中，拾振器的灵敏度可低至 10^{-4} g，高至 10^{5} g；其频率宽度可达 0.01 Hz~100 kHz。安装使用时应注意下述几点：

（1）拾振器灵敏度主轴方向应与测量方向一致。

（2）确保拾振器平稳地安放在平坦、坚实的地面上，要避开草地、田地等柔软的地表面。否则，应先除草，并将土地充分踩实后再放置拾振器。

（3）传感器须妥帖、牢固地安装在被测物件上，否则除了传感器自身固有的共振峰外，又附加了稍低频率范围内的共振峰。如放置在混凝土、金刚板等坚硬面上时，不得晃动，表面易滑时，使用橡皮泥粘牢。

（4）要考虑传感器本身质量的影响问题，例如对薄板的振动测量将会引起测量值的降低。

（5）传感器的下限频率因低到几赫，甚至百分之几赫，故其后的信号放大器必须满足低频要求。如果测量振动频谱时，须配用低通带滤波器。

3. 测量及读数方法

因环境振动中垂直振动大于水平振动 10 dB 左右，所以测量一般只取铅垂向 z 振级，在特殊情况下考虑水平振动级。

各种振动类型的读数方法如下：

（1）稳态振动。鼓风机、空压机等正常运转时，属于稳态振动，每个测点测量一次，取 5 s 内的平均值。

（2）冲击振动。对于打桩机或自由锻造等工作引发的重复性冲击振动，先读取每次冲击过程的最大示数，再以 10 次读数的算术平均值作为评价量。

（3）无规则振动。每个测点等间隔地读取瞬时示数。采样间隔不大于 5 s，连续测量时间不少于 1 000 s，以测量数据的 VL_{z10} 值作为评价量。

（4）间歇振动（铁路振动）。原则上不分上行和下行列车，对连续通过的 20 列列车读取该处每次通过列车的峰值振级，以 20 次读数的算术平均值作为评价量。

4. 测量数据记录和处理

要填写环境振动测量记录表，并画出测点分布示意图，在图上标出测点与主要振动源的相对方位和距离及测点周围的环境条件，如公路交通干线的铁路走向、附近的工厂及车间的分布等。

当测量对象的振动指示值和本底振动（指测量对象以外的，在该测量场所发生的振动）指示值的差小于 10 dB 时，应将测量对象的振动指示值减去相应的修正值，见表 5—7。

表 5—7　振动指示值的修正

本底值指示值的差/dB	3	4	5	6	7	8	9
修正值/dB	3	2	2	1	1	1	1

当指示值与本底值相差 10 dB 以上时，则认为振动对象不受本底振动的影响。

练　习　题

一、选择题

1. 从声级计上可直接读取的参量有（　　）。

A. 声压值　　B. 声功率值　　C. 声压级值　　D. 声强值

2. 如一声压级为 70 dB，另一声压级为 50 dB，则总声压级为（　　）dB。

A. 70　　B. 73　　C. 90　　D. 120

3. （　　）声级基本上与人耳的听觉特性吻合。

A. A　　B. B　　C. C　　D. D

4. 环境振动测量一般是测量（　　）Hz 范围内的振动。

A. 1～20　　B. 20～80　　C. 1～80　　D. 1～1 000

5. 振动测量时，使用测量仪器最关键的问题是（　　）。

A. 选用拾振器　　B. 校准仪器　　C. 拾振器如何在地面安装

6. 各类声环境功能区夜间突发噪声，其最大值不准超过标准值（　　）dB。

A. 10　　B. 20　　C. 15　　D. 5

二、判断题

1. 噪声测量时段一般分为昼间和夜间两个时段，昼间为 18 h，夜间为 6 h。（　　）

2. 风罩用于减少风致噪声的影响和保护传声器，故户外测量时传声器应加防风罩。（　　）

3. 当某噪声级与背景噪声级之差很小时，则感到很嘈杂。（　　）

4. 一般以 x 方向测量的振动加速度级作为环境振动的评价量。（　　）

5. 环境噪声测量时，传声器应水平放置，高度在 1.2 m 以上。（　　）

6. 无论采用何种方法进行噪声测量，测量前后均需对测量仪器进行校准，测量前后灵敏度相差不得大于 0.5 dB。（　　）

7. 测量稳态振动时，每个测点测量一次，取 5 s 内的平均值。（　　）

8. 噪声测量应在无雨雪、无雷电天气，风速 5 m/s 以下时进行，以减除气候条件对噪

声测量结果的影响。 （ ）

三、简答题

1. 简述声压、声压级和声级的含义。
2. 简述 L_{10}、L_{50}、L_{90}的含义。
3. 用分贝（dB）表示声学的基本量有哪些？
4. 了解城市噪声污染的空间分布规律时，可选择哪种测量方法？其测定要点是什么？

四、计算题

1. 正常人耳刚能听到的最微弱的声音的声压是 2×10^{-5} Pa，求其声压级 L_p。

2. 三个相同的噪声源，每个噪声源的声压级均为 80 dB，求总声压级。

3. 有五个声源作用于一点，声压级分别为 81 dB、87 dB、66 dB、84 dB、81 dB，则合成总声压级为多少？

4. 某工厂设备不工作时，厂界噪声值为 63 dB(A)，当工厂设备全运转时，厂界噪声值为 73 dB（A），求该工厂设备产生的噪声值。

5. 某工人一天工作 8 小时，有 2 小时接触噪声 82 dB，3 小时接触噪声 86 dB，有 2 小时接触噪声 94 dB，另外 1 小时接触噪声 102 dB。试计算 1 天 8 小时内等效连续声级。

6. 假设南京市某路段区交通噪声测量值见表 5—8，试计算其等效连续声级。

表 5—8 南京市某路段区交通噪声测量值

测点	1	2	3	4	5
L_{eq}/dB	65.0	67.0	64.0	65.0	67.0
路段长 L/m	450	420	680	520	630

第六章

环境自动监测系统

本章学习目标

1. 了解水质自动监测系统、空气质量自动监测系统和固定源烟气排放连续自动监测系统的监测项目和监测方法。

2. 了解环境自动监测系统运行维护的要求。

3. 了解噪声自动监测系统的构成、监测项目和运行维护管理的要点。

环境中污染物质的浓度和分布是随时间、空间、气象条件及污染源排放情况等因素的变化而不断改变的。由于定时、定点人工采样测定结果不能确切反映污染物质的动态变化规律，为了及时获得污染物质在环境中的动态变化信息，正确评价污染状况，并为研究污染物扩散、转移和转化规律提供依据，20 世纪 70 年代初，一些国家和地区相继建立了常年连续工作的大气污染、水质污染等连续监测系统，使环境监测工作向连续自动化方向发展。

我国于 20 世纪 80 年代在北京、上海等 15 个城市相继建立地面大气自动监测站，之后又在黄浦江、天津引滦进津河段及宝钢、吉化等大型企业的给排水系统建立了水质连续自动监测系统。

在 2006 年颁布的政策法规《环境监测技术路线》中，空气监测技术路线、地表水监测技术路线、固定污染源监测技术路线等都明确规定“以自动在线监测技术为主导”。环境噪声监测技术路线规定运用具有自动采样功能的环境噪声监测设备，对各种噪声监测对象进行监测，同时在全国建成功能完善的城市环境噪声监测网络和重点交通源的自动监测网络系统。目前，环境自动监测系统在大中城市的环境监测站以及工矿企业应用越来越广泛，并且该种自动监测系统是与常规的监测方法完全不同的自动化工作系统。

总之，无论从环境监测工作的客观需要角度来讲，还是从国家政策角度来讲，环境自动监测都代表了环境监测工作未来的发展方向。

第一节　水质自动监测系统

水质自动监测系统分为地表水和废水监测系统。

水质在线自动监测系统是一套以在线自动分析仪器为核心，运用现代传感器技术、自动测量技术、自动控制技术、计算机应用技术以及相关的专用分析软件和通信网络而组成的一个综合性的在线自动监测系统。

为了及时掌握水质变化情况，控制污染物的总量排放，为实施各项环境管理手段提供技术支持，水质自动监测系统可以连续、自动地测定几个项目。

一、地表水水质自动监测系统

地表水水质自动监测是对地表水样品进行采集、处理、分析及数据传输的整个过程，这个过程由地表水水质自动监测系统来完成。地表水水质自动监测系统由自动监测站和自动监测数据平台组成。自动监测站是完成地表水水质自动监测的现场部分，一般由站房、采配水、控制、检测、数据传输等全部或数个单元组成，简称水站。自动监测数据平台是对水站进行远程监控、数据传输统计与应用的系统，简称数据平台。

（一）监测项目

监测项目可分为必测项目和选测项目，一般根据监测目的、水质特点来确定，见表 6—1。对于选测项目，应根据水体特征污染因子、仪器设备适用性、监测结果可比性以及水体功能进行确定。仪器不成熟或性能指标不能满足当地水质条件的项目不应作为自动监测项目。

表 6—1　　地表水水质自动监测站必测项目与选测项目

水体	必测项目	选测项目
河流	常规五参数、高锰酸盐指数、氨氮、总磷、总氮	挥发酚、挥发性有机物、油类、重金属、粪大肠菌群、流量、流速、流向、水位等
湖、库	常规五参数、高锰酸盐指数、氨氮、总磷、总氮、叶绿素 a	挥发酚、挥发性有机物、油类、重金属、粪大肠菌群、藻类密度、水位等

其中常规五参数为水温、pH、溶解氧、电导率和浊度。

叶绿素 a、总磷、总氮、高锰酸盐指数和透明度可作为湖泊、水库营养状态评价指标。其他项目可依照《地表水环境质量标准》（GB 3838—2002）作为 24 个地表水水质评价指标中的一部分参与评价地表水水质。

（二）监测项目的分析仪器技术要求与监测方法

原则上执行国家生态环境部、EPA（USA）和 EU 认可的仪器分析方法，并按照国家应生态环境部批准的水质自动监测技术规范进行。

生态环境部已批准施行的水质自动监测项目分析仪器技术要求见表 6—2，监测方法见表 6—3。

表 6—2　　地表水水质自动监测项目及分析仪器技术要求

项目	标准名称
温度	—
pH	pH 水质自动分析仪器技术要求（HJ/T 96—2003）
溶解氧	溶解氧（DO）水质自动分析仪技术要求（HJ/T 99—2003）
电导率	电导率水质自动分析仪技术要求（HJ/T 97—2003）
浊度	浊度水质自动分析仪技术要求（HJ/T 98—2003）
高锰酸盐指数	高锰酸盐指数水质自动分析仪技术要求（HJ/T 100—2003）
氨氮	氨氮水质自动分析仪技术要求（HJ/T 101—2003）
总磷	总磷水质自动分析仪技术要求（HJ/T 103—2003）
总氮	总氮水质自动分析仪技术要求（HJ/T 102—2003）
叶绿素 a	—
总有机碳	总有机碳（TOC）水质自动分析仪技术要求（HJ/T 104—2003）
六价铬	六价铬水质自动在线监测仪技术要求（HJ 609—2011）
铅	铅水质自动在线监测仪技术要求及检测方法（HJ 762—2015）
镉	镉水质自动在线监测仪技术要求及检测方法（HJ 763—2015）

表 6—3　　地表水水质自动监测项目及监测方法

项目	监测方法
温度	热敏电阻法
pH	玻璃电极法
溶解氧	电化学探头法
电导率	电极法
浊度	分光光度法
高锰酸盐指数	酸性高锰酸盐氧化-库仑滴定法
氨氮	纳氏试剂比色法/水杨酸光度法
总磷	分光光度法
总氮	紫外分光光度法
叶绿素 a	分光光度法/荧光法
总有机碳	非分散红外线吸收法
六价铬	二苯碳酰二肼分光光度法
铅	双硫腙分光光度法
镉	双硫腙分光光度法

（三）系统的运行维护

地表水水质自动监测系统运行维护包括定期开展水站例行维护、保养检修、故障检修、停机维护与数据平台日常管理与记录等。

1. 例行维护的技术要求

例行维护包括站房环境检查、仪器与系统检查、易损件更换、耗材更换、试剂更换、管路清洗等工作。运行维护单位定期对水站进行巡检，巡检频次不得低于每周一次，并记录巡检情况。每次对水站巡检时应进行以下工作：

（1）查看各台分析仪器及辅助设备的运行状态和主要技术参数，判断运行是否正常。检查仪器供电、过程温度、搅拌电机、传感器、电极以及工作时序等是否正常，检查有无漏液，检查管路里是否有气泡等。定期清洗常规五参数、叶绿素及蓝绿藻电极。

（2）依据仪器运行情况、断面水质状况和水站环境条件制定易耗品和消耗品（如泵管、接头、密封件等）的更换周期，并保证在耗材使用到期前完成更换。如果需要更换零配件（如电极等），应备有库存，保证及时更换。

（3）检查试剂状况，定期添加、更换试剂。所用纯水和试剂须达到相关技术要求，更换周期不得超过操作规程或仪器说明规定的试剂保质期，室内温度较高时应缩短更换周期。每次更换主要试剂后应按相应操作规程或仪器说明重新校准仪器。试剂配制工作应由有资质的实验室完成，提供试剂来源证明，并张贴标签。

（4）及时整理站房及仪器，完成废液收集并按相关规定要求做好处理处置工作，且留档备查。保持水站站房及各仪器干净整洁，及时关闭门窗，避免日光直射各类分析仪器。

（5）检查采水系统、配水系统是否正常，如采水浮筒固定情况、自吸泵运行情况等。定期清洗采配水系统，包括采水头、吊桶、泵体、沉砂池、过滤头、样水杯、阀门、相关管路等，对于无法清洗干净的应及时更换。

（6）检查水站电路系统是否正常，接地线路是否可靠，检查采样和排液管路是否有漏液或堵塞现象，排水排气装置工作是否正常。

（7）检查站房空调及保温措施，确保温度稳定。检查水泵及空压机固定情况，避免仪器振动。检查空压机、不间断电源（UPS）、除藻装置、纯水机等辅助设施运行状态，及时更换耗材，并排空空压机积水。

（8）检查工控机运行状态，查看有无中毒现象，至少每季度备份一次现场数据及控制软件。检查仪器与系统的通信线路是否正常，模拟量传输的数据偏差是否符合要求。

（9）站房周围的杂草和积水应及时清除，检查防雷设施是否可靠，站房是否有漏雨现象，站房外围的其他设施是否损坏或被水淹。如遇到以上问题应及时处理，保证系统安全运行。在封冻期来临前做好采水管路和站房保温等维护工作。

（10）做好日常例行维护工作记录，重要的工作内容应拍照存档。

2. 保养检修的技术要求

根据系统运行的环境状况，在规定的时间对系统正在运行的仪器设备进行预防故障发生的检修。在有备用仪器作为保障时，应用备用仪器将水站中正在运行的监测分析仪器设备替换下来，送往实验室进行保养检修。如没有备用仪器保障时，可在现场进行保养检修。保养检修计划应根据系统仪器设备的配置情况和设备使用手册的要求制定。

（1）水站的监测仪器设备每年至少进行 1 次保养检修。

（2）按厂家提供的使用和维修手册规定的要求，根据使用寿命，更换监测仪器中的光源、电极、蠕动泵、传感器等关键零部件。

（3）对仪器进行液路检漏和压力检查，对光路、液路、电路板和各种接头及插座等进行检查和清洁处理。

（4）对仪器的输出零点和满量程进行检查和校准，并检查仪器的输出线性。

（5）在每次全面保养检修完成后，或更换仪器中的光源、电极、蠕动泵、传感器等关键零部件后，必须对仪器重新进行校准和检查，并记录检修校准情况。

3. 故障检修的技术要求

故障检修是指对出现故障的仪器设备进行针对性检查和维修。故障检修应做到以下几点：

（1）根据所使用的仪器特点和厂商提供的维修手册，制定常见故障的判断和检修作业指导书。

（2）对于在现场能够诊断明确，且可通过更换备件解决的问题（如电磁阀控制失灵、泵管破裂、液路堵塞和光源老化等问题），应在现场进行检修。

（3）对于其他不易诊断和检修的故障，应采用备用仪器替代发生故障的仪器，将发生故障的仪器或配件送实验室或仪器厂商进行检查和维修。

（4）在每次故障检修完成后，根据检修内容和更换部件情况，对仪器进行校准。对于普通易损件（如更换泵管、散热风扇、液路接头或接插件等）的维修，至少做标液校准。对于关键部件（如对运动的机械部件、光学部件、检测部件和信号处理部件）的维修，按仪器标准规范要求进行标准曲线和精密度检查。所有检修内容均按要求做好记录备查。

4. 停机维护的技术要求

（1）短时间停机（停机时间小于 24 h）。一般关机即可，再次运行时仪器须重新校准。

（2）长时间停机（连续停机时间超过 24 h）。当分析仪需要停机 24 h 或更长时间时，关闭分析仪器和进样阀，关闭电源。用纯水清洗分析仪器的蠕动泵以及试剂管路，清洗测量室并排空。务必取下测量电极并将电极头浸入保护液中存放。再次运行时仪器须重新校准。

5. 数据平台日常管理

数据平台必须安排人员对设备运行和水质情况进行了解，每天上午和下午通过数据平台软件远程调看水站监测数据至少各 1 次，根据情况组织开展巡检、核查、维修等工作，保障水站正常、安全运行。数据平台日常管理工作包括以下内容：

（1）检查各水站数据传输、仪器及相关系统参数数据情况，发现问题，及时处理。

（2）发现数据有持续异常值出现时，立即安排技术人员前往现场进行调查，必要时采集实际水样进行人工分析。

（3）调取并分析水站监测数据。

（4）上报监测结果。

（5）确保在用和备份计算机系统的硬、软件正常运行，定时对系统软件、水质监测软件、查杀毒软件进行升级更新，每季度备份一次系统监测数据。

（6）做好数据平台日常管理工作记录。

6. 记录

在自动监测系统运行中，对仪器性能核查、巡检、备品备件更换、校准、维修、试剂配制及数据平台日常工作等进行记录，保证涉及各项工作内容的记录完整、全面、准确。对出现的问题和处理描述需翔实、连续、有结论或有处理结果。相关记录表格样式可参见《地表水自动监测技术规范（试行）》（HJ 915—2017）附录 C。

二、污水自动监测系统

污水自动监测系统的组成结构与地表水水质自动监测系统大同小异。其监测项目可由国家总量控制项目决定，国家总量控制项目为 COD、石油类、氰化物、砷、汞、六价铬、铅和镉。其他项目根据环境管理的需要可增加氨氮、总氮和总磷。相关指标有常规五参数和污水流量。为了更好地控制污染物的总量排放，需要在水污染源安装化学需氧量（COD_{Cr}）水质在线自动监测仪、总有机碳（TOC）水质自动分析仪、紫外（UV）吸收水质自动在线监测仪、氨氮水质自动分析仪、总磷水质自动分析仪、pH 水质自动分析仪、温度计、流量计、水质自动采样器、数据采集传输仪等设备。

这些在线监测仪器一般安装在监测站房中，它们一起组成了水污染源在线监测系统。

一部分污水自动监测系统监测的项目与地表水水质自动监测的项目相同，如常规五参数、氨氮、总氮和总磷等，还有一些监测项目与地表水水质自动监测不同，见表 6—4。

表 6—4　　水污染自动监测部分项目及监测方法

监测项目	分析方法
化学需氧量	化学滴定法/分光光度法
石油类	红外法/荧光法

水污染源在线监测系统的建设、安装、调适，监测系统的验收，数据有效性的判别，以及系统的运行和考核等，可依据现行的技术规范执行，如《水污染源在线监测系统安装技术规范（试行）》（HJ/T 353—2007）、《水污染源在线监测系统验收技术规范（试行）》（HJ/T 354—2007）、《水污染源在线监测系统运行与考核技术规范（试行）》（HJ/T 355—2007）、《水污染源在线监测系统数据有效性判别技术规范（试行）》（HJ/T 356—2007）。

第二节　空气质量自动监测系统

空气质量连续自动监测系统是一套区域性空气质量的实时监测网络，一般由中心站、若干固定监测子站、流动监测子站、质量保证实验室和系统支持实验室组成。其中，中心站负责收集监测子站的数据和信息，并对采集的数据进行统计、分析，同时还要远程监控子站的运行。监测子站是整个系统的基础，由采样系统、污染物监测仪、校准设备、气象监测仪、计算机/数据采集器等组成，主要负责采样和分析，并按中心站要求上传数据。流动监测子站作为固定监测子站的补充，弥补后者覆盖不到的地方。质量保证实验室是系统质量保证工作的核心，主要负责监测设备的标定、校准、审核以及质量控制措施的制定和落实。系统支持实验室负责系统仪器设备的日常保养、维护、检修，以确保系统可以维持正常运转。

一、监测项目与监测仪器

监测空气污染的子站监测项目分为两类：一类是温度、湿度、大气压、风速、风向及日照量等气象参数；另一类是二氧化硫、二氧化氮、臭氧、一氧化碳、PM_{10}、$PM_{2.5}$等污染参数。

空气质量自动监测系统的监测仪器有点式分析仪器和开放光程分析仪器。点式分析仪器是指在固定点上通过采样系统将环境空气采入并测定空气污染物浓度的监测分析仪器，这类仪器由采样系统、大气污染物监测仪、气象监测仪、校准设备、数据采集系统和子站支持系统等构成，可以监测二氧化硫、二氧化氮、一氧化碳、臭氧和大气颗粒物等。

开放光程分析仪器是采用发射端发射光束经开放环境到接收端的方法测定该光束光程上平均空气污染物浓度的仪器，这类仪器属于非接触测量，没有采样系统，由 DOAS（差分吸收光谱技术）气体监测仪、大气颗粒物监测仪、数据采集系统和子站支持系统等构成，比点式监测仪器简单，可监测除 CO 以外的二氧化硫、二氧化氮、臭氧等二三十种气体污染物。

二、监测方法

根据空气自动监测仪器的类别可将监测系统分为点式连续监测系统和开放光程连续监测系统。监测系统的分析方法见表 6—5。

表 6—5　　监测系统的分析方法

监测项目	点式分析仪器	开放光程分析仪器
SO_2	化学发光法	差分吸收光谱法
NO_2	紫外荧光法	差分吸收光谱法
O_3	紫外吸收法	差分吸收光谱法
CO	非分散红外吸收法/气体滤波相关红外吸收法	差分吸收光谱法
PM_{10}	重量法	差分吸收光谱法
$PM_{2.5}$	重量法	差分吸收光谱法

与空气自动监测相关的标准见表 6—6。

表 6—6　　与空气自动监测系统相关的标准

监测项目	标准
环境空气气态污染物（SO_2、NO_2、O_3、CO）	连续自动监测系统安装验收技术规范（HJ 193—2013）
	连续自动监测系统技术要求及检测方法（HJ 654—2013）
环境空气颗粒物（$PM_{2.5}$、PM_{10}）	连续自动监测系统技术要求及检测方法（HJ 653—2013）
	连续自动监测系统安装和验收技术规范（HJ 655—2013）

三、自动监测系统的维护管理

（一）监测子站例行巡检

例行巡检的目的是实地检查采样系统（或光路）、监测仪器和子站房是否正常。每周至少应巡检一次，当实际运行情况需要时还应增加巡检的次数。检查时应按照巡检表的要求逐项检查并记录。

1. 站房外检查

对于点式监测仪器，主要检查：①采样亭周围是否被新建的建筑物和树木阻挡、吸附；②房顶采样头、管路是否松动；③采样亭周围是否新发现局部污染源等。

对于开放光程监测仪器，应检查：①光程上是否有树木或其他物体遮挡光路；②光程附近是否新发现局部污染源等；③避雷设施、气象杆、天线等也需要进行检查。

2. 站房内检查

检查室内环境状态是否正常，如温、湿度是否符合要求，空调器是否正常。检查房屋有无破损、漏雨等问题。还要查看供电是否安全，并保持房间、仪器、设备等清洁。

仪器工作状况是巡检的重点，主要检查：①仪器状态，如内部诊断数据、监测数据等；②检查标气消耗情况；③PM_{10}纸带、样品采集是否正常；④点式监测仪器应检查 SO_2、NO_2 零点移量是否超出规定。冬夏季室内外温差较大时应注意采样管内壁吸附 SO_2、NO_2、颗粒物的影响。

（二）定期预防维护

预防维护是为了发现和处理仪器设备的潜在问题，避免这些问题引起系统故障。维护周期应符合表 6—6 中所列的环境空气质量自动监测技术规范的规定。预防维护包括子站和中心站的维护。

1. 监测子站预防维护

点式监测仪器的维护工作主要有以下内容：

（1）检查和更换 SO_2、NO_2 和颗粒物分析仪器的过滤膜。先检查新滤膜是否完好，有无破损、穿孔，然后停掉气泵换新滤膜。

（2）清洗 SO_2、NO_2 总管和支管，清洗完要测漏合格。清洗 PM_{10}、$PM_{2.5}$ 采样头及采样总管到分析仪器之间的管线。

（3）清洗空压机进气过滤网并测试空压机启停压力是否正常。

（4）清洗空调设备过滤网。

（5）按照仪器设备使用说明书要求清洗或更换其他部件。

（6）仪器经过清洗、更换过滤元件后必须对分析仪器重新标定和校准。如更换标气，应用新标气冲洗减压阀。

开放光程监测仪器的维护包括以下内容：

（1）氙灯的维护。一般使用 6~8 个月，就应考虑更换氙灯，以免影响监测的准确性。检查并清洁氙灯风扇。

（2）望远镜前窗镜、角反射镜的维护。一般 2~3 个月就应擦洗镜表面，具体擦洗频次可根据季节气候变化情况决定。

2. 监测中心站预防维护

监测中心站预防维护主要包括以下内容：

（1）中心站自身的预防维护。硬件方面，应定期维护计算机、调制解调器和打印机等设备。软件方面，定期对操作系统、应用软件和文件数据进行维护，应安装正版杀毒软件并开启实时监控和自动更新功能，定期对硬盘全面扫描。

（2）通过中心站远程检查监测子站运行情况。每天至少一次，通过数据通信软件对监测子站的监测数据和运行参数进行检查，以了解子站仪器设备是否正常运行以及数据和参数是否在正常范围内。

第三节　固定污染源烟气排放连续监测系统

一、监测系统构成

固定污染源烟气排放连续监测系统（CEMS）是指连续测定固定污染源排放烟气中污染物浓度和排放率的全部设备。烟气 CEMS 是由采样、测试、数据采集和处理三个子系统组成的监测体系。采样子系统采集、输送烟气，或使测试系统与烟气隔离，或滤去烟气中的颗粒物。测试子系统检测污染物，显示物理量或污染物浓度。数据采集、处理子系统采集并处理数据，控制自动操作、显示和打印各种参数、图表并通过数据、图文传输系统传输至管理部门。

二、监测指标

烟气 CEMS 在对固定污染源（锅炉、工业炉窑、焚烧炉等）进行测定时，测定时间不得小于总运行时间的 75%，每小时测定时间不得低于 45 min。

烟气 CEMS 由颗粒物监测单元、气态污染物监测单元、烟气参数监测单元、数据采集与处理单元组成。

烟气连续自动监测的项目指标有：温度、压力、流速或流量、湿度、含氧量、颗粒物浓度、SO_2 浓度和 NO_x 浓度等。同时需计算烟气中污染物排放速率和排放量，显示和记录各种数据和参数，形成相关图表，并通过数据、图文等方式传输至管理部门。对于氮氧化物监测单元，NO_2 可直接测量，也可通过转化炉转化为 NO 后一并测量，但不允许只监测烟气中的 NO。

三、监测系统的日常维护管理

（一）总体要求

CEMS 运维单位应根据 CEMS 使用说明书和《固定污染源烟气（SO_2、NO_x、颗粒物）排放连续监测技术规范》（JH 75—2017）的要求编制仪器运行管理规程，确定系统运行操作人员和管理维护人员的工作职责。运维人员应当熟练掌握烟气排放连续监测仪器设备的原理、使用和维护方法。

（二）日常巡检

CEMS 运维单位应根据《固定污染源烟气（SO_2、NO_x、颗粒物）排放连续监测技术规范》（JH 75—2017）和仪器使用说明中的相关要求制定巡检规程，并严格按照规程开展日常巡检工作并做好记录。日常巡检记录应包括检查项目、检查日期、被检项目的运行状态等内容，每次巡检应记录并归档。CEMS 日常巡检时间间隔不超过 7 d。

（三）日常维护保养

应根据 CEMS 说明书的要求对 CEMS 系统保养内容、保养周期或耗材更换周期等作出明确规定，每次保养情况应记录并归档。每次进行备件或材料更换时，更换的备件或材料的品名、规格、数量等应记录并归档。如更换有证标准物质或标准样品，还需记录新标准物质或标准样品的来源、有效期和浓度等信息。对日常巡检或维护保养中发现的故障或问题，系统管理维护人员应及时处理并记录。

（四）CEMS 的校准和校验

应根据《固定污染源烟气（SO_2、NO_x、颗粒物）排放连续监测技术规范》（JH 75—2017）中规定的方法和质量保证规定的周期制定 CEMS 系统的日常校准和校验操作规程。校准和校验记录应及时归档。

第四节　环境噪声自动监测系统

一、监测系统构成

环境噪声自动监测系统用于环境噪声的连续自动化监测，获得连续的瞬时信息，可提供声环境时间-声级变化曲线，为声环境质量评价，分析环境噪声污染特征及变化发展趋势提供基础数据。

系统由监测子站（户外单元）、中心控制室、质量保证支持实验室、网络和专用噪声处理软件等组成。

环境噪声自动监测系统的系统构成如图 6—1 所示。

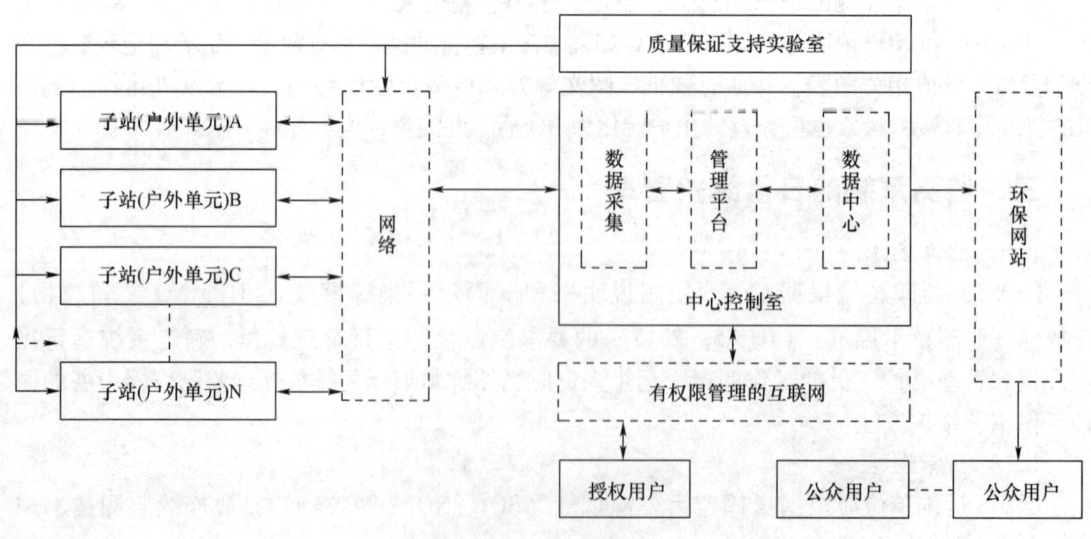

图 6—1　系统的结构

（一）噪声监测子站（户外单元）

监测子站的主要功能是对环境噪声等进行连续自动监测，采集、处理和存储监测数据，按中心控制室指令定时或随时向中心控制室传输监测数据和设备工作状态信息。

（二）中心控制室

主要功能是收集各子站监测数据和仪器工作状态信息，经判别、检查、存储、统计、分析等处理后，以图形、报表等形式，通过网络及时准确传输给上级主管部门。

（三）质量保证支持实验室

主要功能包括：①负责仪器设备的日常保养、维护、校准、运行和考核；②及时检修或更换发生故障的仪器设备。

（四）网络和专用噪声处理软件

主要功能是高效率地收集、整理、存储、传输数据，保证数据的安全可靠。

二、监测指标

环境噪声自动监测系统可监测区域环境噪声、交通沿线噪声，主要监测 L_p、L_{eq}、L_{max}、L_5、L_{10}、L_{50}、L_{90}、L_{95}、L_d、L_n、L_{dn} 等数据指标。

三、监测系统的运行与维护

监测系统的运行与维护应做到以下几点：

（1）有足够的备品、备件及备用仪器，并定期进行清点，根据实际需要进行增购，以不断调整和补充存储数量。

（2）每日检查各子站的运行状况。特殊天气（如雷电，大雨，强风等）过后，要对各子站进行巡查（或进行仪器校准），确保系统正常运行。

（3）每月至少进行一次系统运行状况与子站远程检查。

（4）每季度对子站进行一次巡检与传声器手工校准。

（5）仪器出现故障经检修与维护后，要重新对仪器进行校准。

（6）仪器设备每年至少进行一次性能审核和预防性检修。

（7）声级传声器每年送有资质机构检定一次。

（8）气象单元定期要送有资质的机构校验。

（9）每日检查中心控制室与各子站的数据传输状况是否正常。

（10）定期做好监测数据备份。

（11）做好系统相关各项工作记录，建立监测设备、系统运行档案。

（12）建立岗位责任制，操作人员经培训考核合格，持证上岗。

练　习　题

1. 地表水水质自动监测系统包括哪些过程？
2. 地表水水质自动监测如何选择监测项目？

3. 污水自动监测系统的监测项目与地表水水质自动监测系统的监测项目有何异同？
4. 空气质量自动监测系统的监测仪器有哪些种类？
5. 固定源烟气排放连续自动监测系统的监测指标有哪些类别？说明各类别的内容。
6. 噪声自动监测的系统构成是什么？
7. 试比较本章介绍的几种自动监测系统的运行维护要点。

第七章

环境监测的质量管理

本章学习目标

1. 了解环境监测质量保证体系的概念和意义。
2. 了解环境监测质量保证体系的基本要求。
3. 了解环境监测机构的认证与认可的内容与程序。
4. 熟悉并掌握环境监测质量控制的手段。

第一节 基本概念

一、环境监测的质量保证体系

（一）质量保证体系的概念

质量保证体系（QAS）属于质量管理学的范畴，它是指企业以提高和保证产品质量为目标，运用系统方法，依靠必要的组织结构，把组织内各部门、各环节的质量管理活动严密组织起来，将产品研制、设计制造、销售服务和情报反馈的整个过程中影响产品质量的一切因素统统控制起来，形成的一个有明确任务、职责、权限，相互协调、相互促进的质量管理的有机整体。

在质量管理学中，通常把用于内部管理的质量体系称为质量管理体系，把用于需方对供方提出外部证明要求的质量管理体系称为质量保证体系。在这种情况下，为履行合同、贯彻法令和进行评价，可能要求提供实施各体系要素的证明或证实。质量保证体系并非平等、独立于质量管理体系，可以说，质量保证体系是从质量管理体系中派生出来的。

（二）环境监测质量保证体系的作用

环境监测的“产品”是环境监测数据。环境监测数据的服务对象是政府、企事业单位、科学研究单位及社会公众，用以评价环境质量，进行污染源监控，作为建设项目环境影响评价、“三同时”项目验收、环境综合整治定量考核以及环境执法的依据等。环境监测数据的准确性与可靠性可以衡量“产品”质量的好坏。因此，环境监测的质量保证体系就是用来保证环境监测数据的准确性与可靠性的。

（三）环境监测质量保证体系的内容

环境监测的质量保证是整个环境监测过程的全面质量管理。在管理学中，全面质量管理是由质量管理规划（QM）、质量保证（QA）和质量控制（QC）三部分组成的整体。其中，质量保证是一项有计划的系统活动，目的是使环境监测数据的用户确信环境监测单位能保证有效地完成每一项具体的控制任务。质量控制也是一项有计划的系统活动，其目的是通过对监测过程中每一个环节实施有效控制以提供给用户符合一定质量要求的监测数据。

根据《环境监测质量管理技术导则》（HJ 630—2011），质量保证（QA）指为了提供足够的信任表明实体能够满足质量要求，而在质量体系中实施并根据需要进行证实的全部有计划和有系统的活动。质量控制（QC）指为了达到质量要求所采取的作业技术或活动。

二、监测数据的五性

为了使环境监测的数据能够准确地反映环境质量的现状，预测污染的发展趋势，要求环境监测数据具有代表性、准确性、精密性、可比性和完整性。环境监测数据的“五性”是环境监测质量保证体系的必然结果和具体体现。

1. 代表性（representation）

代表性是指在具有代表性的时间、地点，按规定的采样要求采集有效样品。所采集的样品必须能反映环境质量的真实状况，所得到的监测数据能真实代表某污染物在环境中的存在状态以及环境质量状况。

由于污染物在环境中的排放并不是均匀的、有规律的，同时环境条件中的某些参数也并不是一成不变的，所以污染物在环境中的分布也不可能是均匀连续的，因此必须充分考虑所测污染物的时间分布和空间分布，通过优化采样点位的布设以及优化采样频次，使所采集的环境样品具有代表性。

2. 准确性（accuracy）

准确性指测定值与真实值的符合程度。从环境样品的现场采集、保存、运送，到实验室的样品分析、所得数据的分析与处理等所有环节都会影响监测数据的准确性。监测数据的准确性用准确度来表征。准确度用绝对误差或相对误差表示。

3. 精密性（precision）

在实际的监测分析过程中，样品的真实值无从得知，因此监测数据的准确性无从判断。一般通过监测数据的精密性使其可靠性得到保证。在一定的条件下，通过重复测定同一样品，若干次测定结果之间的一致程度反映了监测数据的精密性。精密性以监测数据的精密度表征，精密度通常用极差、平均偏差和相对平均偏差、标准偏差和相对标准偏差表示，其中，标准偏差在数理统计中属于无偏估计量而常被采用。

（1）平行性（replicability）。在同一实验室，当分析人员、分析设备和分析时间都相同时，用同一分析方法对同一样品进行双份或多份平行样测定，其结果之间的符合程度。

（2）重复性（repeatability）。在同一实验室，当分析人员、分析设备和分析时间中的任一项不同时，用同一分析方法对同一样品进行双份或多份平行样测定，其结果之间的符合程度。

（3）再现性（reproducibility）。用相同的方法，对同一样品在不同条件下获得的单个结果之间的一致程度。不同条件是指不同的实验室、不同的分析人员、不同的设备、不同（或相同）的时间。

4. 可比性（compatibility）

可比性是指在一定的置信度的情况下，用不同的测定方法测量同一环境样品中的某污染物时，一组测定数据与另一组测定数据是否具有等效性的特性。它要求各实验室之间对同一样品的监测结果应相互可比，也要求每个实验室对同一样品的监测结果在相关项目之间具有数据可比，相同项目在没有特殊情况时，历年同期的数据也要求具有可比性。在此基础上，还应通过标准物质和标准方法的准确度量值传递与追溯系统，以实现国际间、行业间、实验室间的数据一致性与可比性。

5. 完整性（completeness）

完整性强调工作总体规划的切实完成，即保证按预期计划取得在时间、空间上有系统性、周期性和连续性的有效样品，而且无缺漏地获得这些样品的监测结果及有关信息。

只有达到这“五性”质量指标的监测结果，才是真正准确可靠的数据，也才能在使用中具有权威性（authoritativeness）和法律性（lawfulness）。

第二节　环境监测质量保证体系的基本要求

一、组织机构

组织机构应满足以下要求：

（1）应有出具环境监测数据的资质，并在允许范围内开展工作，保证客观、公正和独立地从事环境监测活动，对出具的数据负责。

（2）有与其从事的监测活动相适应的专业技术人员和管理人员，关键岗位人员及其职责明确，具备从事环境监测活动所需要的仪器设备和实验环境等基础设施。其中，关键岗位人员指与质量体系有直接关联的人员，包括最高管理者、技术负责人、质量负责人、质量监督员、内审员、特殊设备操作人员、仪器设备管理人员、样品管理人员、档案管理人员、报告审核和授权签字人等。

（3）有保护国家秘密、商业秘密和技术秘密的程序，并严格执行。

二、质量体系

质量体系的基本要求如下：

（1）环境监测机构应建立健全质量体系，使质量管理工作程序化、文件化、制度化和规范化，并保证其有效运行。体系应覆盖环境监测活动所涉及的全部场所。

(2) 应建立质量体系文件，包括质量手册、程序文件、作业指导书和记录。

质量手册是质量体系运行的纲领性文件，阐明质量方针和目标，描述全部质量活动的要素，规定质量活动人员的责任、权限和相互之间的关系，明确质量手册的使用、修改和控制的规定等。

程序文件是规定质量活动方法和要求的文件，是质量手册的支持性文件，应明确控制目的、适用范围、职责分配、活动过程规定和相关质量技术要求，具有可操作性。

作业指导书是针对特定岗位工作或活动应达到的要求和遵循的方法。

记录包括质量记录和技术记录。质量记录是质量体系活动所产生的记录，技术记录是各项监测活动所产生的记录。

三、文件控制

应建立并保持质量体系文件的控制程序，保证文件的编制、审核、批准、标志、发放、保管、修订和废止等活动受控，确保文件现行有效。

四、记录控制

应建立适合本机构质量体系要求的记录程序，对所有质量活动和监测过程的技术活动及时记录，保证记录信息的完整性、充分性和可追溯性，为监测过程提供客观证据。

记录应清晰明了，不得随意涂改，必须修改时应采用杠改方法，电子存储记录应保留修改痕迹。应规定各类记录的保密级别、保存期和保存方式，防止记录损坏、变质和丢失。电子存储记录应妥善保存和备份，防止未经授权的侵入或修改。必要时，进行电子存储记录的存储介质更新，以保证存储信息能够读取。

五、质量管理计划

应制订年度质量管理工作计划，将所有质量管理活动文件化，明确质量管理的目标、任务、分工、职责和进度安排等。质量管理计划包括日常的各种质量监督活动、内部审核、管理评审、质量控制活动和人员培训等。

六、日常质量监督

日常质量监督应覆盖监测全过程，包括监测程序、监测方法、监测结果、数据处理及评价和监测记录等。对于监测活动的关键环节、新开展项目和新上岗人员等应加强质量监督。

七、内部审核

应根据预定的计划和程序实施内部审核（每年至少一次），以验证各项工作持续符合质量体系的要求。年度审核范围应覆盖质量体系的全部要素和所有活动。

审核中发现的问题应按程序采取纠正措施，并对实施情况适时跟踪和进行有效性评价。对潜在的问题，应采取有效的预防措施。

八、管理评审

最高管理者应根据预定的计划和程序，对质量体系进行评审（每年至少一次），以确保其持续适用和有效，并进行必要的改进。最高管理者应确保管理评审的建议在适当和约定的期限内得到实施。

九、纠正措施、预防措施及改进

在确认监测活动不符合质量或技术要求时，应纠正或采取纠正措施。在确定了潜在不符合的原因后，应采取预防措施，以减少类似情况的发生。通过实施纠正措施或预防措施等持续改进质量体系。

十、对外委托监测

需将监测任务委托其他机构时，应事先征得任务来源方同意，委托给有资质的机构。应对被委托机构提出质量目标要求，进行必要的质量监督，并保存满足质量目标要求的全部证明材料。

十一、人员

所有从事监测活动的人员应具备与其承担工作相适应的能力，接受相应的教育和培训，并按照国家生态环境行政主管部门的相关要求持证上岗。持有合格证的人员，方能从事相应的监测工作。未取得合格证者，只能在持证人员的指导下开展工作，监测质量由持证人员负责。特殊岗位的人员应根据国家相关法律、法规的要求进行专项资格确认。

应建立所有监测人员的技术档案。档案中至少包括如下内容：学历、从事技术工作的简历、资格和技术培训经历等。

十二、设施和环境

设施和环境应满足以下要求：

（1）用于监测的设施和环境条件，应满足相关法律、法规和标准的要求。

（2）实验室区域间应采取有效隔离措施，防止交叉污染。有毒有害废物应妥善处理，或交有资质的单位处置。应建立并保持安全作业管理程序，确保危险化学品、有毒物品、有害生物、辐射、高温、高压、撞击以及水、气、火、电等危及安全的因素和环境得到有效控制，并有相应的应急处理措施，危险化学品储存应执行其相关规定。应制定并实施有关实验室安全和人员健康的程序，并配备相应的安全防护设施。

（3）现场监测时，监测时段的气象等环境条件，水、电和气供给等工作条件，企业工况及污染物变化（稳定性）条件应满足监测工作要求。应有确保人员和仪器设备安全的措施。

十三、监测方法

监测方法应符合以下要求：

（1）应按照相关标准或技术规范要求，选择能满足监测工作需求和质量要求的方法实施监测活动。原则上优先选择国家环境保护标准、其他的国家标准和其他行业标准方法，也可采用国际标准和国外标准方法，或者公认权威的监测分析方法，所选用的方法应通过实验验证，并形成满足方法检出限、精密度和准确度等质量控制要求的相关记录。

（2）对超出预定范围使用的标准方法、自行扩充和修改过的标准方法，应通过实验进行确认，以证明该方法适用于预期的用途，并形成方法确认报告。确认内容包括样品采集、处置和运输程序，方法检出限，测定范围，精密度，准确度，方法的选择性和抗干扰能力等。

（3）与监测工作有关的标准和作业指导书都应受控、现行有效，并便于取用。

十四、仪器设备

仪器设备应满足以下要求：

（1）建立仪器设备（含自动在线等集成的仪器设备系统）的管理程序，确保其购置、验收、使用和报废的全过程均受控。

（2）对监测结果的准确性或有效性有影响的仪器设备，包括辅助测量设备，应有量值溯源计划并定期实施，在有效期内使用。

量值溯源方式包括以下内容：

1）检定：列入国家强制检定目录，且国家有检定规程的仪器应经有资质的机构检定。

2）校准：未列入国家强制检定目录或尚没有国家检定规程的仪器可由有资质的机构进行校准，也可自校准。自校准时，应有相关工作程序，编制作业指导书，保留相关校准记录，编制自校准或比对测试报告，必要时给出不确定度。校准结果应进行内部确认。当校准产生一组修正因子时，应确保其得到正确应用。

（3）所有仪器设备都应有明显的标志表明其状态。

（4）对监测结果的准确性或有效性有影响的仪器设备，在使用前、维修后恢复使用前、脱离实验室直接控制返回后，均应进行校准或核查。现场监测仪器设备带至现场前或返回时，应进行校准或检查。

（5）对于稳定性差、易漂移或使用频繁的仪器设备，经常携带到现场检测以及在恶劣环境条件下使用的仪器设备，应在两次检定或校准间隔内进行期间核查。

（6）所有仪器设备都应建立档案，并实行动态管理。档案包括购置合同、使用说明书、验收报告、检定或校准证书、使用记录、期间核查记录、维护和维修记录、报废单等以及必要的基本信息，基本信息包括名称、规格型号、出厂编号、管理（或固定资产）编号、购置时间、生产厂商、使用部门、放置地点和保管人等。

第三节　环境监测质量控制的手段

一、监测方案

应对监测任务制定监测方案。制定监测方案前，应明确监测任务的性质、目的、内容、方法、质量和经费等要求，必要时到现场踏勘、调查与核查，并按相关程序评估能力和资源是否能满足监测任务的需求。

监测方案一般包括监测目的和要求、监测点位、监测项目和频次、样品采集方法和要求、监测分析方法和依据、质量保证与质量控制（QA/QC）要求、监测结果的评价标准(需要时)、监测时间安排、提交报告的日期和对外委托情况等。对于常规、简单和例行的监测任务，监测方案可以简化。质量保证与质量控制（QA/QC）要求应涉及监测活动全程序的质量保证措施和质量控制指标。

二、监测点位布设

监测点位应根据监测对象、污染物性质和数据的预期用途等，按国家环境保护标准、其他的国家标准和其他行业标准、相关技术规范和规定进行设置，保证监测信息的代表性和完整性。

样本的时空分布应能反映主要污染物的浓度水平、波动范围和变化规律。重要的监测点位应设置专用标志。

三、样品采集

（1）根据监测方案所确定的采样点位、污染物项目、频次、时间和方法进行采样。必要时制订采样计划，内容包括采样时间和路线、采样人员和分工、采样器材、交通工具以及安全保障等。

（2）采样人员应充分了解监测任务的目的和要求，了解监测点位的周边情况，掌握采样方法、监测项目、采样质量保证措施、样品的保存技术和采样量等，做好采样前的准备。

（3）采集样品时，应满足相应的规范要求，并对采样准备工作和采样过程实行必要的质量监督。需要时，可使用定位仪或照相机等辅助设备证实采样点位置。

四、样品管理

1. 样品运输与交接

样品运输过程中应采取措施保证样品性质稳定，避免沾污、损失和丢失。样品接收、核查和发放各环节应受控，样品交接记录、样品标签及其包装应完整。若发现样品有异常或处于损坏状态，应如实记录，并尽快采取相关处理措施，必要时重新采样。

2. 样品保存

样品应分区存放，并有明显标志，以免混淆。样品保存条件应符合相关标准或技术规范要求。

五、实验室分析质量控制

1. 内部质量控制

监测人员应执行相应监测方法中的质量保证与质量控制规定，此外还可以采取以下内部质量控制措施：

（1）空白样品。空白样品（包括全程序空白、采样器具空白、运输空白、现场空白和实验室空白等）测定结果一般应低于方法检出限。

一般情况下，不应从样品测定结果中扣除全程序空白样品的测定结果。

（2）校准曲线。采用校准曲线法进行定量分析时，仅限在其线性范围内使用。必要时，对校准曲线的相关性、精密度和置信区间进行统计分析，检验斜率、截距和相关系数是否满足标准方法的要求。若不满足，需从分析方法、仪器设备、量器、试剂和操作等方面查找原因，改进后重新绘制校准曲线。

校准曲线不得长期使用，不得相互借用。一般情况下，校准曲线应与样品测定同时进行。

（3）方法检出限和测定下限。开展新的监测项目前，应通过实验确定方法检出限，并满足方法要求。方法检出限和测定下限的计算方法执行《环境监测 分析方法标准制修订技术导则》（HJ 168—2010）。

（4）平行样测定。应按方法要求随机抽取一定比例的样品进行平行样品测定。

（5）加标回收率测定。加标回收实验包括空白加标、基体加标及基体加标平行等。

空白加标在与样品相同的前处理和测定条件下进行分析。

基体加标和基体加标平行是在样品前处理之前加标，加标样品与样品在相同的前处理和测定条件下进行分析。在实际应用时应注意加标物质的形态、加标量和加标的基体。加标量一般为样品浓度的0.5~3，且加标后的总浓度不应超过分析方法的测定上限。样品中待测物浓度在方法检出限附近时，加标量应控制在校准曲线的低浓度范围。加标后样品体积应无显著变化，否则应在计算回收率时考虑这项因素。每批相同基体类型的样品应随机抽取一定比例样品进行加标回收及其平行样测定。

（6）标准样品/有证标准物质测定。监测工作中应使用标准样品/有证标准物质或能够溯源到国家基准的物质。应有标准样品/有证标准物质的管理程序，对其购置、核查、使用、运输、存储和安全处置等进行规定。

标准样品/有证标准物质应与样品同步测定。进行质量控制时，标准样品/有证标准物质不应与绘制校准曲线的标准溶液来源相同。

应尽可能选择与样品基体类似的标准样品/有证标准物质进行测定，用于评价分析方法的准确度或检查实验室（或操作人员）是否存在系统误差。

（7）质量控制图。常用的质量控制图有均值-标准差控制图和均值-极差控制图等，在应用上分空白值控制图、平行样控制图和加标回收率控制图等，相关内容执行《常规控制图》（GB/T 4091—2001）。

日常分析时，质量控制样品与被测样品同时进行分析，将质量控制样品的测定结果标于质量控制图中，判断分析过程是否处于受控状态。测定值落在中心附近、上下警告线之内，则表示分析正常，此批样品测定结果可靠。如果测定值落在上下控制线之外，表示分析失控，测定结果不可信，应检查原因，纠正后重新测定。如果测定值落在上下警告线与上下控制线之间，虽分析结果可接受，但有失控倾向，应予以注意。

（8）方法比对或仪器比对。对同一样品或一组样品可用不同的方法或不同的仪器进行比对测定分析，以检查分析结果的一致性。

2. 外部质量控制

外部质量控制指本机构内质量管理人员对监测人员或行政主管部门和上级环境监测机构对下级机构监测活动的质量控制，可采取以下措施：

（1）密码平行样。质量管理人员根据实际情况，按一定比例随机抽取样品作为密码平行样，交付监测人员进行测定。若平行样测定偏差超出规定允许偏差范围，应在样品有效保存期内补测。若补测结果仍超出规定的允许偏差，说明该批次样品测定结果失控，应查找原因，纠正后重新测定，必要时重新采样。

（2）密码质量控制样及密码加标样。由质量管理人员使用有证标准样品/标准物质作为密码质量控制样品，或在随机抽取的常规样品中加入适量标准样品/标准物质制成密码加标样，交付监测人员进行测定。如果质量控制样品的测定结果在给定的不确定度范围内，则说明该批次样品测定结果受控。反之，该批次样品测定结果作废，应查找原因，纠正后重新测定。

（3）人员比对。不同分析人员采用同一分析方法、在同样的条件下对同一样品进行测定，比对结果应达到相应的质量控制要求。

（4）实验室间比对。可采用能力验证、比对测试或质量控制考核等方式进行实验室间比对，证明各实验室间的监测数据的可比性。

（5）留样复测。对于稳定的、测定过的样品保存一定时间后，若仍在测定有效期内，可进行重新测定。将两次测定结果进行比较，以评价该样品测定结果的可靠性。

六、数据处理

（1）应保证监测数据的完整性，确保全面、客观地反映监测结果。不得利用数据有效性规则，达到不正当的目的；不得选择性地舍弃不利数据，人为干预监测和评价结果。

（2）有效数字及数值修约应满足以下要求：

1）数值修约和计算按照《数值修约规则与极限数值的表示和判定》（GB/T 8170—2008）和相关环境监测分析方法标准的要求执行。

2）记录测定数值时，应同时考虑计量器具的精密度、准确度和读数误差。对检定合格的计量器具，有效数字位数可以记录到最小分度值，最多保留一位不确定数字。

3）精密度一般只取 1~2 位有效数字。

4）校准曲线相关系数只舍不入，保留到小数点后第一个非 9 数字。如果小数点后多于 4 个 9，最多保留 4 位。校准曲线斜率的有效位数，应与自变量的有效数字位数相等。校准曲线截距的最后一位数，应与因变量的最后一位数取齐。

（3）异常值的判断和处理。异常值的判断和处理执行《数据的统计处理和解释 正态样本离群值的判断和处理》（GB/T 4883—2008），当出现异常高值时，应查找原因，原因不明的异常高值不应随意剔除。

（4）数据校核及审核应满足以下要求：

1）应对原始数据和拷贝数据进行校核。对可疑数据，应与样品分析的原始记录进行校对。

2）监测原始记录应有监测人员和校核人员的签名。监测人员负责填写原始记录，校核人员应检查数据记录是否完整、抄写或录入计算机时是否有误、数据是否异常等，并考虑以下因素：监测方法、监测条件、数据的有效位数、数据计算和处理过程、法定计量单位和质量控制数据等。

3）审核人员应对数据的准确性、逻辑性、可比性和合理性进行审核，重点考虑以下因素：监测点位；监测工况；与历史数据的比较；总量与分量的逻辑关系；同一监测点位的同一监测因子，连续多次监测结果之间的变化趋势；同一监测点位、同一时间（段）的样品，有关联的监测因子分析结果的相关性和合理性等。

（5）监测结果的表示要求如下：

1）监测结果应采用法定计量单位。

2）平行样的测定结果在允许偏差范围内时，用其平均值报告测定结果。

3）监测结果低于方法检出限时，用“ND”表示，并注明“ND”表示未检出，同时给出方法检出限值。

4）需要时，应给出监测结果的不确定度范围。

七、监测报告

（1）监测报告应包含下列信息：

1）报告标题及其他标志。

2）监测性质（委托、监督等）。

3）报告编制单位名称、地址、联系方式，编制时间，采样（监测）现场的地点（必要时）。

4）委托单位或受检单位名称、地址、联系方式。

5）报告统一编号（唯一性标志）、总页数和页码。

6）监测目的、监测依据（依据的文件名和编号）。

7）样品的标志：样品名称、类别和监测项目等必要的描述，若为委托样，应特别予以注明。

8）样品接收和测试日期。

9）需要时，列出采样与分析人员，监测所使用的主要仪器名称、型号及品牌。

10）监测结果：按监测方法的要求报出结果，包括监测值和计量单位等信息。

11）报告编制人员、审核人员、授权签字人的签名和签发日期。

12）监测委托情况（委托方、委托内容和项目等）。

13）需要时，应注明监测结果仅对样品或批次有效的声明。

（2）当需对监测结果做出解释时，监测报告中还应包括下列信息：

1）对监测方法的偏离、增添或删节，以及特殊监测条件（如环境条件的说明）。

2）当委托单位（或受检单位）有特殊要求时，应包括测量不确定度的信息。

3）质量保证与质量控制：监测报告中应包含质量保证措施和质量控制数据的统计结果和结论。

4）需要时，提出其他意见和解释。

5）特定方法、委托单位（或受检单位）要求的附加信息。

（3）对含采样结果在内的监测报告，还应包括下列信息：

1）采样日期。

2）采集样品的名称、类别、性质和监测项目。

3）采样地点（必要时，附点位布置图或照片）。

4）采样方案或程序的说明等。

5）若采样过程中的环境条件（如生产工况、环保设施运行情况、采样点周围情况、天气状况等）可能影响监测结果时，应附详细说明。

6）列出与采样方法或程序有关的标准或规范，以及对这些规范的偏离、增添或删节时的说明。

7）需要时，增加项目工程建设、生产工艺、污染物的产生与治理介绍等。

8）其他信息包括监测全过程质量控制和质量保证情况、有关图表和引用资料、必要的建议等。

第四节 环境监测机构的认证与认可

一、环境监测机构的认证

环境监测机构主要是指各级环境监测站。各级环境监测站需为政府的环境状况公报和城市环境综合整治定量考核等提供监测数据，需为建设项目环境影响的现状评价及后评价提供监测服务，需为“三同时”和限期治理项目的竣工验收提供监测服务，需提供或核实排污收费所需的监测数据，需为排污申报和排污许可证制度实施中的总量核实和检查提供实测和核实数据，需为环保产品、环境标志、环境认证的审定和进出口商品中有关环境标准的检测提供监测数据和报告，需为辖区内污染事故的调查处理和污染纠纷仲裁提供监测数据。

根据我国计量认证管理法规规定，经计量认证合格的检测机构出具的数据，用于贸易的出证、产品质量评价、成果鉴定作为公证数据具有法律效力。未经计量认证的技术机构为社会提供公证数据属于违法行为。因此，各级环境监测站依法需经实验室资质认定/计量认证。

计量认证的依据是《中华人民共和国计量法》。该法第二十二条规定，“为社会提供公正数据的产品质量检验机构，必须经省级以上人民政府计量行政部门对其计量检定、测试的能力和可靠性考核合格”。在《中华人民共和国计量法实施细则》第三十二、三十三、三十四、三十五、三十六条中进一步明确规定计量认证是对检测机构的法制性强制考核，是政府权威部门对检测机构进行规定类型检测所给予的正式承认。

实验室资质认定/计量认证标志是CMA，CMA是China Mertology Accredidation（中国计量认证/认可）的缩写。取得计量认证合格证书的检测机构，可按证书上所批准列明的项目，在检测（检测、测试）证书及报告上使用本标志。

计量认证分为两级实施：一级为国家级，由国家认可认证监督管理委员会组织实施；一级为省级，由省级质量技术监督局负责组织实施，具体工作由计量认证办公室（计量处）承办。不论是国家级还是省级认证，实施的效力均是完全一致的，对通过认证的检测机构资格在全国均同样法定有效，不存在办理部门不同效力不同的差异。实验室资质认定/计量认证的评审标准是 2007 年 1 月 1 日起正式实施的《实验室资质认定评审准则》。

对检测机构的计量认证大致可分为以下几个主要步骤：

（1）向省（部）计量认证办公室提交计量认证申请资料，包括质量手册、程序文件等。

（2）省（部）计量认证办公室对申请资料进行书面审查。

（3）通过书面审查，依据计量认证的评审准则，由省（部）计量认证办安排委托技术评审组进行现场核查性评审。

（4）通过现场评审，符合准则要求的检测机构，由省质量技术监督局（或部委）核发计量认证证书、计量认证机构印章，并在互联网公布。有关计量认证的申报表格亦可直接在网上下载，有关计量认证的政策、指导文件、资料也可上网查询。

二、环境监测机构的认可

1. 环境监测站实验室认可

环境监测站的实验室可通过国家实验室认可评定。认可是权威机构对某一组织或个人有能力完成特定任务（实验室有能力进行规定类型的检测或校准）所给予的一种正式承认。国家实验室认可是指由政府授权或法律规定的一个权威机构（中国国家合格评定委员会 CNAS），对检测/校准实验室和检查机构有能力完成特定任务作出正式承认的程序，是对检测/校准实验室进行类似于应用在生产和服务的 ISO 9001 认证的一种评审，但要求更为严格，属于自愿性认证体系，它由中国实验室国家认可委员会组织进行。通过认可的实验室出具的检测报告可以加盖国家实验室认可委员会（CNAL）和 ILAC 的印章，所出具的数据国际互认。

2. 环境监测站认可评定的作用

环境监测站通过国家实验室认可评定可起到如下作用：

（1）表明实验室具备了按国际认可准则开展检测和校准服务的能力。

（2）可增强实验室的市场竞争能力，赢得社会各界的信任。

（3）有利于消除非关税贸易技术壁垒。

（4）列入《国家认可实验室目录》，提高知名度。

（5）保持实验室的技术能力。

（6）在认可范围使用“中国实验室国家认可”标志。

3. 环境监测站认可评定的原则

环境监测站通过国家实验室认可评定的原则是自愿申请原则、非歧视原则、专家评审原则、国家认可原则。

4. 环境监测站认可评定程序

环境监测站通过国家实验室认可大致可通过以下几个步骤：

（1）意向申请。申请方可以用任何方式向 CNAL 秘书处表示认可意向，如来访、电话、传真以及其他电子通信方式。

（2）正式申请。具体过程如下：

1）明确有效版本的认可申请书、认可申请须知、认可领域分类。

2）按照申请书要求正确填写申请书内容，并提交申请书上所要求的全部所需的资料，以及质量手册及程序文件各一套；

3）将所有准备好的资料交（寄）至CNAL认可评审处，并交（汇）认可申请费。

（3）受理申请。CNAL认可评审处在接到申请方的申请资料及确认已经提交认可申请费后，开始对资料进行登记和初步审查，若申请方提交的资料齐全，填写清楚、正确，对CNAL的相关要求基本了解，满足认可条件要求，质量管理体系正式运行超过6个月，且进行了完整的内审和管理评审，则予以正式受理。

正式受理后CNAL认可评审处在3个月内对申请方安排现场评审、现场见证（申请方造成延误除外），如申请方不能在3个月内接受评审，则应暂缓正式受理申请。

（4）安排现场评审。正式受理申请后，CNAL认可评审处根据申请方申请的项目，与申请方联系并指定评审组成员，如申请方基于公正性理由对评审组的任何成员表示拒绝时，CNAL认可评审处经核实后可以给予调整，申请方不得主动提出评审组任何人员的人选。

（5）批准发证。CNAL秘书长经授权签发认可证书。CNAL向已认可机构颁发认可证书和认可决定通知书，以及认可标志章，阐明批准的认可范围和授权签字人。认可证书有效期为5年。CNAL秘书处负责将获得认可的机构及其被认可范围列入已认可机构名录，予以公布。未获得认可的申请方，自被通知起6个月内不得再向CNAL秘书处提出申请。

三、认可和认证的区别

（1）《中华人民共和国认证认可条例》中对认证与认可作了如下规定：

认证是指由认证机构证明产品、服务、管理体系符合相关技术规范、相关技术规范的强制性要求或者标准的合格评定活动。

认可是指由认可机构对认证机构、检查机构、实验室以及从事评审、审核等认证活动人员的能力和执业资格，予以承认的合格评定活动。

（2）计量认证是法制计量管理的重要工作内容之一。对检测机构来说，计量认证就是检测机构进入检测服务市场的强制性核准制度，即具备计量认证资质，取得计量认证法定地位的机构，才能为社会提供检测服务。

国家实验室认可是自愿申请的能力认可活动。通过国家实验室认可的检测技术机构，证明其符合国际上通行的校准与检测实验室能力的通用要求。国家实验室认可与国外实验室认可制度是一致的。

练　习　题

1. 什么是环境监测的技术路线？有什么作用？
2. 如何确定监测项目？
3. 如何选择监测分析方法？
4. 环境监测过程中，优化布点要达到的目的是什么？
5. 什么是环境监测质量保证体系？有什么作用？
6. 环境监测质量保证体系包括哪些内容？

参考文献

[1] 奚旦立，孙裕生，刘秀英．环境监测（第三版）[M]．北京：高等教育出版社，2004.
[2] 崔树军．环境监测 [M]．北京：中国环境科学出版社，2008.
[3] 王英健，杨永红．环境监测 [M]．北京：化学工业出版社，2004.
[4] 国家环境保护总局．环境监测技术规范 [M]．北京：中国环境科学出版社，1990.
[5] 刘广第．质量管理学 [M]．北京：清华大学出版社，2003.
[6] 中国环境监测总站．环境水质监测质量保证手册（第二版）[M]．北京：化学工业出版社，1999.
[7] 陈朝东．水环境监测技术问答 [M]．北京：化学工业出版社，2006.
[8] 陈玲，赵建夫．环境监测 [M]．北京：化学工业出版社，2004.
[9] 但德忠．环境监测 [M]．北京：高等教育出版社，2006.
[10] 国家环境保护总局．水和废水监测分析方法（第四版）[M]．北京：中国环境科学出版社，2002.
[11] 国家环境保护总局环境工程评估中心．环境影响评价案例分析（2005 年版）[M]．北京：中国环境科学出版社，2005.
[12] 黄敏文，苑星海等．化学分析的样品处理 [M]．北京：化学工业出版社，2007.
[13] 胡文翔．城市污水处理设施监测监控的实践与探索 [M]．北京：中国环境科学出版社，2004.
[14] 江桂斌．环境样品前处理技术 [M]．北京：化学工业出版社，2004.
[15] 刘得生．环境监测 [M]．北京：化学工业出版社，2001.
[16] 聂麦茜．环境监测与分析实践教程 [M]．北京：化学工业出版社，2003.
[17] 仇雁翎，陈玲，赵建夫．饮用水水质监测与分析 [M]．北京：化学工业出版社，2006.
[18] 孙福生，张丽君．环境监测实验 [M]．北京：化学工业出版社，2007.
[19] 孙福生，吴友谊．环境监测例题与习题 [M]．北京：化学工业出版社，2007.
[20] 万本太等．中国环境监测技术路线研究 [M]．长沙：湖南科学技术出版社，2003.
[21] 吴忠标．环境监测 [M]．北京：化学工业出版社，2003.
[22] 吴国琳．水污染的监测与控制 [M]．北京：科学出版社，2004.
[23] 吴同华．环境监测技术实习 [M]．北京：化学工业出版社，2003.
[24] 吴邦灿，齐文启．环境监测管理学 [M]．北京：中国环境科学出版社，2004.
[25] 姚运先．环境监测技术 [M]．北京：化学工业出版社，2004.
[26] 中国环境监测总站．中国环境监测方略 [M]．北京：中国环境科学出版社，2005.
[27] 张仁志．环境综合实验 [M]．北京：中国环境科学出版社，2007.

[28] 张俊秀. 环境监测［M］. 北京：中国轻工业出版社，2003.

[29] 国家环境保护总局科技标准司. 最新中国环境保护标准汇编（1979—2000 年）大气环境分册［M］. 北京：中国环境科学出版社，2001.

[30] 国家环境保护总局. 空气和废气监测分析方法（第四版）［M］. 北京：中国环境科学出版社，2003.

[31] 编委会. 空气和废气监测分析方法指南（上册）［M］. 北京：中国环境科学出版社，2006.

[32] 齐文启，孙宗光，边归国. 环境监测新技术［M］. 北京：化学工业出版社，2004.

[33] 吴邦灿，费龙. 现代环境监测技术（第二版）［M］. 北京：中国环境科学出版社，2005.

[34] 李国刚. 固体废物试验与监测分析方法［M］. 北京：化学工业出版社，2003.

[35] 何耀增. 环境监测［M］. 北京：中国农业出版社，1995.

[36] 赵由才，黄仁华. 生活垃圾卫生填埋场现场运行指南［M］. 北京：化学工业出版社，2001.

[37] 赵由才，朱青山. 城市生活垃圾卫生填埋场技术与管理手册［M］. 北京：化学工业出版社，1999.

[38] 蒋建国. 固体废物处理处置工程［M］. 北京：化学工业出版社，2005.

[39] 韩伟，于福涛. 4-氨基安替比林比色法测定土壤中挥发酚含量探讨［J］. 甘肃环境研究与监测，2003（3）：366~367.

[40] 齐占虎. 吡啶-吡唑淋酮分光光度法测定土壤中的氰化物［J］. 河北化工，2009（3）：66~67.

[41] 贲铁砚，刘成亮. 超声波萃取 GC—MS 测定土壤中有机磷农药的方法探讨［J］. 黑龙江环境通报，2007（2）：27~28.

[42] 张万锋，鲁绪会，王浩东等. 超声波提取氢化物发生原子荧光测定土壤中全硒［J］. 陕西农业科学，2009（1）：47~49.

[43] 邓延慧，何忠，齐静娴等. 顶空气相色谱法快速测定土壤中苯、苯胺和硝基苯［J］. 环境监测管理与技术，2009（1）：23~24.

[44] 苏启英，张健康，袁宇等. 石墨炉原子吸收光谱法测定土壤中有效钼［J］. 理化检验-化学分册，2009（3）：359~360.

[45] 魏雪云，孙为军，李振国. 填充柱气相色谱法测定土壤中的六种有机磷农药［J］. 当代化工，2007（2）：212~213.

[46] 万益群，冻宗保. 土壤中多种有机磷及氨基甲酸酯类农药残留量的气相色谱-质谱法测定［J］. 分析科学学报，2006（5）：551~554.

[47] 张西萍，弦艾华，和彦苓. 土壤中硒流动注射氢化物发生原子吸收法检测［J］. 中国公共卫生，2009（1）：126~127.

[48] 何前锋，吕苓. 亚甲基蓝分光光度法测定土壤中硫化物［J］. 安徽化工，2002（3）：52~53.

[49] 邓益群，彭凤仙，周敏. 固体废物及土壤监测［J］. 北京：化学工业出版社，2006.

[50] 张颖娅，黄海龙. 环境噪声监测中应注意的问题 [J]. 环境监测管理与技术，2003 (3)：33~34.

[51] 戴建红. 工业企业厂界噪声监测过程中的问题探讨 [J]. 中国环境监测，2006 (2)：34~36.

[52] 赵良省. 噪声与振动控制技术 [J]. 北京：化学工业出版社，2004.

[53] [日] 日本（社）计量管理协会. 噪声与振动测量 [J]. 宋永林译. 北京：中国计量出版社，1990.

[54] 吴景峰. 环境监测机构管理实务 [J]. 北京：中国环境科学出版社，2001.

[55] 金朝辉. 环境监测 [J]. 天津：天津大学出版社，2007.

[56] 张驰. 噪声污染控制技术 [J]. 北京：中国环境科学出版社，2007.

[57] 谢炜平. 环境监测实训指导 [J]. 北京：中国环境科学出版社，2008.

[58] 刘绮. 环境监测 [J]. 广州：华南理工大学出版社，2005.

[59] 沈阳市环境监测中心站. 环境监测数据质量管理与控制 [J]. 北京：中国环境科学出版社，2010.

[60] 李国刚. 环境监测质量管理工作指南 [J]. 北京：中国环境科学出版社，2010.